dtv
premium

Brigitte Röthlein

Der Mond

Mit 80 Abbildungen

Deutscher Taschenbuch Verlag

Von Brigitte Röthlein
sind im Deutschen Taschenbuch Verlag erschienen:

Mare Tranquillitatis, 20. Juli 1969. Die wissenschaftlich-technische Revolution (1997; dtv 30613)
Das Innerste der Dinge. Einführung in die Atomphysik (1998; dtv 33032)
Schrödingers Katze. Einführung in die Quantenphysik (1999; dtv 33038)
Sinne, Gedanken, Gefühle. Unser Gehirn wird entschlüsselt (2002; dtv 33081)
Die Quantenrevolution. Neue Nachrichten aus der Teilchenphysik (2004; dtv 24389)

Originalausgabe
Juli 2008
Deutscher Taschenbuch Verlag GmbH & Co. KG, München
www.dtv.de

Umschlagkonzept: Balk & Brumshagen
Umschlagfoto: gettyimages/NASA - Apollo/Science Faction
(Mondkrater Eratosthenes)
Redaktion und Satz: Lektyre Verlagsbüro, Germering
Gesetzt aus der Concorde 9,5 / 12,5 °
Druck und Bindung: Kösel, Krugzell
Gedruckt auf säurefreiem, chlorfrei gebleichtem Papier
Printed in Germany · 978-3-423-24678-1

Inhalt

Im liebevollen Andenken an meinen Vater Hermann Röthlein

Einleitung
Der Mond, das geheimnisvolle Wesen

Es soll ja keine Zufälle geben. Ob dies einer war, bezweifle sogar ich: Im Jahr 1992 schrieb ich ein Buch über das menschliche Gehirn. Einleiten wollte ich es mit einem »Knaller«. Was war in meinen Augen die größte positive Errungenschaft des menschlichen Verstandes, was war die größte künstlerische Leistung und was war der schlimmste Abgrund? Bei der ersten Frage musste ich gar nicht lange nachdenken: Die Großtat, die mir dabei sofort vor Augen stand, war die Mondlandung. Also begann ich mein Buch mit den Worten: »Sonntag, 20. Juli 1969.«

Vier Jahre später fragte mich Norbert Frei, der die Herausgabe einer Reihe über das 20. Jahrhundert im Rückblick plante, ob ich nicht Interesse hätte, die technisch-wissenschaftliche Revolution in jener Zeit zu schildern. Er wollte diese an einem besonders wichtigen Datum festmachen, und so nannte er das Buch – ohne mein Buch über das Gehirn überhaupt nur zu kennen – ›Mare Tranquillitatis, 20. Juli 1969‹. Mit diesen Worten beginnt auch der Text.

Erst Jahre später bemerkte ich, dass beide Bücher aus meiner Feder mit demselben Ereignis beginnen, und das gab mir zu denken. Nicht, dass dieser Tag – für uns Westeuropäer war es ja eigentlich die Nacht davor – für mich persönlich so wichtig gewesen wäre. Ich hatte die erste Mondlandung, ehrlich gesagt, verschlafen. Als Studentin hatte ich mich damals für die Betreuung von Berliner Schulkindern in einem Landschulheim gemeldet, und ich war abends so erschöpft, dass ich vor dem Fernseher beim besten Willen nicht wach bleiben konnte.

Erst am nächsten Morgen schaute ich mir die Wiederholung an. Trotzdem war ich natürlich begeistert. Naturwissenschaften und Technik haben mich immer fasziniert, und das Abenteuer, das die Astronauten mit ihrer Fahrt zum Mond bestehen mussten, fesselte die Menschen auf der ganzen Welt. Es war nicht nur die technische Leistung, die unsere Bewunderung errang, sondern es war auch ein schönes Gemeinschaftsgefühl zu wissen, dass man zusammen mit der ganzen Welt die Daumen drückt, dass diese mutigen Männer wieder heil zurückkämen.

Außerdem hatten die Mondflüge einen Nebeneffekt, der nicht vorauszusehen und sicher nicht beabsichtigt war, der aber nicht nur mich tief beeindruckte: Die Fotos, die die Astronauten unterwegs aufnahmen, zeigten uns zum ersten Mal die Erde als leuchtend blau-weiße Kugel in der Schwärze des Alls. Plötzlich sahen wir, dass unsere Heimat nicht eine scheinbar unermessliche und unerschöpfliche Welt ist, sondern eine kleine, empfindliche Oase des Lebens in der unendlichen, lebensfeindlichen Leere des Alls. Und es ist wohl kein Zufall, dass nur drei Jahre nach der ersten Mondlandung der »Club of Rome« auf die Grenzen des Wachstums hinwies und dass zur gleichen Zeit der Umweltschutz zum wichtigen politischen Thema wurde.

So war also der Mond für mich nicht nur romantisches Requisit bei verliebten Nachtspaziergängen, sondern viel mehr: Symbol für Wagemut, für technische Raffinesse und für den Erfolg gemeinsamer Anstrengungen und Erinnerung an ein umfassendes Gemeinschaftsgefühl. Ich behielt ihn bei meinen Recherchen zwar immer im Auge, aber über ihn zu schreiben, daran dachte ich zunächst eigentlich nicht.

Erst als ich feststellte, dass nun, im neuen Jahrtausend, der Mond wieder in den Fokus der Wissenschaft rückte, fand ich es an der Zeit, die vielen interessanten Fakten, die man inzwischen herausgefunden hatte und immer noch findet, auch einer breiteren Öffentlichkeit vorzustellen. Endlich fand man sichere Hinweise, die die Entstehung des Mondes erklären; endlich weiß man, wo man auf der Erde Teile des Mondes finden kann und wie man sie von anderen Steinen unterscheidet; endlich fliegen neue Sonden zum Mond, um seine Landschaft genau zu kartografieren und sogar nach Wasser zu suchen; und endlich wollen auch Raumfahrer ihn wieder besuchen - sei es, um erneut nationale Großtaten vorzuweisen oder weil sie wirkliches Interesse an seiner Erforschung haben. Auf jeden Fall wird der Mond wieder interessant.

Natürlich ist der naturwissenschaftlich-technische Aspekt nur eine Seite des Mondes. Mindestens ebenso faszinierend und dazu noch geheimnisvoller sind die Wirkungen des Mondes auf Mensch, Tier und Pflanze, selbst auf die Erde als Ganzes. Ich beschloss, auch diesen Dingen auf den Grund zu gehen. Bestärkt wurde ich durch Freunde, die von diversen Einflüssen des Mondes überzeugt sind. So beachtet eine Gartenarchitektin immer die Mondphasen, wenn sie Pflanzen setzt oder zurückschneidet – angeblich mit großartigem Erfolg. Andere Freunde stellten fest, dass es bei Vollmond in der Familie immer wieder Krach gab, während sich sonst alle recht friedlich verhielten. Und ich selbst fand auch, dass ich bei Vollmond öfter nachts aufwachte als sonst.

Als ich diesen vermeintlichen Einflüssen des Mondes nachging, wurde ich fast erschlagen von der Literatur, die es zu diesen Themen gibt. Mondkalender und Ratgeber in allen Varianten bieten Mondregeln an, an denen man sein Leben ausrichten soll. Innerlich zwar skeptisch, versuchte ich dennoch, mir solche Tipps selbst zunutze zu machen. Also: Wann beginnt man ein Mondbuch? Mondkalender empfehlen meist, alles, was wachsen soll, bei zunehmendem Mond zu beginnen. Ich sah im Kalender nach: Der Mondstand passte. Also los.

Je tiefer ich mich danach in das Thema Mond versenkte, desto erstaunter wurde ich, denn ich fand heraus: Die Beschäftigung mit dem Mond ist geprägt von Irrtümern, Misserfolgen, Schwindel, Verschwörungstheorien, Lügen, Machtstreben, Geheimnissen und massivem Betrug. Zu allen Zeiten und in allen Bereichen war der Mond Kristallisationspunkt für Abnormitäten. Er kitzelt aus den Menschen versteckte Wünsche, Empfindungen, Abgründe, Abenteuerlust und Sehnsüchte heraus – nur so ist es zu erklären, dass in seinem Namen so viel gelogen, aber auch so viel gewagt wurde.

Männer verbinden mit dem Mond meist den Gedanken an die Raumfahrt, an teure Mondzeituhren oder an Ebbe und Flut. Frauen hingegen denken bei ihm gern an übersinnliche Kräfte, an rätselhafte Einflüsse oder an medizinische Wirkungen. Ein Freund, dem ich von meinem Vorhaben berichtete, schrieb, er habe den Eindruck, dass der Mond wohl mehr an den Frauen ziehe ... Da kann ich ihm nicht widersprechen.

Beide Blickwinkel – der männliche wie der weibliche – haben mich interessiert. Es sind die zwei Seiten des Mondes, und sie stehen im Vordergrund dieses Buches. Weggelassen habe ich trotzdem vieles: die Bedeutung des Mondes in anderen Kulturen, vor allem im asiatischen Raum, sein Einfluss auf die Entstehung unseres und anderer Kalender, dazu viele wissenschaftliche Details und Formeln. So ist ein Buch entstanden, das versucht, gegensätzliche Aspekte des Mondes zu beschreiben, nicht nur die technisch-wissenschaftlichen, sondern auch seine immer noch vorhandenen Geheimnisse.

Kapitel 1
Aufregung in New York Der große Mondschwindel

»Die Oberfläche ist fein und pudrig. Ich kann sie leicht mit meiner Zehe aufwirbeln. Sie haftet in dünnen Schichten, wie pulverförmige Holzkohle, an den Sohlen und Seiten meiner Stiefel.«

Neil Armstrongs erste Beschreibung des Mondbodens nach dem Ausstieg am 20.7.1969

Am Dienstag, dem 25. August 1835, und den darauf folgenden fünf Tagen erschien eine Artikelserie in der Tageszeitung ›New York Sun‹, die für große Aufregung sorgte, verkündete sie doch nichts Geringeres, als dass der damals berühmteste Astronom der Welt, Sir John Herschel, auf dem Mond Leben entdeckt habe. Sie referierte Erkenntnisse, die angeblich von Herschels Reisebegleiter und Sekretär Andrew Grant aus Südafrika nach New York gebracht worden waren und demnächst in einer wissenschaftlichen Zeitschrift veröffentlicht werden sollten.

Ausführlich und in recht pathetischen Worten schildert der erste Artikel zunächst aufs Genaueste, wie weit die Technik der damaligen Fernrohre gediehen und wodurch sie physikalisch begrenzt war. Theoretisch, so die Autoren, sei eine Vergrößerung astronomischer Objekte um das 6000-fache möglich, dies sei jedoch in der Praxis nie zu erreichen, weil sich immer Brechungsfehler ergäben. Normalerweise erreiche man eine Vergrößerung zwischen dem 220- und 900-fachen. Nun habe aber Sir Frederick William Herschel, der Vater Sir Johns, ein geniales System aus Spiegeln und Linsen erdacht, das es erlaube, all diese Einschränkungen zu überwinden und tatsächlich

Sir John Herschel

eine Vergrößerung um das 6000-fache zu erreichen. Nur seine Gebrechlichkeit und sein baldiger Tod hätten den Gelehrten davon abgehalten, dieses Teleskop zu bauen.

Man muss dazu wissen, dass Sir John Herschel damals eine Berühmtheit war, und zwar nicht nur in der wissenschaftlichen, sondern auch in der gesellschaftlichen Welt, ähnlich wie später Albert Einstein oder heute Stephen Hawking. Sein Vater, der 1738 in Hannover geborene Friedrich Wilhelm Herschel, war zum britischen Militär eingezogen worden und dann in England geblieben.

Im Alter von 19 Jahren wurde er englischer Staatsbürger und änderte seinen Vornamen in Frederick William. Zunächst arbeitete er erfolgreich als Musiker und Komponist, aber die Musik führte ihn schließlich zur Mathematik, und ab 1773 begann er, Teleskope zu bauen und den Mond, die Planeten sowie Doppelsterne zu beobachten – mit großem Erfolg. Er entdeckte den Planeten Uranus am 13. März 1781 und später je zwei Saturn- und Uranusmonde. Wir verdanken ihm auch die ersten exakten Überlegungen zu der Form der Milchstraße: Er erkannte sehr richtig, dass sie die Form eines Diskus hat.

Die Wiege seines einzigen Sohnes John stand buchstäblich neben den Teleskopen des Vaters, und so wuchs der Junge mit den Instrumenten auf und lernte sie schon in frühen Jahren zu bedienen. Als sein Vater 1822 starb, war John dreißig. Bereits 1816 hatte er sein erstes eigenes Teleskop gebaut und verfeinerte nun die Beobachtungen seines Vaters in den darauf folgenden Jahren: Zusammen mit seinem Kollegen James South überarbeitete er 1821 bis 1823 den Doppelsternkatalog und erhielt dafür höchste Auszeichnungen. Er wurde zu einem der populärsten Wissenschaftler der damaligen Zeit mit vielfältigen Verpflichtungen, und oft genug litt er auch darunter, dass jeder zu jeder Gelegenheit seine Meinung hören und zitieren wollte.

So kam es ihm ganz gelegen, als er 1833 zusammen mit seiner Frau eine Reise nach Südafrika unternehmen konnte, um die Sternkarten der nördlichen Hemisphäre, die sein Vater angefertigt hatte, durch die Beobachtung des südlichen Sternenhimmels zu ergänzen und auch die erwartete Rückkehr des Kometen Halley zu beobachten. Er schlug das Angebot des Herzogs von Sussex aus, kostenlos mit einem Schiff der Royal Navy nach Kapstadt zu fahren, und zahlte lieber für sich und seine Frau 500 Pfund für die Überfahrt auf der S.S. Mountstuart Elphinstone, einem 611-Tonnen-Schiff, das vom englischen Hafen Portsmouth am 13. November 1833 auslief. Zwei Monate später kamen die beiden in Kapstadt an und bezogen ein altes Anwesen mit Namen Feldhausen südöstlich des Tafelbergs, wo Herschel sogleich sein Teleskop aufstellte.

Später bezeichnete John Herschel die fünf Jahre in Südafrika als die wohl glücklichste Zeit seines Lebens. Er beschäftigte sich dort nicht nur mit Astronomie, sondern begann auch, die Kap-Flora zu sammeln und zu dokumentieren. Dabei benutzte er eine sogenannte *Camera lucida*, um die Umrisse der Pflanzen aufzuzeichnen. Es handelt sich dabei um ein Prisma, das es dem Zeichner erlaubt, als optische Überlagerung gleichzeitig das Objekt und die Zeichenunterlage zu sehen. Die detaillierte Ausarbeitung der so entstandenen 131 botanischen Illustrationen überließ Herschel dann seiner Frau. Obwohl die Bilder eigentlich nur für den persönlichen Gebrauch bestimmt waren und keine wissenschaftlichen Angaben enthalten, gehören sie zu den wertvollsten Zeugnissen der damaligen Botanik.

Gleichzeitig machte Herschel sich Gedanken über die Entstehung der Arten, und mit dem Geologen Charles Lyell korrespondierte er darüber. Ganz gegen die damals vorherrschende Meinung kam er zu dem Schluss, dass es Tausende Millionen von Jahren gedauert haben musste, bis Leben auf unserem Planeten entstand. Als am 3. Juni 1836 der damals 25-jährige Charles Darwin mit seiner HMS Beagle nach Südafrika kam, besuchte er auch den berühmten John Herschel. Wahrscheinlich haben dessen Theorien ihn beeinflusst, zumindest erwähnt ihn Darwin in der Einleitung zu seinem berühmten Werk ›Von der Entstehung der Arten‹ und nennt ihn »einen unserer größten Philosophen«.

In diese Zeit also fiel die Veröffentlichung der Artikelserie in der ›New York Sun‹. Ihr etwas theatralischer Titel lautete: »Große astronomische Entdeckungen, die kürzlich von Sir John Herschel am Kap der Guten Hoffnung gemacht wurden«. Zunächst beginnt die Geschichte noch ganz harmlos und glaubwürdig: John Herschel habe die Teleskopentwicklung seines verstorbenen Vaters weitergeführt und es sei ihm innerhalb von zwei Jahren gelungen, nach dessen Entwürfen ein »beinahe perfektes« Teleskop zu bauen, das tatsächlich die erwartete 6000-fache Vergrößerung erziele. Mit dem neuen Apparat sei es nun möglich, noch Objekte auf dem Mond zu erkennen, die lediglich sieben Meter Durchmesser hätten. Allerdings könne man in ihnen keine Details mehr erkennen, sondern es seien nur noch schwache, formlose Lichtflecken ohne Struktur. Immerhin würde dieses Teleskop aber schon ausreichen, sensationelle Entdeckungen zu machen. So habe Herschel die Existenz von Vulkanen auf der Mondoberfläche bestätigen können, die sein Vater zusammen mit seinem Berliner Kollegen Johann Hieronymus Schroeter postuliert hatte. Er habe aber die falschen Berechnungen korrigiert, die zu extremen Höhenangaben geführt hatten.

So wie in unserer Zeit noch bis vor kurzem auf dem Mars entdeckte Kanäle, überdimensionale Gesichter und seltsame Bauwerke für Aufsehen sorgten, bevor sie von Marssonden als optische Täuschungen entlarvt wurden, gab es Anfang des 19. Jahrhunderts ähnliche Spekulationen über die Oberfläche des Mondes. Da wollte der deutsche Optiker und Physiker Joseph von Fraunhofer eine Festung auf dem Mond gesehen haben, und Schroeter vermutete eine größere Stadt, die er anhand regelmäßiger geometrischer Strukturen erkannt haben wollte. Derartigen Ideen habe nun Herschel mit Hilfe seines Superteleskops eine eindeutige Absage erteilen können, so berichtete der erste Artikel in der ›New York Sun‹, es habe sich lediglich um pyramidenförmige Berge und regelmäßig angeordnete Hügel auf dem Mond gehandelt.

Lang und breit wurden nun die Fähigkeiten dieses Fernrohrs beschrieben, und der Artikel weist bereits vorausschauend darauf hin, dass es doch schrecklich interessant sein müsste zu erfahren, ob diese Mondlandschaften denn nun von lebenden Wesen bevölkert seien. Auch Herschel habe dies keine Ruhe gelassen, und so habe er zusammen mit dem schottischen Erfinder Sir David Brewster darüber diskutiert, ob eine weitere Verbesserung nicht doch noch möglich sei. Man müsse doch eigentlich nur die Lichtmenge verstärken, die durch die Linsen des Teleskops falle.

Und nun begann eine ganz massive Flunkerei, die die Ahnungslosigkeit des Publikums in naturwissenschaftlich-technischen Dingen schamlos ausnutzte: In der Tat, so berichtete die Zeitung, habe Herschel in einem genialen Geistesblitz die Eingebung gehabt, man könne durch eine »Infusion künstlichen Lichts« die Schärfe verbessern, ähnlich wie in einem »Wasserstoff-Sauerstoff-Mikroskop«, was immer das sein mochte. Natürlich sei Brewster Feuer und Flamme gewesen und »fast an die Decke gesprungen vor Begeisterung«. In den folgenden Wochen hätten die beiden nun einen Apparat konstruiert, der eine Verbindung von Teleskop und Mikroskop sei und die Vergrößerungsleistung der beiden miteinander vereine. Der Autor der Satire scheute sich nicht einmal, höchst genaue angebliche Einzelheiten preiszugeben, etwa den Namen und die Adresse des Juweliers, bei dem die Gelehrten das benötigte hochreine Glas aufgetrieben haben sollen. Geld sei kein Problem gewesen, denn nachdem Brewster der Royal Society die sensationellen Pläne vorgelegt habe, habe der Herzog von Sussex sofort 10 000 Pfund vorgeschossen, und der von der Marine begeisterte König habe zugesagt, den Rest zu bezahlen, nachdem man ihm versichert habe, dass die Erfindung auch der Seefahrt zugute komme.

Nun folgte die Geschichte der Herstellung des Wunderapparates. Alles wurde genau beschrieben: das Material aus bleioxidhaltigem Flintglas, wie man es damals für Fenster, Brillen und Kerzenleuchter verwendete, das gigantische Gewicht von 14 826 Pfund, die Art der Produktion, ja sogar die Fehlschläge, die angeblich auftraten. Am 3. Januar 1833 sei schließlich die Hauptlinse fertig gewesen, und am 27. Januar habe man das Gerät zusammengebaut. Es habe sich als so gut wie perfekt erwiesen und erlaube eine Vergrößerung auf das 42 000-fache. Damit könne man nun noch Gegenstände erkennen, die eine Größe von ganzen 36 Zentimetern haben. Herschel habe sogar seiner Hoffnung Ausdruck verliehen, damit feststellen zu können, welche Insekten es auf dem Mond gebe, so schrieb das Blatt.

Natürlich wartete das Publikum gespannt auf die Fortsetzung der Geschichte am nächsten Tag, und die trumpfte in der Tat mit neuen Überraschungen auf. Zunächst aber beschrieb sie die Reise Herschels nach Südafrika, die er angeblich angetreten habe, um auf Bitte der britischen Vermessungsbehörde den Vorübergang des Merkur vor der Sonne im November 1835 zu beobachten. Damit er genügend Zeit habe, sein Riesenteleskop an Ort und Stelle zu bringen und richtig zu justieren, bat er angeblich darum, schon ein Jahr früher anreisen zu dürfen, was ihm gerne gewährt worden sei. Ausführlich wurde nun die Konstruktion und das Aussehen der Apparatur beschrieben, nicht ohne häufig darauf hinzuweisen, wie außerordentlich groß das Gerät sei. Und schließlich betonten die Autoren auch noch besonders, dass die britischen Behörden John Herschel »geradezu freimaurerische« Geheimhaltung auferlegt hätten, »sei es, dass die Regierung skeptisch gegenüber dem versprochenen Glanz der Entdeckungen ist, oder sei es, dass sie sorgfältig verborgen bleiben sollen, bis sie ihre volle Pracht entfalten können.« Dies sei der Grund, warum die Welt bisher noch nichts von den Großtaten erfahren habe.

Nun aber rückte der Artikel endlich mit den ersten Sensationen heraus: Als Herschel und Grant das Teleskop auf volle Leistung und das Mikroskop immerhin auf halbe Stärke gestellt und auf den Mond ausgerichtet hätten, sollen sie eine lebhafte Mondlandschaft aus Basaltfelsen gesehen haben, ähnlich den Basaltkegeln der Hebrideninsel Staffa vor Schottland. Und diese Formationen seien – so die Autoren – mit dunkelroten Blumen bedeckt gewesen, »ähnlich den Mohnblumen auf unseren Feldern«. Dies sei »die erste organische Hervorbringung der Natur in einer fremden Welt« gewesen, »die je das menschliche Auge erblickt hat.« Aber mit Mohnblumen war es nicht genug, sondern nun hätten Herschel und sein Sekretär auch noch begrünte Hügel erblickt und schließlich sogar einen lunaren Wald, der eindeutig aus Tannen bestanden und sich über mehr als eine halbe Meile erstreckt habe. Insgesamt sollen die beiden Forscher eine Landschaft von romantischer Schönheit gesehen haben, auch ein Seeufer, und als sie die Position bestimmten, hätte sich diese Mondlandschaft angeblich am *Mare Nubium*, dem Wolkenmeer, befunden. Wahre Wunderdinge also schon in der zweiten Folge der Artikelserie, aber damit war es den Autoren noch nicht genug.

Das *Mare Nubium* sei nämlich ein blaues Meer, dessen Wogen sich mit weißem Schaum am Ufer brächen. Dort gebe es strahlenden weißen Sand, unterbrochen von grünen Marmorfelsen und Schluchten. Auf dem oberen Rand der Felsen wüchsen unbekannte Bäume, und überall gebe es Flechten, aber von Tieren habe man keine Spur gesehen. Einige große weiße runde Objekte, die man in einer Höhle erkannt habe, seien wahrscheinlich keine Muscheln, sondern nur Kieselsteine gewesen.

John Herschel habe nun vorgeschlagen, das Teleskop so einzustellen, dass man einige Täler schneller abscannen könne. Der Blick auf den Mond sei dabei so klar und scharf gewesen, »als würde man auf der Erde ein Objekt aus einem Abstand von zweieinhalb Meilen ansehen.« Wie in einem Film habe man nun verschiedene Mondlandschaften gesehen, und bei einer Ansammlung hoher, kegelförmiger, hellvioletter Kristalle habe Herschel angeordnet, das Teleskop anzuhalten. Er glaube nicht, dass dies Kunstwerke seien, habe er vermutet, sondern eher »riesige, weinfarbene Amethyst-Arten«. Und in der Tat habe die nähere Betrachtung gezeigt, dass es sich um monströse Amethyste mit einer Höhe von sechzig bis neunzig Fuß handle, die im starken Sonnenlicht blutrot glänzten. Umgeben seien die Kristalle von rostfarbenen Steinen gewesen, ansonsten seien diese Täler völlig kahl gewesen. Sie erstreckten sich angeblich bis zum Ufer des *Mare Foecunditatis*, des Meers der Fruchtbarkeit. »Aber nie ist ein Name unpassender vergeben worden«, so der Artikel, »denn alles war kahl, wüst und öde.«

Also schwenkten die Forscher angeblich ihr Fernrohr weiter, und kaum 300 Meilen entfernt fanden sie weitere Wunderdinge: Täler in purem Zinnoberrot, zerschnitten von tiefen Schluchten, unzählige Wasserfälle, Bäume, größer als alle auf der Erde, und üppige gelbe

Flechten, die bis zum Boden hingen. In einem bewaldeten Tal sollen sie schließlich die erhofften Lebewesen gesichtet haben: eine Herde bisonartiger Vierbeiner, die sich vor allem durch einen kappenartigen Vorsprung an der Stirn auszeichneten, der »wohl eine glückliche Vorrichtung bildete, um die Augen der Tiere vor dem starken Licht und der Dunkelheit zu schützen«. Damit aber nicht genug, noch weitere Lebewesen hätten Herschel und sein Team gleich in jener Nacht erblickt, und zwar eine Herde blaugrauer Tiere, die Ziegen ähnelten, aber nur ein Horn hätten. Sie hätten sich auf den Wiesen getummelt wie Antilopen, hätten sich gegenseitig geneckt, und »dieses schöne Geschöpf bot uns das außergewöhnlichste Vergnügen«.

An einem Fluss hätten die Forscher außerdem noch zahlreiche Wasservögel gesehen, ähnlich dem grauen Pelikan und dem weißen und schwarzen Kranich. Sie hätten dort Fische gefangen, aber diese hätte man leider nicht sehen können. Nur ein seltsames amphibisches Tier sei kurz aufgetaucht, es habe eine runde Form gehabt, sei aber schnell wieder verschwunden. Unglücklicherweise seien die Beobachtungen danach unterbrochen worden, weil undurchsichtige Wolken aufgezogen seien. Dies, so die Autoren, sei zwar ärgerlich gewesen, aber es habe immerhin den Beweis erbracht, dass es in der Mondatmosphäre Wolken gebe. Am Ende dieser Sitzung habe man dem zauberhaften Tal den Namen »Tal des Einhorns« gegeben, es liege ungefähr in der Mitte zwischen dem Meer der Fruchtbarkeit und dem *Mare Nectaris*, dem Honigmeer.

Die Resonanz auf die Artikel war überwältigend. Schon am ersten Tag war die gesamte Auflage von 15 000 Exemplaren – in damaligen Zeiten eine enorme Zahl – im Nu ausverkauft, und sie steigerte sich weiter. Entsprechend mutiger wurden die Autoren und erfanden immer haarsträubendere Entdeckungen. Sie steigerten auch die Vergrößerungsfähigkeit des Wunderteleskops immer mehr, so dass in der vierten Folge sogar Einzelheiten von wenigen Zentimetern beschrieben wurden. Angeblich hatte Herschel den Apparat zusätzlich verfeinert, und so habe er Szenen auf eine Leinwand projiziert, die wohl in etwa dem eines heutigen Beamers entsprochen haben dürften, der einen Naturfilm an die Wand wirft.

Zu Beginn der dritten Folge, die am Donnerstag, dem 27. August 1835 erschien, mixten die Autoren am Anfang geschickt Berichte aus dem angeblichen Labor und der Gefühlslage der Forscher, als ein paar Nächte lang Wolken die Sicht versperrten, mit wissenschaftli-

Angebliche Szenerie auf dem Mond – Abbildung aus der ›New York Sun‹, 1835

chen Erörterungen, etwa über die Natur der angeblich beobachteten Vulkane. Als der Blick durch das Wunderteleskop wieder möglich war, hätten die Wissenschaftler erneut exotische Landschaften entdeckt, darunter auch erloschene und aktive Vulkane in großer Anzahl.

Natürlich gab es auch wieder Tiere, und zwar erneut riesige Bisons in einer Ebene, die den Prärien Nordamerikas ähneln sollte, und viele verschiedene Vögel. Herschel sei es sogar gelungen, »nicht weniger als 38 Arten von Waldbäumen zu klassifizieren und etwa doppelt so viele von anderen Pflanzen.« Auch die Tiere wurden gleich identifiziert, und so habe Herschel neun Arten von Säugetieren gefunden, darunter eine Art Reh, dazu Elche, gehörnte Bären und den zweibeinigen Biber.

Bei Letzterem ging den Autoren die Phantasie schon fast ein wenig zu sehr durch, denn sie beschrieben ihn sehr ähnlich dem irdischen Biber, aber ohne Schwanz, außerdem gehe er auf zwei Beinen. Seine Jungen trage er in den Armen herum, wie Menschen das tun, und seine Behausungen seien schöner gebaut als manche Hütte wild lebender Stämme auf der Erde. Man habe dort nicht hineinschauen können, aber da aus fast allen Rauch aufgestiegen sei, könne man annehmen, dass diese Tiere den Umgang mit Feuer kennen würden. Ansonsten habe es in jener Nacht noch die Entdeckung außerordentlicher Mondlandschaften gegeben: Inseln, Wasserfälle, Vulkane und Seen, »ein prächtiges Wunderland«. Auch weitere Tiere habe man gefunden: Minizebras, blau-goldene Pfauen und riesige Muscheln. Erwähnenswert erschien es den Autoren ferner, dass es auf dem Mond starke Gezeiten gebe, was dazu führe, dass die Strände weithin zerklüftet und unterspült seien.

So ging es auch in Folge vier weiter; auch hier wieder wunderbare Landschaften, seltsame Tiere und üppige Pflanzen. Als Herschel und sein Team angeblich in einem Mondtal eine Schafherde sahen, die den irdischen Schafen auffällig glich, hätten die Forscher bereits nach einem menschlichen Schäfer dazu gesucht, aber vergeblich. Dennoch sei ihr Wunsch, menschenähnliche Wesen zu finden, erfüllt worden, denn die Forscher hätten wenig später vier Gruppen von Lebewesen erblickt, die Herschel zu dem Satz veranlasst hätten: »Nun, meine Herren, hier haben wir etwas, was es sich wirklich anzuschauen lohnt.«

Und in der Tat habe es sich um aufrecht gehende Gestalten gehandelt, die wie menschliche Wesen aussahen: vier Fuß, also etwa 1,20 Meter groß, außer im Gesicht bedeckt mit kurzem, glänzendem, kupferfarbenem Haar, ausgestattet mit fledermausähnlichen Flügeln, die sie auf dem Rücken zusammenfalten konnten. Die Gesichter seien von gelblicher Fleischfarbe gewesen und hätten denen von Orang-Utans geähnelt. Am Kinn hätten sie kleine Bärte gehabt, auf dem Kopf dunkle, krause Haare, die sie in zwei Locken über die Stirn frisiert hätten. Während die Forscher sie beobachteten, hätten sie sich lebhaft unterhalten und hätten einen leidenschaftlichen und mitfühlenden Eindruck gemacht. Allzu viel Zeit sei aber nicht geblieben, um die Lebewesen zu beobachten, denn plötzlich hätten sie ihre großen Schwingen entfaltet und sich in die Lüfte erhoben und seien fortgeflogen.

Es habe noch viel Erstaunlicheres gegeben, so wird angedeutet, aber die offizielle Veröffentlichung müsse vorher noch von »zivilen und militärischen Autoritäten der Kolonie, von der Kirche und von verschiedenen Ministerien« geprüft werden. Deshalb müsse der Leser noch etwas Geduld haben.

In Folge fünf versuchten die Autoren zunächst, sich möglichst nahe an bereits bekannte Tatsachen zu halten. So empfahlen sie dem Leser, die beschriebenen Landschaften und Meere auf einer bereits früher veröffentlichten Mondkarte zu verfolgen, und sie benannten auch die Namen korrekt nach der gebräuchlichen Nomenklatur. Auch fremde Tiere oder Menschenwesen tauchten diesmal nicht auf. Dann aber die Überraschung: In einem Tal habe man einen riesigen Tempel gefunden, der aus poliertem Saphir oder einem anderen blauen Edelstein erbaut sei. In seinem Inneren habe eine große Flamme gelodert, aber Lebewesen habe man im Umkreis nicht gesehen.

Die letzte Folge der Artikelserie brachte im Grunde nicht mehr viel Neues, man habe weitere Tiere und menschenähnliche Wesen gefunden, darunter besonders schöne und offenbar hochintelligente Wesen, wie überhaupt die Szenerie auf dem Mond als sehr friedlich und idyllisch beschrieben wurde. Die Lebewesen hätten sich das Essen geteilt, und sie müssten nicht arbeiten, sondern lebten von den Früchten des Waldes. Insgesamt also eine Welt, die zum Träumen wie geschaffen war.

Das Publikum der ›New York Sun‹ verfolgte die Serie atemlos, die Auflage stieg und stieg. Bei Folge vier erreichte sie ihren Höhepunkt mit fast 20 000 Exemplaren. Damit konnte sich die ›Sun‹ damals »die Zeitung mit der höchsten Auflage der Welt« nennen. Auch danach sank die Verbreitung nur wenig, der Erfolg war also ziemlich nachhaltig, sogar noch, als der Schwindel aufflog.

Zuerst behaupteten andere, sie hätten ebenfalls Zugriff auf die sensationellen Enthüllungen, und begannen, die Artikel nachzudrucken. Als aber schließlich das ›Journal of Commerce‹ die Serie als Broschüre herausbringen wollte, gestand der wirkliche Autor, Richard Adams Locke, dass er alles frei erfunden hatte. Er hatte in Cambridge studiert und war nun Reporter bei der ›Sun‹. Locke behauptete allerdings nie, er habe die Artikel allein geschrieben, und so hielten sich hartnäckig Gerüchte, dass Jean-Nicolas Nicollet, ein französischer Astronom, der zu der Zeit in Amerika unterwegs war, und Lewis Gaylord Clark, der Chefredakteur des ›Knickerbocker‹-Magazins, an der Erfindung beteiligt waren. Das konnte aber nie bewiesen werden. Wahrscheinlich wollte Locke lediglich eine Serie schreiben, die der ›Sun‹ zu höherer Auflage verhelfen sollte, und er nahm das zum Anlass, um sich mit dieser Satire gleichzeitig lustig zu machen über Thomas Dick. Der Schriftsteller hatte in jener Zeit in

Amerika eine große Anhängerschaft und verbreitete in seinen Büchern, das Sonnensystem habe 21 Billiarden Einwohner, allein auf dem Mond lebten 4,2 Milliarden Menschen.

Warum war der Schwindel nicht früher aufgeflogen? Warum glaubten Tausende von Lesern derartig phantastische Geschichten? Nun, damals gab es noch nicht die Massenmedien wie heute, durch die jedermann in Sekundenschnelle über jedes Ereignis auf dem Globus informiert werden kann. Man kommunizierte noch mühsam mittels Briefen, die Tage, ja Wochen unterwegs waren. So ist es nicht verwunderlich, dass man auf die Schnelle keine Experten finden konnte, die sich gegen die teils lächerlichen Übertreibungen in der Artikelserie hätten stellen können. Man hätte beispielsweise leicht erkennen können, dass das beschriebene Fernrohr einen Spiegeldurchmesser von gigantischen 3840 Metern hätte haben müssen, um eine derartig hohe Auflösung erzielen zu können. So etwas ist selbst heutzutage mit den beiden größten erdgebundenen Teleskopen, dem Fünf-Meter-Spiegel auf dem Mount Palomar in den USA und dem Sechs-Meter-Spiegel im Kaukasus, unmöglich, da den Geräten nicht nur Grenzen hinsichtlich des Auflösungsvermögens, sondern in erster Linie durch die Fluktuationen, also unregelmäßigen Schwankungen, innerhalb der Atmosphäre gesetzt sind.

Außerdem war das Publikum damals weit mehr als heute geneigt, mystische und märchenhafte Vorstellungen mit dem Mond zu verbinden, den man zwar fast täglich sehen konnte, aber eben doch nur aus großer Ferne. Sogar am angesehenen amerikanischen Yale College soll jede Ausgabe der ›New York Sun‹ mit großer Spannung erwartet worden sein, erzählte 18 Jahre später ein Reporter, der es miterlebt hatte. Niemand habe dort auch nur die leisesten Zweifel am Wahrheitsgehalt der Artikel gehabt. Andere waren kritischer. So schrieb der ›New York Commercial Advertiser‹ am 29. August 1835 über die Geschichte: »Sie ist gut gemacht und stellt ein nettes Lesestück dar, vor allem für die Leichtgläubigeren; aber wir können kaum verstehen, wie jemand mit gesundem Menschenverstand es lesen kann, ohne sofort den Betrug zu erkennen. Ohne auf die Monstrosität der Geschichte selbst einzugehen, wie kann irgendjemand auch nur einen Augenblick lang glauben, dass so große Vorbereitungen, wie sie hier beschrieben sind, gemacht werden hätten können, ohne dass auch nur ein einziges Wort darüber in den englischen Zeitungen gestanden hätte? Vorbereitungen, die sich Jahre hinzogen – ein Glasobjekt mit

Die Mannschaft von Apollo 11 nach der Rückkehr vom Mond in Quarantäne, rechts der amerikanische Präsident Nixon

7,60 Meter Durchmesser – ein Geschenk von 10 000 Pfund durch den König – Beratungen mit Sir David Brewster – und andere absurde Extravaganzen!«

Und John Herschel selbst? Er weilte ja während der Veröffentlichung noch in Südafrika. Sicherlich hat es Wochen gedauert, bis man ihm die entsprechenden Zeitungsexemplare hat zukommen lassen. Und dann zeigte er sich zunächst einmal amüsiert. Es wäre schön gewesen, soll er gesagt haben, wenn seine Entdeckungen so aufregend gewesen wären, sie waren es aber leider nicht. Erst später begann ihm die ganze Geschichte auf die Nerven zu gehen, weil er noch Jahre danach häufig von Leuten darauf angesprochen und zur Rechenschaft gezogen wurde, die immer noch nicht verstanden hatten, dass das Ganze nur ein Lügengespinst gewesen war und kein Fünkchen Wahrheit enthalten hatte.

Auch wenn wir heute darüber lächeln mögen, dass die Menschen damals so leichtgläubig waren, sollten wir bedenken, dass es selbst in jüngerer Zeit noch ähnliche Vorstellungen gab. Als die ersten Menschen zum Mond flogen, um darauf zu landen, gab es vielfache Befürchtungen, sie würden von Mondwürmern angegriffen oder von anderen Bestien, die sich auf sie stürzen würden. Sogar die NASA glaubte zwar nicht an Bisons oder Einhörner, die auf dem Mond heimisch wären, aber sie war nicht sicher, ob nicht gefährliche Bakterien oder Viren dort lebten. Dies war auch der Grund, warum die ersten Mondfahrer nach ihrer Rückkehr zur Erde nicht direkt ihren Triumph auskosten konnten und zurück zu ihren Familien durften, sondern sofort, noch auf dem Schiff USS Hornet, das sie aus dem Pazifik barg, in strengste Quarantäne genommen wurden. Erst nach drei Wochen war man sicher, dass sie sich nicht auf dem Mond mit unbekannten Keimen infiziert hatten.

Die Artikel der ›New York Sun‹ hatten wohl auch deshalb so großen Erfolg, weil man von der Erde aus zwar feststellen kann, dass der Mond von einer Art Landschaft bedeckt ist, aber nicht, wie sie im Einzelnen aussieht. So blieben Tür und Tor für Spekulationen geöffnet. Wie aber sieht der Mond in Wirklichkeit aus?

Auf jeden Fall wachsen dort keine Bäume. Trotzdem gibt es übrigens Mondbäume, allerdings auf der Erde. Bei der Apollo-14-Mission im Jahr 1971 nahm der Astronaut Stuart Roosa, der selbst nicht auf dem Mond landete, sondern in der Kapsel den Mond umkreiste, bis seine Kollegen zurückkamen, 400 bis 500 Baumsamen mit. Er wollte sie später auf der Erde einpflanzen und ihre Entwicklung mit der entsprechender Samen vergleichen, die dort zurückgeblieben waren. Leider zerbrach das Gefäß mit den Samen nach der Rückkehr zur Erde bei der Dekontamination, und man befürchtete, dass die Körner nach der Berührung mit den Chemikalien nicht mehr keimfähig wären.

Immerhin machte man noch einen Versuch in der Forststation in Gulfport, Mississippi, und überraschenderweise keimten doch rund 420 davon. Die meisten der Redwoods, Douglasfichten, Amberbäume und Platanen verschickte man als sogenannte Mondbäume in verschiedene US-Bundesländer, wo sie zur 200-Jahrfeier der USA im Jahr 1976 feierlich gepflanzt wurden. Eine Lolloby-Pinie steht heute vor dem Weißen Haus, andere Mondbäume gingen nach Brasilien, in die Schweiz oder sogar als Geschenk an den japanischen Kaiser. Rund zwanzig der Bäume sind inzwischen eingegangen, von anderen hat man den Standort vergessen, da nie systematische Aufzeichnungen darüber geführt wurden.

Der Mond ist nicht mit Mohnblumen, Wäldern und Meeren bedeckt. Ganz im Gegenteil, wir wissen heute, dass dort eine recht öde Gegend ist. Leben konnte sich auf ihm nicht entwickeln. Das liegt in erster Linie daran, dass der Mond keine nennenswerte Atmosphäre hat: Dort herrscht ein Druck von lediglich fünfzig Billiardstel bar. Ohne die ausgleichende Lufthülle treten krasse Temperaturschwankungen auf: +140 bis -170 Grad Celsius wurden auf der Oberfläche gemessen. Auch ein Magnetfeld, wie die Erde eines hat, fehlt dem Mond.

Selbst wenn es dort keine Lebewesen gibt, so bildet die Mondoberfläche doch eine hochinteressante Gegend, denn dort treten Phänomene auf, die es bei uns auf der Erde nicht gibt. So ist zum Beispiel der Mondstaub ein ganz besonderer Stoff. Er besteht aus einer mehrere Meter dicken, trockenen, aschgrauen Schicht aus einer Art Sand mit ganz feinen, aber auch gröberen Körnern, durchmischt mit Steinen und ganzen Felsen. Wissenschaftler nennen das Material, das den Mond bedeckt, »Regolith«, und seine Entstehung ist wirklich erstaunlich. Auf der Erde bilden sich Sand und Kies durch die Einflüsse von Wasser und Wind: Größere Brocken werden im Lauf der Zeit mechanisch abgeschliffen, zerkleinert oder durch eindringendes Eis bei Frost gesprengt. So entsteht ganz allmählich aus Fels Sand.

Auf dem Mond gibt es all diese Einflüsse nicht. Dort gibt es aber etwas anderes: Ungeschützt ist die Oberfläche dem Aufprall von Meteoriten ausgesetzt. Mit ungeheurer Wucht schlagen diese aus dem Weltall heranrasenden Brocken ungebremst auf dem Mond ein und zermalmen alles, was sie treffen. Forscher nennen dieses Phänomen in Analogie zu den Vorgängen auf der Erde »Weltraum-

Erosion«. Vor allem Mikrometeoriten, viele kleiner als ein Punkt, regnen ständig mit hoher Geschwindigkeit auf die Mondoberfläche nieder, oft mit mehr als 100 000 Stundenkilometern. Sie schlagen Material weg oder bilden winzige Einschlagskrater. Manche schmelzen den Boden auf, verdampfen und rekondensieren als glasiger Überzug oder als staubige Flecken. Dabei schließen sie Bodenmaterial oft mit ein. Manchmal wird der Boden durch die Energie des Aufpralls so heiß, dass auch Teile des Gesteins schmelzen und sich in Form von Glaströpfchen später im Boden wiederfinden, zum Teil bis zu tausend Kilometer entfernt. Die Zusammensetzung des Regoliths ist eine Mischung aus dem Material der Mondoberfläche und den Überresten der eingeschlagenen Meteoriten.

Da der Mond ungeschützt den Einflüssen aus dem Weltall ausgesetzt ist, treffen aber nicht nur Meteoriten auf ihn, sondern auch Gase und Teilchen, die aus dem Weltall kommen, etwa der Sonnenwind, der zum großen Teil aus Wasserstoff, Helium, Neon, Kohlenstoff und Stickstoff besteht. Viele Partikel lagern sich nicht nur auf der Oberfläche ab, sondern dringen sogar in die Mineralien ein, werden dort festgehalten und bilden so ein unschätzbares Archiv des Sonnenwindes, vergleichbar dem Eis in Grönland für das irdische Klima. Außerdem verwandelt der Sonnenwind in komplizierten Wechselwirkungen das Eisen im Mondboden in Myriaden von metallischen Nanokörnern. Kosmische Strahlung, die besonders energiereich ist, dringt oft metertief in die Mondkruste ein und verursacht dort in den Atomen Kernreaktionen, durch die sich häufig radioaktive Isotope bilden. Bei deren Zerfall entsteht unter anderem Helium, deshalb enthalten Gesteine des Mondregoliths bedeutend mehr Helium als irdische Oberflächengesteine.

Da man zunächst nicht wusste, woraus die Mondoberfläche besteht, wurden die Astronauten, die auf dem Mond landeten, strikt angewiesen, möglichst keinen Mondstaub in die Landekapsel und damit auf die Erde zu bringen. Das erwies sich aber als unmöglich, denn das grauschwarze Material, das im Grunde wie feinste Glasscherben geformt ist, heftete sich mit großer Zähigkeit an Kleidung und Gegenstände und verschmutzte Raumanzüge und Instrumente. Das lag offensichtlich an der starken statischen Aufladung, die die Partikel an den Astronauten kleben ließ. Die ultraviolette Strahlung der Sonne schlägt tagsüber Elektronen aus dem puderweichen Mondboden, so dass sich die einzelnen Körnchen elektrisch aufladen. Irgendwann werden die abstoßenden elektrostatischen Kräfte so stark, dass die einzelnen Staubteilchen wie winzige Kanonenkugeln in die Höhe geschleudert werden, so dass sich gleichsam eine vorübergehende Staubatmosphäre bildet – so zumindest die Theorie.

Mian Abbas vom National Space Science and Technology Center in Huntsville, Alabama, hat seit 2006 die Bestrahlung des Mondstaubs in einer basketballgroßen Vakuumkammer im Labor nachgestellt und konnte die Theorie bestätigen. Er fand sogar heraus, dass ultraviolettes Licht den Mondstaub noch zehnmal stärker als bislang gedacht auflädt. »Experimente mit einzelnen Körnchen helfen uns, einige der seltsamen und komplexen Eigenschaften des Mondstaubs besser zu verstehen«, sagt der Forscher. Zu erforschen gibt es daran noch mehr, als man ursprünglich glauben mochte. Denn erlebt haben die Mondbrösel eine ganze Menge: Sie wurden von kosmischer Strahlung durchdrungen, ungeschützt dem Sonnenwind ausgesetzt und mit Mikrometeoriten bombardiert – wurden zerschmettert, sind unzählige Male verdampft und wieder kondensiert. Betrachtet man Mondstaubkörner unter dem Mikroskop, zeigt sich ihre gewalterfüllte Geschichte: Sie bestehen meist aus fest miteinander verschmolzenen Felsbröseln, Mineralien und Glas.

Wenn die Amerikaner in nicht allzu ferner Zukunft eine Station auf dem Mond aufbauen und das Mondgestein als Rohstoffquelle nutzen wollen, müssen sie natürlich genau wissen, womit sie es zu tun haben. Und da der Mondstaub offenbar trickreicher ist als vermutet, würden sie gerne jetzt schon anfangen, den Umgang damit auf der Erde zu erproben. Woher aber so viel Mondstaub nehmen? Astronauten haben Proben vom Mond von ihrer Reise mit zurückgebracht: Insgesamt 382 Kilogramm sind es geworden. Aber auch unbemannte russische Mondsonden der Reihe Luna haben Mondstaub zur Erde transportiert, zuletzt Luna 24 im Sommer 1976: Sie hatte 170 Gramm an Bord. Aus der Untersuchung dieser Proben weiß man: Was Astronauten und Raumschiff dort oben erwartet, ist ein komplex geformtes Material, das aus »scharfkantigen, ineinander verbackenen, feinen Glasscherben besteht«, sagt Larry Taylor, Direktor des Instituts für planetare Geowissenschaften an der Universität von Tennessee in Knoxville. Es beschädigt Maschinen und Dichtungen und schadet der menschlichen Lunge.

Der Vorrat an Mondmaterial ist für die USA so wertvoll wie Kronjuwelen und wird nur in winzigen Dosen an Forscher weitergegeben, die den Staub für wichtige wissenschaftliche Untersuchungen brauchen. Ohnehin wäre er viel zu gering und obendrein zu wertvoll, um damit Fahrversuche mit Mond-Rovern zu machen oder Zement daraus anzurühren. »Wir haben nicht genügend echten Mondstaub, um damit zurechtzukommen«, so Taylor. Um alle nötigen Tests durchzuführen, »benötigen wir eine gut gemachte Imitation.« Und dafür reichen nicht ein paar Eimer aus: »Wir brauchen Tonnen davon, vor allem, um Bagger und Reifen und Baumaschinen damit auszuprobieren«, fügt David S. McKay hinzu, Chef der Astrobiologieabteilung im Johnson Space Center der NASA in Houston, Texas. Taylor und McKay sind leitende Mitglieder einer kleinen Gruppe von Forschern, die sich auf Mondstaub und Mondgestein spezialisiert haben. Sie gehören zum Beraterstab im Marshall Space Flight Center der NASA in Huntsville, Alabama, wo 2006 ein Programm zur Entwicklung eines Mondbodenimitats anlief.

Carole McLemore ist die Programm-Managerin. In den neunziger Jahren, so erklärt sie, benutzte man schon einmal ein Imitat mit dem Namen JSC-1, das in Houston entwickelt worden war. Es war aus Basalt-Vulkanasche aus einem Steinbruch nahe Flagstaff hergestellt worden. Die 25 Tonnen Material, die in Fünfzig-Pfund-Säcken verschickt wurden, waren schnell vergriffen. »Wir haben davon nichts mehr übrig«, so die Managerin. »Wir sind völlig ausverkauft«, sagt auch McKay, »aber das werden wir schnell ändern.«

Um wieder neues Material zu bekommen, arbeiten nun die NASA-Forscher daran, eine Kopie davon herzustellen: JSC-1A. Beauftragt wurde die Firma Orbitec in Madison, Wisconsin. Sie soll zunächst 16 Tonnen herstellen, und zwar in drei Korngrößen: eine Tonne fein, 14 Tonnen mittel und eine Tonne grob. Ausgewählte US-Wissenschaftler sollen die Eigenschaften des Materials prüfen. Außerdem soll es Varianten geben, die unterschiedlichen Gegenden auf dem Mond entsprechen. Wieder sollen es drei Typen sein: Zwei sollen dem Mondboden in den Mária (der Plural von Meer in der astronomischen Fachsprache) und auf den Hochländern an den Polen des Mondes entsprechen. Die dritte Variante soll eine besonders aggressive, scharfkantige und raue Art des Regoliths simulieren.

Es wäre zu aufwändig, für jede einzelne Gegend des Mondes eine eigene Variante zu produzieren. »Stattdessen gehen wir von diesen Grundtypen aus, daraus können Forscher dann die Produkte weiterentwickeln, die sie benötigen«, sagt McLemore. Sie vergleicht das mit dem Backen eines Kuchens: »Je nachdem, was für einen Kuchen man will, benötigt man unterschiedliche Zutaten. Es ist immer kritisch, das richtige Rezept zu finden, sei es nun für einen Kuchen oder für künstlichen Mondboden.« Um die Ausgangstypen möglichst naturnah zu gestalten, scheuen die Geologen keinen Aufwand: So stammen die Zutaten für die zweite Variante voraussichtlich aus so unterschiedlichen Orten wie Montana, Arizona, Virginia, Florida und Hawaii, teilweise sogar aus dem Ausland.

Zunächst werden nur kleine Mengen hergestellt, an denen man dann überprüfen kann, ob sie richtig sind. Erst wenn die Qualität garantiert ist, sollen größere Mengen entstehen. Wenn die Herstellungsprozesse erst einmal feststehen, will die NASA auch Aufträge an andere Hersteller vergeben. »Wir müssen die Prozesse zertifizieren, damit jeder Käufer sicher sein kann, NASA-Standard zu erhalten«, betont die Managerin McLemore. An den Zertifikaten wird man dann die »echten Fälschungen« von anderen unterscheiden können.

Mit dem echten Mondstaub haben die Besatzungen der Landefähren von Apollo 11 bis 17 ihre eigene Umgangsweise entwickelt. Nach und nach verloren sie die Angst davor, als man erkannte, dass es sich um ungiftige Mineraliengemische handelt. Eugene Cernan von Apollo 17 beispielsweise dokumentierte sein staubverschmiertes Gesicht fotografisch, nachdem er wieder in die Kapsel gestiegen war und den Helm des Raumanzugs abgenommen hatte. Apollo 16-

Eugene Cernan mit Mondstaub im Gesicht

Astronaut John Young behauptete, er habe den Staub beschnüffelt und sogar geschmeckt: »Gar nicht so schlecht«, soll sein Urteil gewesen sein. Sein Kollege Charlie Duke berichtete, der Geruch ähnele abgebranntem Schießpulver. Dieser Befund konnte allerdings auf der Erde nie bestätigt werden, denn das mitgebrachte Gesteinsmaterial roch nach gar nichts. Vielleicht hatten die Geruchsstoffe mit Sauerstoff reagiert und waren einfach »verduftet«?

Eine besondere Erfahrung machte Apollo-17-Astronaut Jack Schmitt, so berichtet die NASA: Er hatte den ersten lunaren Heuschnupfen in der Geschichte der Menschheit. Jahre später erinnerte er sich: »Als ich meinen Helm nach dem ersten Weltraumspaziergang abnahm, hatte ich gleich eine heftige Reaktion auf den Staub. Meine Schleimhäute schwollen an.« Stunden später, so die NASA, nach dem dritten Weltraumspaziergang, habe das Gefühl nachgelassen: »Es trat auch nach dem zweiten und dritten Außenbordeinsatz auf, aber viel weniger stark. Ich denke, ich habe eine Art Immunität entwickelt«, so der Astronaut. Ob das Einatmen des scharfkantigen Mondstaubs nicht Spätfolgen in den Lungen der Betroffenen hinterlässt, ist heute noch nicht bekannt. Gesund kann es jedenfalls nicht gewesen sein.

Kapitel 2
Am Anfang war das Fernrohr
Wie man sich dem Mond näherte

»Jeder ist ein Mond und hat eine dunkle Seite, die er niemandem zeigt.«

Mark Twain

Eines unterscheidet den Mond von vielen anderen Himmelskörpern: Er musste nicht erst entdeckt werden, denn er ist für jedermann leicht zu sehen. Das führte im Altertum und Mittelalter dazu, dass die Menschen ihm allerlei Bedeutungen zuschrieben: Viele sahen im Mond eine Gottheit, und zwar eine weibliche. In der griechischen Mythologie war es die Göttin Selene, deren Darstellung man am Fries des Pergamon-Altars findet, außerdem Artemis und Hekate. Bei den Thrakern verehrte man Bendis als Mondgöttin, bei den Ägyptern Isis. Später waren Luna und Diana die Mondgöttinnen in der römischen Mythologie. Allerdings gibt es auch männliche Mondgötter, etwa den germanischen Mani, den aztekischen Tecciztecatl oder den ägyptischen Thot.

Aus heutiger Sicht abenteuerliche Vorstellungen vom Mond hatten einige griechische Philosophen: So glaubte beispielsweise Anaximander etwa 580 v. Chr., dass die Erde von einer Flammensphäre umgeben sei; Sonne und Mond entstünden dadurch, dass wir durch schlauchartige Löcher in der Himmelskuppel auf dieses himmlische Feuer blicken könnten. Anaxagoras glaubte rund hundert Jahre später, Sonne und Mond seien glühende Steinmassen, die am Himmel kreisten. Anaximenes glaubte ebenfalls, dass der Mond aus Feuer bestehe, das bei Neumond erlösche. Aristarch kam der Wahrheit um 280 v. Chr. sehr nahe: In einem seiner Werke soll er davon ausgegangen sein, die Erde sei eine Kugel und kreise um die Sonne. Er wurde nicht ernst genommen und vergessen. Immerhin gab er aber schon eine sehr gute Schätzung für die Größe des Erdtrabanten ab. Er beobachtete, wie er während einer Mondfinsternis durch den Erdschatten zog. Daraus schloss er, dass der Durchmesser der Erde dreimal so groß sei wie der des Mondes. Tatsächlich weicht dieser Wert nicht allzu weit vom tatsächlichen ab.

Während Aristoteles im 4. vorchristlichen Jahrhundert davon ausging, dass der Mond wie alle Himmelskörper aus feuerartiger Substanz bestehe, glaubte Plutarch 400 Jahre später bereits, dass das Gesicht im Mond Meere und Länder seien und seine Oberfläche, ähnlich wie die Erde, bewohnt sei. »Das auf dem Mond erscheinende Gesicht ist daraus zu erklären, dass der Mond, ebenso wie die Erde, große Vertiefungen aufweist, die Wasser oder dunkle Luft enthalten«, schrieb er in seinem Werk ›Über das Antlitz des Mondes‹.

»Im Mittelalter fand der Mond des Aristoteles mehr Anklang als der des Plutarch«, schreibt Katharina Kramer in ›mare‹. »Ein himmlischer, ätherischer Mond war mit der christlichen Lehre besser vereinbar als eine Zweitversion der einzigartigen göttlichen Schöpfung. Freilich musste der aristotelische Mond etwas aufpoliert werden, denn korrumpiert konnte er nicht im christlichen Himmel stehen. So geriet er auf mittelalterlichen Gemälden zur makellos leuchtenden Scheibe, die nicht ein einziger Fleck trübte.«

Realitätsnahe Bilder vom Mond kamen erst später: Die erste, wenn auch nur skizzenhafte Darstellung der sichtbaren Strukturen des Mondes stammt von Galileo Galilei. Ihm gebührt das Verdienst, als Erster ein Fernrohr auf den Mond gerichtet zu haben. 1609 hatte der italienische Gelehrte von der Erfindung gehört, die im Jahr zuvor der Holländer Jan Lippershey gemacht hatte. »Vor ungefähr zehn Monaten kam mir ein Gerücht zu Ohren, von einem gewissen Belgier sei ein Augenglas entwickelt worden, durch dessen Hilfe man sichtbare Gegenstände, mochten sie auch weit vom Auge des Betrachters entfernt sein, so deutlich wahrnahm, als sähe man sie aus der Nähe«, schrieb Galilei 1610.

Er baute nach den Berichten aus käuflichen Linsen ein Gerät mit ungefähr vierfacher Vergrößerung, lernte dann selbst Linsen zu schleifen und erreichte bald eine neunfache, später nach eigenen Angaben bis zu sechzigfache Vergrößerung. Ob seine Aussage stimmt, er habe es sogar geschafft, ein Gerät zu bauen, das Dinge tausendfach vergrößert, darf bezweifelt werden, aber ein anderes Verdienst ist Galilei nicht zu nehmen: Während andere mit ihren Fernrohren auf der Erde umherblickten, hatte er die revolutionäre Idee, damit Himmelskörper zu betrachten: »Ich kümmerte mich jedoch nicht um seine Nutzanwendungen auf der Erde, sondern wandte mich Beobachtungen der Himmelskörper zu.« Mit großartigem Erfolg: Er entdeckte die vier größten Jupitermonde und erkannte, dass die Milchstraße aus unzähligen Einzelsternen besteht. Vor allem aber schaute er den Mond an. »Ein sehr schöner und erfreulicher Anblick ist es, den Mondkörper, der etwa sechzig Erdhalbmesser von uns entfernt ist, so aus der Nähe zu betrachten, als wäre er nur zwei solcher Längen entfernt«, schrieb er begeistert.

Was dessen Gestalt betrifft, so begriff er, dass die Oberfläche rau und uneben ist: »Man erkennt dann aufgrund sinnlicher Gewissheit, dass der Mond keineswegs eine sanfte und glatte, sondern eine raue und unebene Oberfläche besitzt und dass er, ebenso wie das Antlitz der Erde selbst, mit ungeheuren Schwellungen, tiefen Mulden und Krümmungen überall dicht bedeckt ist.«

Nun machte sich Galileo daran, die Strukturen auf der Mondoberfläche abzuzeichnen und in Form von Aquarellen darzustellen. Diese und eine Reihe anderer damals völlig neuer Erkenntnisse veröffentlichte er 1610 im Buch ›Sidereus Nuncius‹, dem »Sternenboten«. Die 550 gedruckten Exemplare waren innerhalb weniger Tage vergriffen. Auch zu jener Zeit war also das Interesse am Mond schon so groß wie später bei den gefälschten Artikeln der ›New York Sun‹. Dreißig Ausgaben des Buches sind heute, 400 Jahre später, noch vorhanden.

Erst kürzlich, im März 2007, wurden die Originalzeichnungen von Galilei dazu in New York wiedergefunden. Sie befinden sich in einer Ausgabe des ›Sternenboten‹, die der Antiquar Richard Lan fand. Seine genaue Quelle will er nicht preisgeben, verriet aber immerhin, dass sich das Buch in einer südamerikanischen Sammlung befand. Der Band enthält als Abbildungen nicht Kupferstiche wie die bisher bekannten Exemplare, sondern aquarellierte Zeichnungen. Thomas de Padova berichtete am 26. August 2007 in der ›NZZ am Sonntag‹ nähere Einzelheiten über die außergewöhnliche Entdeckung: »Der Kunsthistoriker Horst Bredekamp von der Humboldt-Universität in Berlin erhielt vor zwei Jahren eine E-Mail vom New Yorker Antiquar Richard Lan. Im Anhang fand sich eine Zeichnung aus einem bis dahin unbekannten Exemplar des ›Sidereus Nuncius‹, jener Schrift, in der Galilei seine Mondbilder sowie die Entdeckung der vier Jupitermonde im März 1610 veröffentlicht hat. ›Ich habe ihm natürlich geschrieben, dass ich das Ganze für eine Fälschung halte, weil ich es für ausgeschlossen hielt, dass heute noch eine Entdeckung dieses Grades möglich ist‹, erzählt Bredekamp. Trotzdem flog er nach New York. Angesichts der Zeichnungen wurde er unsicher, jettete nach Florenz und stellte mit hochwertigen Fotos aus New York Vergleiche an – die ihn noch mehr verunsicherten. ›Ich habe das Ganze wochenlang untersucht und bin schließlich zu der festen Überzeugung gekommen, dass es Originale sind‹, erzählt Bredekamp. Weitere, unabhängige Studien, darunter Materialprüfungen in einigen Labors, bestärkten ihn in dieser Ansicht.

Laut Bredekamp handelt es sich bei dem aufregenden Fund um jene eigenhändigen Tuschzeichnungen von Galilei, die als Vorlagen für die Kupferstiche im ›Sidereus Nuncius‹ dienten. Galilei beeilte sich damals sehr mit dieser Publikation, weil er befürchtete, andere Forscher könnten ihm zuvorkommen – Fernrohre gab es ja bereits überall in Europa. Zwischen seinen letzten Beobachtungen und dem Druck des Buches lagen deshalb nur zehn Tage.«

Die eigentliche Leistung Galileis war nicht in erster Linie das genaue Abzeichnen dessen, was er durchs Fernrohr sah, sondern dessen richtige Deutung. So schrieb er beispielsweise, »dass wenn der Mond gleichsam eine zweite Erde sei, dann stellt sein leuchtenderer Teil die Landoberfläche, der dunklere die Wasseroberfläche angemessener dar. Ich habe jedenfalls nie bezweifelt, dass unsere Landoberfläche heller, die Wasseroberfläche dagegen dunkler aussehen werde, wenn die Erdkugel aus großer Entfernung angeschaut wird und mit Sonnenstrahlen übergossen ist.« Horst Bredekamp erklärte in einem Interview mit ›Welt online‹, warum Galilei zu so genauen Interpretationen überhaupt in der Lage war: »Gleichzeitig hatte er aber auch eine sehr gute mathematische, perspektivische Ausbildung, weshalb er die Schatten und Strukturen, die er mit dem Teleskop gesehen hat, als das erkannte, was sie sind: Berge und Täler«, und weiter: »Galileo Galilei hat gemalt und während des Malvorganges das Gesehene erkannt und das Erkannte bestärkt. Er hat versucht, sich die Schatten zu erklären, indem er die verschiedenen Mondphasen betrachtet und durch seine besondere Maltechnik sehr charakteristisch dargestellt hat.«

Nach Galileis detaillierter Darstellung des Mondes und seiner Deutung der Mondflecken begann man den Mond mit ganz anderen Augen zu sehen. Man erkannte ihn nun als ein geografisches Objekt, das man beobachten, vermessen und kartieren kann; und es begann damit sozusagen die »Vernaturwissenschaftlichung« des Mondes.

Viele Forscher machten sich daran, den Erdtrabanten zu zeichnen und die Formationen auf seiner Oberfläche mit Namen zu versehen. Am Ende setzte sich in der Nomenklatur der Mondstrukturen das System von Giovanni Riccioli durch, der in seinen Karten von 1651 die dunkleren Regionen als Meere und die Krater nach Philosophen und Astronomen bezeichnete. Allgemein anerkannt ist dieses System jedoch erst seit dem 19. Jahrhundert.

Nach und nach entstand eine Vielzahl von Mondkarten, sogar einige Mondgloben, wie etwa der von John Russell, einem Oxforder Maler aus dem 19. Jahrhundert. Alle konnten natürlich immer nur die Vorderseite des Mondes darstellen, da die Rückseite von der Erde aus nicht sichtbar ist. Tausende Detailzeichnungen wurden von Johann Hieronymus Schröter angefertigt, der auch viele Mondtäler und Rillen entdeckte. Den ersten Mondatlas gaben Wilhelm Beer und Johann Heinrich Mädler 1837 heraus. Nach Erfindung der Fotografie wurden die Zeichnungen von Fotos abgelöst, die in zunehmender Detailschärfe die Oberfläche des Mondes zeigten. Insgesamt aber war das wissenschaftliche Interesse am Mond gegen Ende des 19. Jahrhunderts erlahmt – es gab kaum Neues, mehr als den Blick durchs Fernrohr hatte man damals nicht zur Verfügung. Alles, was der Erdtrabant zu bieten hatte, war ausgewertet worden, etwa zur Höhenbestimmung von Gebirgen. Sie erfolgte meist durch die Analyse von Schattenlängen. Die erzielten Werte waren aber nicht allzu genau.

Richtig spannend wurde es erst wieder, als Wissenschaftler beschlossen, den Mond zu besuchen – zunächst nicht persönlich, sondern mit Hilfe von Mondsonden, die man zu ihm hinaufschießen wollte. Blickt man zurück, zeigt sich jedoch die Geschichte der unbemannten Mondsonden in den späten fünfziger und sechziger Jahren als eine Aneinanderreihung entsetzlicher Fehlschläge. Da versagten die Trägerraketen, ließen sich Instrumente nicht bedienen, wurden Flugbahnen falsch berechnet oder verfehlt. Debakel reihte sich an Debakel, und zwar sowohl auf sowjetischer wie auch auf amerikanischer Seite. Das Gute an diesen Fehlschlägen war aus heutiger Sicht nur, dass die Wissenschaftler und Ingenieure viel daraus lernen konnten. Nur so war es möglich, dass später die bemannten Mondflüge einigermaßen glimpflich abliefen und dass heute die Risiken der Raumfahrt längst nicht mehr so hoch sind wie damals.

Am 4.Oktober 1957 hatte die Sowjetunion die Welt regelrecht geschockt, als sie einen Satelliten in eine Umlaufbahn um die Erde gebracht hatte: Sputnik 1. Dieser Erfolg beflügelte die sowjetische Seite und spornte im Gegenzug die Amerikaner an: Es entspann sich ein erbitterter Wettlauf darum, wer nun als Erster eine Sonde auf dem Mond landen würde.

Drei Fehlstarts im August, September und Oktober warfen die sowjetische Raumfahrt zunächst wieder zurück, aber auch die USA konnten keinen Erfolg verbuchen. Ihre Sonde Pioneer 0 legte ebenfalls einen Fehlstart hin, Pioneer 1 startete am selben Tag wie eine sowjetische Sonde, aber während deren Trägerrakete 93 Sekunden nach dem Start explodierte, schaltete sich bei jener die zweite Stufe der Trägerrakete vorzeitig ab, das Raumschiff fiel zurück zur Erde und verglühte nach 43 Stunden. Bei Pioneer 2 war es dann die dritte Stufe der Trägerrakete, die versagte, während in Baikonur einen Monat zuvor die Rakete 104 Sekunden nach dem Start explodiert war. Nach weiteren Fehlschlägen gelang es aber am Ende doch: 15 Monate nach dem Start von Sputnik 1 hob Lunik 1 auf einer Trägerrakete am 2. Januar 1959 vom Weltraumbahnhof Baikonur aus zum Mond ab. Später wurde Lunik 1 ebenso wie seine zwei Nachfolger umbenannt in Luna.

Es war ein recht einfaches Gebilde, das da zum Mond reisen sollte: eine Kugel mit 1,45 Metern Durchmesser, gut sieben Zentner schwer. Im Inneren befanden sich eingebettet in flüssigem Stickstoff einige Messgeräte, die Batterien sowie die Funkeinrichtungen; außen saßen die Sensoren für Magnetfeld, Radioaktivität und für Gasmessungen. Geplant war, dass die Sonde auf dem Mond aufschlagen und dabei kaputtgehen sollte. Dabei hätte sie einige Metallkugeln freigesetzt, die sowjetische Embleme enthielten. Eine Kamera war nicht an Bord.

Da man von der Erde aus ein so kleines Objekt kaum mehr anpeilen kann, hatten sich die sowjetischen Wissenschaftler eine recht raffinierte Methode ausgedacht, wie sie ihr Gerät unterwegs orten wollten: Weit von der Erde entfernt setzte die zwar schon abgetrennte, aber noch mitfliegende letzte Raketenstufe eine Wolke von Natriumdampf frei. Angeregt durch den Sonnenwind begann diese Wolke orange zu leuchten und konnte von der Erde aus fotografiert und geortet werden. Leider brachte die Positionsbestimmung eine Enttäuschung: Es wurde klar, dass Lunik 1 den Mond verfehlen würde, und zwar um 6000 Kilometer. Unter diesen Umständen beschlossen die Offiziellen, die Sonde umzubenennen in »Metschta« (Traum), vielleicht als Symbol für den zunächst zerstobenen Traum von der Mondlandung, vielleicht auch in Anlehnung an den Traum der Menschheit, in den tieferen Weltraum vorzustoßen.

Lunik 1 passierte den Mond am 4. Januar 1959, wurde durch dessen Gravitationswirkung auf eine gebogene Bahn gezwungen und schwenkte schließlich in eine Umlaufbahn um die Sonne ein. Dort, zwischen Erde und Mars, dürfte sich die Sonde noch heute befinden und ihre Kreise ziehen. Nachrichten von ihr hat man zwar keine mehr: Am 5. Januar 1959 waren ihre Batterien leer. Vorher hatten die Messgeräte aber noch nützliche Informationen zur Analyse des irdischen Van-Allen-Strahlengürtels geliefert und die Existenz des Sonnenwindes bestätigt.

Die Amerikaner kamen diesmal zwei Monate zu spät: Pioneer 4 gelang es nun zwar auch, am Mond vorbeizufliegen, aber die Russen hatten ihm die Show gestohlen. Jedoch auch sie blieben weiterhin nicht von Rückschlägen verschont: Eine weitere Mission endete schon nach 153 Sekunden im Fiasko, und erst Luna 2, die am 12. September 1959 startete, erreichte als erstes vom Menschen gefertigtes Objekt den Mond. Dort schlug sie wie geplant hart auf und zerschellte. Kurz darauf verloren die USA eine weitere Pioneer-Sonde,

Sowjetische Briefmarke mit Lunik-Motiv

die gar nicht erst abhob. Erst Luna 3 umkreiste 1959 den Mond – und funkte am 18. Oktober die ersten Fotos von der bis dahin völlig unbekannten Rückseite zur Erde. In 6200 Kilometern Höhe überflog die Sonde die Mondoberfläche und sendete insgesamt 29 Aufnahmen.

Die verwackelten, teils überbelichteten und unscharfen Bilder der automatischen Kamera lieferten dennoch eine Sensation: Man sah zum ersten Mal, dass die Rückseite des Mondes ganz anders aussieht als sein bekanntes, uns zugewandtes Gesicht. Sie ist heller. Es fehlen die charakteristischen Spuren großer Vulkanausbrüche, und sie besteht fast nur aus Hochländern. Es sind aber deutlich mehr Krater zu erkennen, unter anderen das große Südpol-Aitken-Becken, ein 13 Kilometer tiefer Krater mit 2240 Kilometern Durchmesser. Spätere Untersuchungen der Clementine-Mission und des Lunar Prospector legen die Vermutung nahe, dass hier ein sehr großer Einschlagkörper die Mondkruste durchstoßen und möglicherweise Mantelgesteine freigelegt hat.

Jede neue Mission, die Mondforscher unternehmen, wirft fast mehr neue Fragen auf, als sie alte beantwortet. So bleiben immer noch genügend faszinierende Detailfragen, auf die man bisher keine Antwort weiß. Einer, der sich hier auf der Erde intensiv mit dem Mond beschäftigt, ist Harald Hiesinger. Der 43-jährige, in München geborene Geologieprofessor an der Universität Münster kam eher durch einen Zufall zu seinem Arbeitsgebiet. Zunächst wollte er in München Tiermedizin studieren. Beim Warten auf einen Studienplatz schrieb er sich zunächst für Geologie ein, da die Grundvorlesungen für beide Gebiete gleich waren: »Aber dann hat mir das Studium einfach zu viel Spaß gemacht, und ich habe die Tiermedizin sehr schnell aufgegeben und bin Geologe geworden.« Danach kam der nächste Zufall. Eigentlich wollte Hiesinger in Lagerstättenkunde promovieren, aber am Lehrstuhl fehlte das Geld dafür. Er beschloss deshalb, zum Deutschen Zentrum für Luft- und Raumfahrt (DLR) zu gehen, denn dort wurden Doktoranden gesucht. »Ich habe also in der Planetologie gearbeitet und über den Mond promoviert. Und dann bin ich halt dabei geblieben.«

Eine gewisse Lust am Abenteuer verspürt der schnauzbärtige Professor bis heute. So kam es ihm ganz zupass, dass seine Zeitverträge in Deutschland nicht mehr verlängert werden konnten, und ging in die USA. Erst hatte er seinen Aufenthalt nur für ein halbes Jahr geplant, aber schließlich wurden neun Jahre daraus. Dort war er auch in engem Kontakt mit der NASA und freundete sich mit Jack Schmitt an, dem Geologen-Astronauten von Apollo 17. Seit August 2006 ist der begeisterte Segler wieder zurück in Deutschland am Lehrstuhl für Planetologie der Universität Münster.

Sein besonderes Interesse gilt der inneren Entwicklung des Mondes seit dessen Entstehung: Wann begann der Vulkanismus auf dem Mond und wann hörte er wieder auf? War er immer gleich stark, oder gab es Perioden mit stärkerer und schwächerer Aktivität? Welchen Einfluss haben Meteoriteneinschläge auf den Vulkanismus? Hat sich die Lava, die bei den Eruptionen herausgeschleudert wurde, mit der Zeit verändert?

Das Erstaunliche ist, dass Hiesinger viele dieser Fragen mit den Informationen beantworten kann, die bereits vorhanden sind. So hat er beispielsweise die Anzahl und Größe der Krater pro Flächeneinheit auf dem Mond gezählt, denn »eine alte Einheit, die dem Meteoritenbombardement länger ausgesetzt war, wird mehr Krater aufweisen als eine jüngere Einheit« – eine raffinierte Methode der Datie-

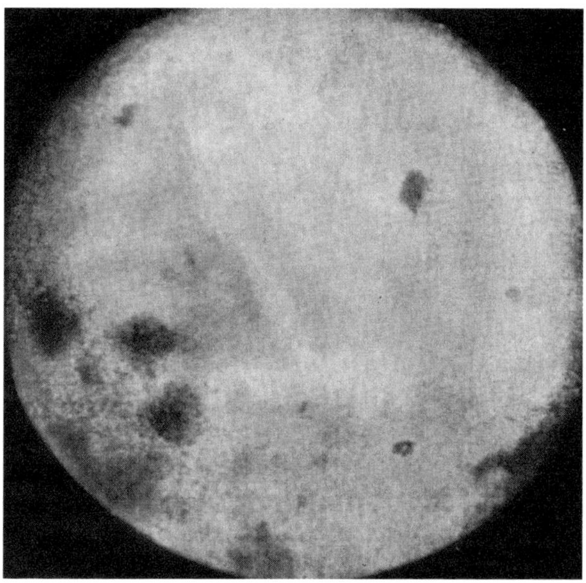

Die Rückseite des Mondes, erstmals fotografiert von Luna 3, 1959

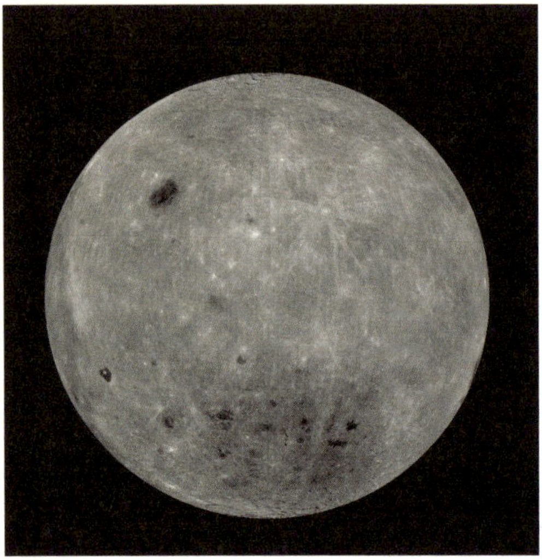

Die Rückseite des Mondes, fotografiert 1994 von Apollo 16

rung. Obwohl es dabei eine Reihe von Komplikationen gibt, etwa die Überlagerung von mehreren Kratern oder die Überdeckung durch Magma, gelang es dem Forscher auf diese Weise herauszufinden, dass der lunare Vulkanismus etwa vor 3,9 Milliarden Jahren begann und vor rund 1,2 Milliarden Jahren wieder aufhörte. Mit der Kombination dieser Daten mit Spektraldaten aus der Fernerkundung des Mondes konnte er zudem die Entwicklung der Basaltdecken in den Meeren des Mondes untersuchen. Weitere Erkenntnisse erhofft er sich nun von Raumfahrtmissionen, die in den kommenden Jahren stattfinden sollen.

Natürlich hat sich auch Harald Hiesinger Gedanken darüber gemacht, warum die Rückseite des Mondes so anders ist als seine Vorderseite. Tatsächlich glaubt man aufgrund der bisherigen Untersuchungen, dass die Mondkruste an der Mondrückseite mit 150 Kilometern etwa doppelt so dick ist wie an der Vorderseite, wo sie nur 70 Kilometer misst. Dies hat das äußere Erscheinungsbild des Erdtrabanten geprägt: »Die gängige Theorie ist die, dass auf der Mondrückseite die Kruste wesentlich dicker ist als auf der erdzugewandten Seite. Diese Krustendicke mag dazu beitragen, dass das basaltische Material im Inneren dort nicht mehr an die Oberfläche gelangen kann. Man findet sowohl auf der Mondvorder- als auch auf der -rückseite große Einschlagbecken, also große Löcher auf der Oberfläche. Auf der Vorderseite kann flüssiges Material aus dem Untergrund als Magma nach oben dringen und in diese Becken einlaufen und sie auffüllen. Aber auf der Mondrückseite ist die Kruste, die unterhalb dieses Beckens sitzt, zu dick. Dadurch ist es für das Magma schwieriger, sie zu durchdringen und in die Becken auf der Mondrückseite auszufließen. Deshalb sieht die Rückseite eben ganz anders aus als die Vorderseite.«

Möglicherweise wurde die Mondvorderseite durch die Erdanziehungskraft mit der Zeit abgeschliffen und ist deshalb dünner, vermutet man seit 1959. »Das Zentrum der Gravitation und das Zentrum der Form sind beim Mond nicht identisch, sondern rund 2,5 Kilometer gegeneinander versetzt«, so Hiesinger. »Man glaubt heute, das hängt damit zusammen, dass während der Entstehung des Mondes die Erdanziehung das Gravitationszentrum verschoben hat. In dem Magma-Ozean, aus dem der Mond ursprünglich bestand, sollen sich die dichteren Materialien dann näher zur Erde hin auskristallisiert haben. Aber das ist eine Frage, auf die ich bis jetzt keine befriedigenden Antworten bekommen habe, denn diese Theorien beruhen auf geophysikalischen Modellen und können meiner Meinung nach

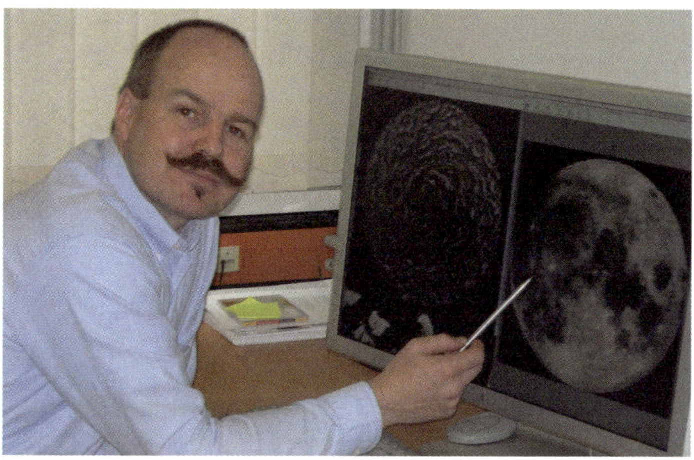

Harald Hiesinger

nicht alles befriedigend erklären. Bisher ist nur die Beobachtung gesichert, dass das Massenzentrum mit dem Zentrum der Gestalt nicht identisch ist. Warum das so ist, muss man noch genauer untersuchen.«

Die Rückseite des Mondes kann von der Erde nicht beobachtet werden. Dies führt vermutlich dazu, dass von ihr immer wieder als der dunklen Seite des Mondes gesprochen wird. Dem ist jedoch nicht so: Wenn für uns Neumond herrscht, ist die Rückseite des Mondes voll beleuchtet. Deshalb wird im wissenschaftlichen Sprachgebrauch meist die »erdzugewandte« Seite des Mondes von der »erdabgewandten« Seite unterschieden.

101 Raumfahrzeuge sollten bis Ende 1976 den Mond erforschen, lediglich 45 davon waren erfolgreich; alle anderen erreichten ihr Ziel gar nicht erst, stürzten ab oder verfehlten ihre vorgesehene Bahn; vierzig davon waren sowjetische Missionen, 15 amerikanische. Danach gab es eine große Pause. Beide großen Raumfahrtnationen lehnten sich quasi erschöpft zurück, die Russen enttäuscht, die Amerikaner stolz, denn sie hatten nach dem September 1966 keinen Fehlschlag mehr zu verbuchen. Ganz im Gegenteil: Sie feierten große Erfolge mit ihrem bemannten Apollo-Programm (siehe Kapitel 5).

Seither ist es still geworden um den Mond. In den gesamten neunziger Jahren gab es nur drei Sonden, die zum Mond flogen, danach 2003 noch ein kleines europäisches Raumschiff namens Smart 1, das aber in der Hauptsache nur einen neuartigen Ionenantrieb erproben sollte. Erst neuerdings beginnen sich Raumfahrer wieder für den Mond zu interessieren, und das ist kein Wunder, denn es gibt noch eine Menge zu erforschen. So sind bis heute die Rückseite des Mondes und seine Polregionen noch nicht vollständig kartiert, von den Landschaften auf dem Mars existieren bessere und schönere Aufnahmen als vom wesentlich näheren Mond, und eine ganze Reihe von Fragen ist noch offen. So etwa die, ob auf dem Erdtrabanten Wasser existiert.

Im Jahr 1994 umkreiste das NASA-Raumschiff Clementine den Mond und kartografierte ihn. Bei einem Experiment sendete die Sonde Radiosignale in einen Krater nahe dem Südpol des Mondes. Die Reflexionen schienen auf vereistes Material hinzudeuten. »Das macht auch Sinn«, meint die NASA, »denn wenn es auf dem Mond Wasser gibt, versteckt es sich wahrscheinlich in der ständigen Dunkelheit von tiefen, kalten Kratern, dort ist es sicher vor dem

Sonnenlicht und fest gefroren.« Das Eis, das man mit Clementine entdeckt zu haben glaubte, schien mit Regolith vermischt zu sein. Dabei schätzte man den Eisanteil gering ein, etwa 0,3 bis ein Prozent. Leider ließen sich Clementines Daten bisher nicht bestätigen. Als Astronomen mit dem riesigen Arecibo-Radar-Teleskop in Puerto Rico versuchten, Eis in denselben Kratern zu finden, sahen sie keines.

Am 6. Januar 1998 schickte die NASA eine weitere Mondsonde auf den Weg, den Lunar Prospector. Ein Neutronenspektrometer an Bord suchte die Mondoberfläche nach wasserstoffreichen Materialien ab. Mit diesem Messgerät lassen sich Eisanteile im Gestein von weniger als 0,01 Prozent feststellen. Es suchte vor allem nach charakteristischen langsamen und mittelschnellen Neutronen, die von der Mondoberfläche entweichen. Diese entstehen, wenn die überall vorhandenen schnellen Neutronen aus der kosmischen Strahlung mit Wasserstoffatomen zusammenstoßen und dabei abgebremst und zurückgeworfen werden. Das Instrument kann dabei Wasser bis in eine Tiefe von etwa einem halben Meter entdecken. Erneut zeigten die Mondkrater vielversprechende Daten: Die Neutronenrate dort deutete auf Wasserstoff und damit auf das Vorkommen von Wasser hin.

Mögliche Eisvorräte könnten, so vermutete die NASA nun sogar, nicht nur tröpfchenweise im Sand versteckt sein, sondern als große, reine Eisschicht rund vierzig Zentimeter unter der Mondoberfläche liegen. Darüber läge trockener Regolith. Am Nordpol waren die Hinweise darauf stärker als am Südpol. An beiden Stellen fand Lunar Prospector eine riesige Fläche, unter der Eis liegen könnte: am Mond-Nordpol zwischen 10 000 und 50 000 Quadratkilometer groß, am Südpol zwischen 5000 und 20 000 Quadratkilometer. An manchen Stellen sei das Eis dabei wahrscheinlich stärker konzentriert als an anderen. Berechnet man aus diesen Angaben die möglichen Eisvorräte auf dem Mond, so kommt man laut NASA auf die ungeheure Menge von 6,6 Milliarden Tonnen.

Die japanische Mondsonde Selene, die am 13. September 2007 gestartet ist, soll nun mittels Lasermessungen die Unsicherheit beenden. »Eigentlich gibt es auf dem Mond kein Wasser, aber möglicherweise sind in den Kratern, wo es minus hundert Grad Celsius kalt ist, einzelne Eislinsen erhalten geblieben«, sagte Ulrich Köhler vom Institut für Planetenforschung des Deutschen Zentrums für Luft- und Raumfahrt (DLR) anlässlich des Starts zu der Zeitung ›Die Welt‹. Mit einer Kamera ließen sich die Eislinsen nicht erfassen, weil es dort unten immer dunkel ist. Sofern das gefrorene Wasser nicht von einer Staubschicht bedeckt ist, sollte es jedoch bei der Lasermessung durch Selene eine deutliche Reflexion hervorrufen. Der DLR-Forscher zeigte sich gespannt: »Wenn wir wirklich Eis fänden, wäre das eine Sensation.«

Wo könnte dieses Eis herkommen? Wahrscheinlich aus den Meteoriten, die den Mond ununterbrochen bombardieren. Viele von ihnen enthalten Wasser bzw. Eis. Wenn dieses beim Einschlag nicht sofort verdampft, könnten Eisbrocken über die Mondoberfläche geschleudert werden. Unter dem Einfluss des Sonnenlichts würden sie ebenfalls schnell verdampfen, aber wenn Stücke in einen tiefen Krater fallen, den das Sonnenlicht nicht erreicht, haben sie eine Chance, dort zu »überleben«. NASA-Spezialisten könnten sich auch vorstellen, dass einzelne Wassermoleküle langsam in einen solchen Krater gewandert und dort gefroren sind. Wenn das Eis erst einmal im Inneren des Kraters ist, würde es dort stabilisiert, und so könnten sich im Lauf der Zeit in diesen Kältefallen größere Mengen davon ansammeln. Unsicher ist aber bis heute noch, ob nicht der energiereiche Sonnenwind und der Einschlag der vielen Mikrometeoriten das Eis schnell wieder auflösen würden.

Die Entdeckung von Eis auf dem Mond wäre für die Forschung sehr interessant, da es sehr altem Kometen- oder Meteoritengestein entstammen würde, das danach seit Millionen oder gar Milliarden von Jahren auf dem Mond herumliegt. Es könnte also Daten liefern aus der Frühzeit von Erde und Mond. Sollte sich der Fund bestätigen, könnte man zunächst einen Roboter zum Mond schicken, der Proben mit zur Erde brächte. Danach könnten Menschen hinauffliegen und die Sache noch genauer untersuchen. Das Eis könnte wichtige Hinweise geben auf die Prozesse, die sich auf der Mondoberfläche abspielen.

Hinzu kommt: Unabhängig von den wissenschaftlichen Erkenntnissen hätte Wasser auf dem Mond große praktische Bedeutung für zukünftige bemannte Mondmissionen. Es gibt keine andere Wasserquelle auf dem Mond, und die Flüssigkeit von der Erde mitzubringen würde nach NASA-Schätzungen 2000 bis 20 000 Dollar pro Liter kosten. Außerdem könnte das Mondwasser als Sauerstoffquelle dienen, ebenfalls ein lebenswichtiges Material, das man nicht ohne weiteres auf dem Mond findet. Auch Wasserstoff könnte man daraus gewinnen, zum Betanken der Raketenantriebe. Der Amerikaner Paul Spudis, der als Forscher am Clementine-Projekt teilgenommen hat, bezeichnete eine potenzielle Eisfläche auf dem Mond als wahrscheinlich »die wertvollste Immobilie im gesamten Sonnensystem«. Leider kann man sie nicht kaufen – nicht, weil sie zu viel kosten würde, sondern weil die Eigentumsverhältnisse auf dem Mond nicht befriedigend geklärt sind.

Interessante Grundstücke gäbe es dort jedoch zuhauf. Man könnte sich zum Beispiel aussuchen, ob man eines in der Ebene, in einem Tal oder auf einem Hügel kaufen will. Denn der Mond hat – so unwirtlich er wegen seiner Trockenheit erscheinen mag – eine schöne, abwechslungsreiche Landschaft. Seine gesamte Größe entspricht ungefähr der Landfläche von Afrika und Australien zusammengenommen, und sein Äquator ist mit 10 915 Kilometern weit schneller umrundet als der der Erde.

Beginnen wir die Reise dort, wo schon fünf Mal ein Raumfahrzeug gelandet ist: im *Oceanus Procellarum*, dem »Meer der Stürme«. Wie alle Meere auf dem Mond ist er kein Ozean, der mit Wasser gefüllt ist, sondern eine Landformation. Er erscheint von der Erde aus als dunkler Fleck und ist durch vulkanische Aktivitäten in der Frühzeit des Mondes entstanden. Basaltisches Magma hat vor Milliarden von Jahren den Boden bedeckt und ist als flache Decke erstarrt. Oceanus Procellarum ist das größte aller lunaren Meere und hat eine Nord-Süd-Ausdehnung von rund 2500 Kilometern. Der Boden ist hier mit sandähnlichem Regolith bedeckt, aber man sinkt nicht tief ein. Überall liegen Steine aller Größenordnungen herum, hin und wieder auch ein größerer Felsbrocken. Auch kann man einigen Weltraumschrott finden, denn hierher kamen die unbemannten Mondsonden Surveyor 1 und 3 sowie Luna 9 und 13, die alle weich aufsetzten und nach getaner Arbeit mit leeren Batterien hier stehen blieben. Später landeten hier die Astronauten der Apollo-12-Mission. Die allerdings nahmen ihre Landefähre wieder mit, zurück blieb lediglich deren Untergestell.

Im Gegensatz zu vielen anderen Mária ist der *Oceanus Procellarum* nicht kreisrund, sondern an den Rändern ausgefranst. Er wird begrenzt von kleineren Buchten und Meeren, im Nordosten schließen sich die Karpaten an, hinter denen das *Mare Imbrium*, das Meer des Regens, liegt. Es entstand vor etwa 3,8 Milliarden Jahren durch den vorletzten der wirklich großen Asteroideneinschläge, nur das

Mare Orientale ist noch jünger. Im Regenmeer haben sich die irdischen Geografen bei der Namensgebung so richtig ausgetobt und viele Formationen nach Gebirgen oder Orten auf der Erde benannt. Das 1123 Kilometer große Becken ist umgeben von Alpen, einem Jura, Apenninen und einem Kaukasus. Dazwischen liegen Krater, die nach berühmten Männern benannt wurden: Plato, Archimedes, Erathostenes oder Kopernikus. Sanfte Hügel kennzeichnen die Landschaft im Inneren des *Mare Imbrium*. Erst an seinem Rand wird es dramatisch: Dort erheben sich Gebirge mit rund 7000 Metern Höhe über die Ebene und sind damit höher als der Himalaja, dessen Höhe ja vom Meeresspiegel und nicht von der Ebene aus gemessen wird.

Im Regenmeer, an der Hadley-Rille, landete Apollo 15 und ließ nach seiner Abreise sein Mondauto zurück. Bei der Rille handelt es sich eigentlich um ein tiefes Tal. Es ist insgesamt etwa 120 Kilometer lang und an seiner breitesten Stelle rund 1,6 Kilometer breit. An manchen Stellen ist es bis zu 300 Meter tief. Vor 3,3 Milliarden Jahren wurde es wohl von Lavaströmen gebildet. Ähnliche Formationen findet man auf der Erde auf Hawaii, diese sind jedoch mit maximal zehn Kilometern Länge und hundert Metern Breite wesentlich kleiner. Geologen vermuten, dass diese Unterschiede auf die größere Lavamenge auf dem Mond und die geringere Gravitation dort zurückzuführen sind. Als die Apollo-15-Astronauten mit ihrem Auto entlang der Rille unterwegs waren, haben sie auch Fotos gemacht. Auf ihnen erkennt man, dass ihr Boden mit einer Vielzahl von Felsbrocken bedeckt ist, die wahrscheinlich im Lauf der Zeit die Abhänge herunterkullerten. Deshalb ist die Lava, die sich am Boden des Tals befindet, mit einer dicken Schicht von Staub und Steinen bedeckt. Einige davon nahmen die Astronauten mit zurück, aus ihnen konnte das Alter des Mare bestimmt werden. Wie auch bei den Apollo-Missionen 12, 14 und 16 ließen sie außerdem eine autonome Basisstation für Experimente auf der Mondoberfläche zurück. Sie war unter anderem mit einem Seismometer bestückt, das wertvolle Daten etwa über seismische Aktivitäten am Rande des Regenmeeres liefern konnte.

Aber nicht nur amerikanische Hinterlassenschaften kann man im *Mare Imbrium* finden, auch die Sowjets haben etwas zurückgelassen: Im November 1970 landete hier das russische Mondauto Lunochod (Mondgänger) 1. Es wurde von der Erde aus ferngesteuert und war weit erfolgreicher als eigentlich erwartet. Elf Monate lang (geplant waren drei Monate) fuhr der Rover über den Mond, legte mehr als zehn Kilometer zurück, übertrug mehr als 20 000 Bilder, über 200 Panoramen und untersuchte über 500 Bodenproben. Dieses Mondauto und sein Nachfolger Lunochod 2 sind ein Beleg dafür, dass auch die Sowjetunion beachtliche Erfolge in der Raumfahrt zum Mond erzielen konnte. Alexander von Behaim-Schwartzbach von der Astronomischen Vereinigung Bodensee schreibt dazu: »Wer sich im Nachhinein näher mit der russischen Hardware fürs Weltall beschäftigt, ist beeindruckt, was da so alles geschaffen wurde. Kritisch bei der russischen Weltraumpolitik muss jedoch angemerkt werden, dass zu Beginn immer Missionen gestartet wurden, mit denen man Erstleistungen erreichen konnte: 1957 Sputnik 1. Der erste Satellit im All. 1959 Luna 2: das erste von Menschen geschaffene Objekt auf einem anderen Himmelskörper. 1961 Jurij Gagarin: Der erste Mensch im All. 1959 Lunik 3: Die erste Mondumrundung mit dem ersten Bild der Rückseite des Mondes. 1963 Valentina Tschereskova: Die erste Frau im All. 1960 Alexej Leonov: Der erste Weltraumspaziergang, usw. Irgendwann waren aber die Erstmöglichkeiten aufgebraucht.

Modellzeichnung Lunachod 1

Jetzt begannen die innovativen und die wissenschaftlich bestimmten Raummissionen. Die Krönung der unzähligen Ersterfolge wäre natürlich eine russische Landung auf dem Mond gewesen. Doch da obsiegte Amerika.«

Die beiden russischen Mondfahrzeuge hatten den Vorteil, dass sie sich weiter vom Landemodul wegbewegen konnten als die amerikanischen Mond-Rover. Sie mussten schließlich keine Rücksicht darauf nehmen, dass die Besatzung auf jeden Fall heil wieder zurückkam. So legte das achträdrige Gefährt 10,45 Kilometer zurück. Ferner war es bei seiner Stromversorgung nicht allein auf Batterien angewiesen, sondern besaß bereits Solarzellen, die die Sonnenenergie nutzten.

Sein Nachfolger Lunochod 2, am 8. Januar 1973 gestartet, war ebenfalls unbemannt und wurde von der Erde aus ferngesteuert; er war technisch besser ausgestattet als sein Vorgänger, hatte zum Beispiel noch eine dritte Fernsehkamera an einem Ausleger an Bord. Außerdem besaß er ein eigenes Kreiselsystem, einen Bodenfühler und einen Neigungssensor, dies erleichterte die Manöver auf dem Mond. Die Landung dieses Mondautos erfolgte am Südrand des Kraters Le Monnier in der Übergangszone vom Krater *Mare Serenitatis* zum Taurus-Gebirge.

Entscheidend für die Wahl der Landestelle war vor allem eine besonders interessante geologische Formation im Südostteil des Kraters. Hier befindet sich ein rund 15 Kilometer langer, geradliniger, tektonischer Grabenbruch der Mondrinde, der sich in Nord-Süd-Richtung erstreckt. Seine Erforschung war Hauptziel der sowjetischen Lunochod-2-Mission. Außerdem übertrug Lunochod 2 86 Panoramabilder und rund 80 000 Fotos zur Erde. Da das Fahrzeug einen Laser-Reflektor auf dem Dach hat, kann man es auch heute noch von der Erde aus anpeilen.

Auch wenn inzwischen eine ganze Reihe von Forschungsstationen auf dem Erdtrabanten zurückgelassen wurden, gibt es immer noch Menschen, die den Mond von der Erde aus beobachten. Und tatsächlich enthüllt der Blick durchs Fernrohr auch heute noch Überraschungen: So berichten Forscher wie Laien immer wieder von vereinzelten Leuchterscheinungen auf dem Mond, sogenannten »Lunar Transient Phenomena« (flüchtigen lunaren Phänomenen) oder kurz LTP. Ähnlich wie die Ufos geben sie zu vielen Spekulationen Anlass, aber die meisten davon lassen sich rational erklären.

LTP können unterschiedlich aussehen: Mal ist es ein rotes Glimmen, mal ein Blitz, eine Trübung der Sicht, mal sind es Lichterscheinungen oder seltsame Schatten. Die Berichte über derartige Erscheinungen reichen zurück bis ins Jahr 557 v. Chr. Rund 2000 Ereignisse wurden bisher dokumentiert. Viele von ihnen blieben bisher rätselhaft. So glauben manche Beobachter, dass Restvulkanismus dafür verantwortlich sei. Obwohl der Mond im Wesentlichen erkaltet ist und keine Anzeichen eines aktiven Vulkanismus mehr zeigt, so könnten doch noch kleinere geschmolzene Bereiche existieren, aus denen vulkanische Gase an die Oberfläche gelangen und durch Verwirbelung des Regoliths eine Leuchterscheinung bewirken. Für diese Annahme spreche auch, dass die LTP-Beobachtungen stark auf wenige Krater konzentriert sind.

Der NASA-Forscher Bill Cooke und sein Team haben im November 2005 am Marshall Space Flight Center in Huntsville, Alabama, damit begonnen, die dunkle Seite des Mondes zu beobachten, um den LTP auf die Spur zu kommen. Damit ist – wohlgemerkt – die Seite des Mondes gemeint, die uns zugewandt ist, die aber im Dunkeln liegt (die uns abgewandte Seite des Mondes kann man ja bekanntlich

Modell Lunochod 2

von der Erde aus nicht sehen). Sie richteten dazu immer zwei Teleskope parallel auf die gleiche Stelle des Mondes aus.

Es war die erste systematische Zählung von Phänomenen, die auf der dunklen Seite des Mondes stattfinden. Damit konnten die NASA-Forscher belegen, dass es dort tatsächlich Leuchterscheinungen gibt, denn bis Ende Januar 2007 hatten sie bereits 82 LTP beobachtet und auf Videoband dokumentiert. Danach analysierten sie die Ereignisse. »In den 107 Stunden Beobachtungszeit durch das Teleskop haben wir zwanzig Mondmeteoriten gezählt, dazu mindestens sechzig Durchgänge von Erdsatelliten, dazu ein Flugzeug und einen Meteor, der auf die Erde fiel, das sind insgesamt 82«, zählt Cooke auf. »Das gibt den Astronomen schon mal einen Hinweis darauf, was sie erwartet, wenn sie anfangen, von der Erde aus ein Mondbeobachtungsprogramm zu starten.«

Cookes Hauptinteresse gilt Mondmeteoriten, also Gesteinsbrocken, die auf dem Mond einschlagen. Sie erzeugen dabei einen Lichtblitz. »Von den zwanzig Meteoren, die wir bisher gesehen haben, kommen etwa die Hälfte aus uns wohlbekannten Meteorschauern wie den Leoniden oder den Geminiden«, sagt der Forscher, »die andere Hälfte sind jedoch zufällig auftreffende Meteorite, die uns total überraschen.« Da die NASA ja plant, Astronauten für längere Zeit auf den Mond zu schicken, ist sie verständlicherweise daran interessiert zu erfahren, wie oft so etwas vorkommt.

»Alles andere, was wir gesehen haben«, erzählt Cooke, »sind nur Zufälligkeiten – wenn zum Beispiel etwas vor dem Mond vorbeifliegt, während wir ihn beobachten.« Das können vor allem Satelliten sein, die die Erde umrunden, und Weltraummüll. Das Nordamerikanische Luft- und Weltraum-Verteidigungskommando NORAD, das den Weltraum überwacht, verfolgt zurzeit rund 10 000 Objekte in der Erdumlaufbahn, die größer sind als zehn Zentimeter. »Manche dieser Objekte fliegen gerade dann am Mond vorbei, während wir unsere Fernrohre auf ihn richten. Wenn es ein großer Satellit ist, wie etwa der Kommunikationssatellit Orbcomm, lässt sich das leicht feststellen«, so Cooke, aber Schrottstücke, die durchs Weltall taumeln, können weit trickreicher sein. »Ein plötzlicher Sonnenstrahl, der auf eine spiegelnde Fläche des Objekts fällt, kann dummerweise genauso aussehen wie der Einschlag eines Mondmeteors. Deshalb müssen wir sehr vorsichtig sein.« Daher arbeiten seine Leute auch immer mit zwei parallelen Fernrohren. Es werden nur Beobachtungen gezählt, die von beiden gleichzeitig erfasst werden. Zu den Zeiten, als Apollo zum Mond flog, gab es noch wenige Objekte in der Erdumlaufbahn. Heute sieht das Team um Cooke schon fast jede Nacht ein oder zwei.

Bisher haben sie nur einen Meteoriten beobachtet, der in der Erdatmosphäre verglühte, also eine Sternschnuppe. Warum nur einen, wo man doch in manchen Nächten auf der Erde ganze Schauer davon sehen kann? Das liegt, so erklärt Bill Cooke, an dem engen Ausschnitt, den das Teleskop erfasst. Aber er und seine Leute sind ohnehin nicht an Sternschnuppen, sondern an den Vorgängen auf dem Mond interessiert. Explodierende Meteorite, taumelnde Schrottstücke, Satelliten und sogar einmal ein Flugzeug, das durchs Bild flog: »Es ist eine große Show. Und wir bleiben dran«, sagt der Mondforscher.

Kapitel 3
Mondmeteorite
Botschaften vom »unartigen Nachbarn«

»Die Mondsteine sehen aus wie schmutzige Kartoffeln. Ich fürchte, sie müssen den Mond erst einmal sauber machen, bevor ich da hinfahre.«

Margaret Mitchell,
Ehefrau des früheren US-Justizministers

»Der Mond ist ein unartiger Nachbar«, schrieb der Gelehrte Ernst Florens Friedrich Chladni 1794, »da er mit Steinen nach der Erde wirft.« Und er hatte recht, obwohl diese Aussage damals noch sehr umstritten war – sozusagen die Ufo-Theorie des 18. Jahrhunderts: Immer wieder gab es Schilderungen, die behaupteten, Steine seien vom Himmel herabgestürzt, begleitet von heftigen Licht- und Schallerscheinungen. Die meisten Menschen hielten das für Märchen, Aberglaube oder Einbildung. Nicht so der studierte Jurist Chladni, dessen Neigung eigentlich den Naturwissenschaften galt. 1794 postulierte er in dem 63-seitigen Büchlein ›Über den Ursprung der von Pallas gefundenen und anderer ihr ähnlicher Eisenmassen und über einige damit in Verbindung stehende Naturerscheinungen‹ die tatsächliche Existenz von Meteoritenfällen. Er bezog sich dabei auf den deutschen Naturforscher Peter Simon Pallas, der durch seine Reiseberichte aus Sibirien einer relativ breiten Öffentlichkeit bekannt war. Der 1756 in Wittenberg geborene Chladni war naturwissenschaftlich Interessierten damals schon kein Unbekannter mehr. Bereits sieben Jahre zuvor hatte er Aufsehen erregt mit dem Büchlein ›Entdeckungen über die Theorie des Klanges‹, in dem er eine Theorie der Schallwellen entwickelte. Bis heute sind seine »Chladnischen Klangfiguren« ein beliebter experimenteller Beweis für die Schwingungsnatur des Schalls, und vielfach wird er als »Vater der Akustik« bezeichnet.

Nun also hatte er sich den Meteoriten zugewandt – die aber damals noch nicht so hießen, man sprach eher über »Feuerbälle«. Entstanden war sein Interesse durch eine Unterhaltung mit dem zwölf Jahre älteren Physiker Georg Christoph Lichtenberg. Der hatte am Abend des 12. November 1791 selbst einen spindelförmigen, sehr hellen Feuerball über Göttingen beobachtet. Angeregt durch diese Mitteilung setzte Chladni sich drei Wochen lang in die Göttinger Bibliothek und fand dort historische Berichte über 24 gut dokumentierte Feuerbälle und 18 Augenzeugenberichte über das Herabstürzen von Stein- oder Eisenbrocken, angefangen von einem Ereignis 56 v. Chr. bis hin zu einem Meteoritenfall im bayerischen Eichstädt im Jahr 1785. Chladni konstatierte eine große Übereinstimmung in den Schilderungen, egal, aus welcher Zeit sie stammten, und sein Juristenverstand sagte ihm, dass die Zeugen die Wahrheit sprachen. Seine kühne Überlegung war nun, dass die beiden Phänomene miteinander verknüpft seien, dadurch nämlich, dass herabstürzende Steine oder Eisenbrocken beim Fall durch die Erdatmosphäre weißglühend würden und leuchteten. Also schlug er die radikale Hypothese vor, dass diese Objekte aus dem Weltall auf die Erde fielen.

Die Idee, dass etwas vom Himmel fällt, war nicht gerade neu: Schon Jahrtausende vorher hatten Menschen berichtet, es habe Blut, Milch, Feuer, Wolle oder Fleisch vom Himmel geregnet, und Steine, die herabgefallen waren, wurden als himmlische Zeichen gewertet und in Schreinen oder Altären aufbewahrt. Gerade nun aber, am Ende des 18. Jahrhunderts, als sich überall in Europa die Ideen der Aufklärung verbreiteten, kam die Vorstellung, Steine würden vom Himmel fallen, gar nicht gut an. Gelehrte hielten sie für einen Rückschritt ins finstere Mittelalter. Hinzu kam, dass niemand daran glaubte, dass es außer dem Mond, den anderen Planeten und den Fixsternen noch weitere feste Körper im Weltall gibt.

Auch Lichtenberg reagierte darauf zunächst spöttisch: Ihm sei nach der Lektüre von Chladnis Bericht gewesen, als hätte ihn ein solcher Stein gerade selbst am Kopf getroffen. Doch später schloss er sich, wie viele andere Wissenschaftler auch, dessen Meinung an. Dazu trug bei, dass der nun sensibilisierten Öffentlichkeit allein von

1794 bis 1798 vier neue Meteoritenfälle bekannt wurden. Geologen begannen solche Steine zu untersuchen und stellten fest, dass sie sich in Zusammensetzung und Struktur von den Mineralien auf der Erde stark unterschieden. Nach einigen Jahren war Chladnis Hypothese weitgehend akzeptiert. So entging er schließlich nur mit knapper Not dem Schicksal vieler Naturwissenschaftler, die ihre Hypothesen zu früh für ihre Zeit veröffentlichten. Heute gilt er vielen als der Begründer der modernen Meteoritenkunde.

Da man aber nach wie vor das Weltall zwischen den Sternen für völlig leer hielt, glaubten die »Lunaristen« damals, diese Meteoriten seien von Mondvulkanen ausgespuckt und zur Erde geschleudert worden oder in der Atmosphäre in der Hitze eines Blitzes aus Staub zusammengebacken worden. Heute wissen wir, dass es auf dem Mond keine aktiven Vulkane mehr gibt und dass die meisten Meteoriten, die man auf der Erde findet, Teile von Asteroiden sind, die die Sonne umkreisten und eines Tages vom Schwerefeld der Erde eingefangen wurden. Einige jedoch stammen tatsächlich direkt vom Mond. Sie sind aber recht selten: Durchschnittlich nur einer von etwa 800 auf der Erde gefundenen Meteoriten stammt nachweislich vom Mond.

Normalerweise ist Wissenschaft ein eher trockenes Gebiet, und Forscher verbringen die meiste Zeit im Labor oder am Schreibtisch. Da erscheint es wirklich außergewöhnlich, wenn ein paar von ihnen plötzlich Wanderstiefel und Rucksack anziehen und sich auf den Weg machen in extreme Gebiete der Erde. Genau das aber tun Meteoritenforscher. »Meteorite fallen überall auf der Erde gleich häufig herab«, erklärt Addi Bischoff, Mineralogie-Professor an der Universität Münster, »aber wenn man welche finden will, muss man sie von ihrer Umgebung unterscheiden können, deshalb suchen Forscher vor allem in kalten und heißen Wüsten danach, am besten in Gegenden mit hellem Boden.« Infrage kommen da Sandwüsten wie im Oman oder in Libyen oder die Antarktis. Meteorite haben meist eine schwarze Färbung: Wenn sie durch die Erdatmosphäre fliegen, schmilzt in der entstehenden Reibungshitze die äußerste Schicht, ein Teil verdampft und der Rest bildet eine schwarze, dunkle Schmelzkruste. Deshalb kann man die Steine gegen den hellen Untergrund gut erkennen. Trotzdem bleibt die Suche nach ihnen ein mühsames Geschäft, das viel Geduld erfordert. Der 52-jährige Meteoritenspezialist Bischoff kann ein Lied davon singen. Er gilt als einer der führenden Fachleute der Welt, wenn es darum geht, die Herkunft von geheimnisvollen Steinen oder Eisenbrocken zu ermitteln. Schon zwei Mal war er an einer Suchaktion beteiligt, ein Mal in der Wüste Gobi und ein Mal im chilenischen Hochland, und er kennt die Strapazen solcher Expeditionen und die Frustration, wenn man tagelang nichts findet: »Man sucht hauptsächlich in der Wüste, denn dort sind die Meteorite praktisch die einzigen Steine. Manche liegen einfach auf dem Sand und fallen sofort auf. Man scannt die Gegend ab, indem man mit dem Jeep die hellen Wüstenflächen abfährt. Dabei guckt man nach schwarzen Steinen, denn alles Dunkle gehört da offensichtlich nicht hin.«

Zumindest in der Theorie nicht. Die Wirklichkeit jedoch ist komplizierter: »Das Problem ist oft, dass die Wüste nicht so extrem vegetationslos ist, wie man sich das wünscht. Das war auch in der Wüste Gobi so, zumindest in dem Jahr, in dem wir gesucht haben. Überall gab es ein wenig Grünzeug und außerdem riesige Antilopen- oder Kamelherden. Und deren Hinterlassenschaften sehen natürlich auch so ähnlich aus wie schwarze Steine. Da freut man sich schon: Oh, da hinten liegt etwas Dunkles, und dann ist es doch nur wieder Kamelscheiße. Hinzu kam in der Mongolei, dass der Untergrund nicht immer so hell war, wie wir das gebraucht hätten. Es gab irgendwelchen basaltischen Vulkanismus in der Nähe, und deshalb waren auch dunkle Gesteine im Boden eingemischt.« Die ernüchternde Folge: Bei der Expedition in die Wüste Gobi fanden die Forscher nichts.

Mehr Glück hatten andere Missionen, vor allem die systematischen Suchexpeditionen in der Antarktis. Dort, auf dem mehr als 3000 Meter dicken Eispanzer, stammen so gut wie alle Steine zwangsläufig von oben, und so hatten Forscher immer wieder zufällig Meteorite gefunden. Den ersten entdeckte ein Mitglied der australischen Mawson-Expedition im Jahr 1912. Später, als die Erforschung der Antarktis in den sechziger Jahren wieder einen neuen Aufschwung nahm, kamen weitere hinzu. Aber zunächst machte niemand großes Aufhebens davon, bis 1969 japanische Glaziologen in einem Umkreis von nur drei Kilometern neun Exemplare fanden. Auch dies fand man zuerst nicht ungewöhnlich, da man häufiger zehn oder mehr Steine nahe beieinander gefunden hatte, wenn ein Meteorit in der Atmosphäre zersprungen war. Als aber 1971 ein japanischer Geologe öffentlich machte, dass die neun Antarktis-Meteoriten zu mindestens fünf unterschiedlichen, zum Teil sehr seltenen

Addi Bischoff

Typen gehörten, war die Sensation perfekt. Die Japaner waren auch die Ersten, die den Schluss daraus zogen, dass dort noch mehr zu finden sein müsste.

Auch William A. Cassidy von der University of Pittsburgh erkannte, welche Schätze da auf die Planetologen warteten. Beide Seiten versuchten nun, so schnell wie möglich Meteoritenjägerteams aufzustellen, aber erst 1974 entsandten die Japaner die erste Expedition, die mit sage und schreibe dreißig neuen Meteoriten nach Hause zurückkehrte. Zwei Jahre später folgten schließlich die Amerikaner, und das ANSMET-Team (Antarctic Search for Meteorites), das von Bill Cassidy geleitet wurde, fand in der Nähe von Allan Hills, rund 220 Kilometer von der amerikanischen McMurdo-Station entfernt, innerhalb von nur einem Monat weitere neun Meteorite.

Seither fahren Jahr für Jahr Teams aus den USA und aus Japan in den Süden, um das ewige Eis nach Meteoriten abzusuchen. Dabei finden sie nicht etwa nur frisch heruntergefallene Steine, sondern Meteorite, die bis zu zwei Millionen Jahre schon dort liegen. An der Oberfläche könnten sie gar nicht so lange überleben, die Erosion hätte sie längst zerstört. Aber nach ihrem Einschlag sind sie – heiß, wie sie waren – ins Eis eingesunken, das sich wieder über ihnen schloss. Wie in einem tiefgekühlten Tresor blieben sie tief unter der Oberfläche verborgen und machten dort alle Wanderungen des Eises mit. Sie fließen praktisch mit dem Eis dahin, bis es am Rand des Kontinents entweder als Eisberg abbricht und davonschwimmt oder sich an Gebirgsketten nach oben schiebt und dort allmählich abschmilzt oder verdampft. Nun erst kommen die Meteorite wieder ans Tageslicht. »Alle Meteorite, die irgendwo mal auf die Antarktis gefallen sind, werden durch die Eisdynamik automatisch nach Hunderttausenden von Jahren an einen Gebirgsrücken transportiert und kommen an die Oberfläche«, so Addi Bischoff.

Ähnlich wie im ewigen Eis funktioniert übrigens auch die Konservierung der Meteorite in Wüsten. Auch dort werden die schwarzen Steine zunächst von Sand überdeckt und dadurch geschützt, bis sie irgendwo nach Zigtausenden von Jahren wieder an die Oberfläche gelangen. »Anders gibt es keine Erklärung«, so Bischoff, »warum sonst könnte so ein Stein 30 000 Jahre hier auf der Oberfläche überleben? Durch die Sandstürme würde er einfach zerfetzt, zerrieben.«

Im arktischen Sommer 2007 brach zum ersten Mal eine deutsche Expedition in die Antarktis auf, um dort für ein paar Monate nach Meteoriten zu suchen. Der Physiker und Mineraloge Jochen Schlüter ist Kurator des Mineralogischen Museums der Universität Hamburg, wo auch die Öffentlichkeit Gelegenheit hat, solche Schätze einmal in Wirklichkeit zu betrachten. Er hat diese Expedition initiiert und mit Unterstützung des Alfred-Wegener-Instituts in Bremerhaven und der Bundesanstalt für Geowissenschaften in Hannover auf die Beine gestellt. Zusammen mit zwei Kollegen und einem erfahrenen Bergführer flog er am 11. November 2007 nach Kapstadt, um von dort aus mit einem kleinen Flugzeug zur russischen Antarktis- Station zu gelangen.

Das Gebiet, das er und seine Kollegen gewählt haben, wurde bisher noch nie auf Meteorite überprüft. »Die Antarktis ist fast so groß wie Südamerika«, sagt Schlüter, »und bisher wurden nur relativ kleine Gebiete, meist im Süden, systematisch abgesucht.« Er wollte sich nun mehr im Norden umsehen, etwa 250 Kilometer von der deutschen Neumayer-Station entfernt. Auch dort gibt es geeignete Stellen, an denen die Gletscher gestaucht werden und nach oben kommen. »Sie geben dann alles frei, was sie im Lauf der Jahrtausende mitgenommen haben.« Bis Februar blieben die Forscher dort und suchten die riesigen blauen Eisfelder ab - eine strapaziöse Aufgabe, weit entfernt von den Bequemlichkeiten der Zivilisation. Zudem war das Wetter extrem stürmisch, so dass das Team viele Tage im Zelt bleiben und warten musste, bis es wieder aufbrechen konnte. Da half oft nur Humor, wie auch die amerikanischen ANSMET-Expeditionsteilnehmer berichteten: »Humor ist das Mittel, das uns aneinanderbindet, wenn Stress und Isolation uns auseinanderzutreiben drohen.«

Die drei Deutschen plus Bergführer hatten bereits in den Ötztaler Alpen trainiert, wie man Gletscherspalten sicher umgeht, aber auch, wie man sich im Notfall dort abseilt. »In dem Gebiet, das wir für unsere Mission ausgesucht haben, kann man nicht einfach mit dem Motorschlitten entlangbrettern«, erzählt Schlüter, »das lassen die vielen Gletscherspalten nicht zu. Wir schlugen in der Nähe der russischen Station unser Basislager auf und bewegten uns von dort ganz vorsichtig weiter.«

Die Wissenschaftler haben auf Anhieb gut ein Dutzend Meteorite gefunden, darunter einen 31-Kilo-Brocken aus Eisen. Mondmeteorite waren aber leider nicht darunter. Aber Schlüter will wieder loszie-

Der erste Meteoritenfund des deutschen Teams, von links nach rechts: Udo Barckhausen, Jochen Schlüter, Jonas Gessler

hen, sobald genügend Geld für die nächste Expedition zusammen ist. »Trotz allem«, meint er, »sind solche Expeditionen immer noch viel billiger, als jemanden zum Mond zu schicken. Bisher hat man rund vierzig Mondmeteorite gefunden, und zwar von vierzig unterschiedlichen Gebieten auf dem Mond. Wollte man die bei Mondmissionen einsammeln, müsste man vierzig Mal hinauffliegen.« So sind die Mondmeteorite die »Mondsonden des kleinen Mannes«, wie Addi Bischoff das pointiert ausdrückt.

Die Mondsteine der Reichen liegen wohlbehütet an zwei Orten: die meisten im Mondprobenhaus der NASA im Lyndon B. Johnson Space Center in Houston, Texas, eine kleinere Auswahl aus Sicherheitsgründen in der Luftwaffenstation Brooks Base in San Antonio, Texas. Die meisten Proben werden in einer Stickstoffatmosphäre aufbewahrt, damit sie nicht oxidieren oder sich sonst chemisch verändern. Sie dürfen nie mit bloßen Händen, sondern nur mit besonderen Werkzeugen berührt werden. Ihr Wert ist unermesslich. 1993 wurden zwei kleine Partikel aus der Luna-16-Mission, die zusammen nur 0,2 Gramm wogen, für stattliche 442 500 Dollar verkauft. Im Jahr 2002 wurde in Houston ein Safe gestohlen, der 285 Gramm Mond- und Marsgestein enthielt. Im Jahr darauf wurde das Material wieder gefunden, und die NASA schätzte seinen Wert für die Gerichtsverhandlung auf etwa eine Million Dollar.

Etwa hundert winzige Proben wurden gefasst und an Bundesregierungen und US-Gouverneure verschenkt. Mindestens eine davon wurde später gestohlen, konnte aber wieder aufgefunden werden. Andere Proben gingen an verschiedene Museen in den USA, darunter auch eine an das Kennedy Space Center in Florida, wo Besucher Sie sogar berühren dürfen. Weitere Stückchen Mondgestein wurden an Forscher verschickt, die sie für wichtige wissenschaftliche Untersuchungen benötigten. Einige Dünnschliffe aus Mondgestein sowie Gesteins- und Bodenproben kann man in vielen Ländern für Unterrichtszwecke ausleihen, sie stecken in einer durchsichtigen Scheibe, wo man sie auch unter dem Mikroskop betrachten kann. Nach Angaben der NASA befinden sich aber immer noch 295 der ursprünglichen 382 Kilogramm unberührt in ihren Safes.

Normalerweise sind die Mondfelsen extrem alt, verglichen mit den Gesteinen, die man auf der Erde findet. Ihr Alter reicht von 3,16 Milliarden bei Basaltproben aus den Maria des Mondes bis zu 4,5 Milliarden bei Proben aus den Hochländern. Aber ohne die bemannten Apollo-Missionen hätten wir niemals erfahren, dass auch auf der Erde Stücke vom Mond zu finden sind. Denn erst der Vergleich mit den Mondproben, die die Astronauten mit zurückgebracht haben, hat es ermöglicht, aus den Tausenden von Meteoriten, die man inzwischen gefunden hat, mit großer Sicherheit die herauszufischen, die vom Mond stammen. Der erste Mondmeteorit wurde wahrscheinlich am 20. November 1979 gefunden, es ist »Yamato 791197«. Als Mondstein erkannt wurde er aber erst viel später. Den Ruhm, als erster Mondstein erkannt zu werden, darf »Allan Hills 81005« für sich in Anspruch nehmen, der am 18. Januar 1982 von US-Wissenschaftlern in der Antarktis gefunden wurde.

Rund hundert Mondmeteorite – jeder hat einen eigenen Namen nach seinem Fundort erhalten – wurden bisher auf der Erde gefunden, insgesamt mehr als dreißig Kilogramm Material. Allerdings variieren die Angaben, denn es kommt ganz darauf an, wie man zählt. Die Zahl Hundert bezeichnet alle in der wissenschaftlichen Literatur beschriebenen Mondmeteorite. Wahrscheinlich gibt es aber noch weitere, die bisher nicht identifiziert wurden. Ein Problem bei der Sache ist, dass viele der Steine im Fallen auseinandergeplatzt oder beim Aufschlag am Boden zersplittert sind, so dass man zwei oder mehr Fragmente von ihnen gefunden hat, die eigentlich zusammen-

Expedition in der Antarktis

gehören. So scheint es beispielsweise, als ob 15 der berühmten Dhofar-Meteorite alle zu einem Stein gehören. Zieht man alle Bruchstücke ab, so ergibt sich eine Zahl von Mondmeteoriten von vierzig bis fünfzig.

Der größte bisher gefundene, »Kalahari 009«, ist ein 13,5 Kilogramm schwerer Brocken. Er wurde 1999 von einem anonymen Finder – wahrscheinlich einem Eingeborenen aus dem Dorf Kuke in Botswana – vor einer Sanddüne in der Kalahari-Wüste entdeckt. Hätte der Finder gewusst, um was es sich handelte, und hätte er den Stein verkauft, wäre er extrem reich geworden. Mond- aber auch Marsmeteoriten werden heute, je nach Seltenheit und Nachfrage, zu einem Preis zwischen 800 und 40 000 Dollar pro Gramm gehandelt. Zum Vergleich: 24-karätiges Gold kostet etwa zwanzig Dollar pro Gramm, und für Schmuckdiamanten muss man 1000 bis 2000 Dollar pro Gramm zahlen. Kalahari 009 wäre nach dieser Rechnung also bis zu 540 Millionen Dollar wert.

Kalahari 009 ist aber ein Ausnahmefall, alle anderen Funde sind wesentlich kleiner und wiegen zwischen 25 und 250 Gramm. Die nächstkleineren sind »NWA 3163« mit 1,634, »DaG 400« mit 1,425 und »LAP 02205« mit 1,226 Kilogramm. Der kleinste Mondmeteorit ist »Da al Gani 1048« mit 0,801 Gramm.

Im Juni 2007 erregte eine Versteigerung bei der Pfandverwertungsstelle des Zentralfinanzamtes München großes Aufsehen: Hier sollte ein Manschettenknopf mit echtem Mondgestein zum Verkauf kommen, der angeblich einem Siemensforscher gehörte, der ihn für seine Verdienste von der Firma bekommen haben soll. 10,1 Gramm sollte die Mondprobe wiegen und sie sollten aus einer Mondmission stammen. Als Mindestgebot wurden 250 000 Euro angesetzt.

Experten waren ob dieser Angaben etwas verwundert, denn Privatleuten ist der Besitz von Mondgestein verboten, nur Mondmeteorite darf man besitzen. Als der Mineraloge Addi Bischoff davon erfuhr, schüttelte er nur den Kopf: Vor fünf Jahren hatte er diese Manschettenknöpfe bereits begutachtet und zweifelsfrei nachweisen können, dass die bewussten Steine nicht vom Mond stammten, sondern aus normalem Pyrit bestehen. Sein negatives Gutachten lag den Manschettenknöpfen natürlich nicht bei, als sie dem Finanzamt übergeben wurden, das bei der Versteigerung vorsorglich jede Garantie über die Echtheit ablehnte. Der Verbleib des Manschettenknopfs wurde danach streng geheim gehalten, es wurde lediglich bekannt, dass er bei einem späteren Termin für 2200 Euro von einem Bieter erstanden wurde. Garantiert echt hingegen sind die Meteoriten und Mondsteine, die im Archiv des Instituts für Planetenforschung der Universität Münster liegen. »Die wertvollsten Stücke liegen im Banktresor«, sagt Addi Bischoff, »den Rest haben wir hier im Institut ebenfalls gut gesichert.« Und in der Tat kommt man in den gut verborgenen Raum nur mit Spezialschlüssel, und die Glanzstücke des Magazins sind noch einmal in einem dicken Tresor untergebracht. 3000 verschiedene Meteorite oder Proben davon lagern hier in Spezialschränken, eine der größten Sammlungen der Welt.

Wie kamen nun diese Botschaften von unserem Trabanten zur Erde? Sie wurden jedenfalls nicht von Vulkanen herausgeschleudert, wie Chladni oder Lichtenberg das glaubten. Heute weiß man ziemlich sicher, dass sie durch Meteoriteneinschläge vom Mond weggeschleudert wurden. Wenn bei einem solchen Einschlag ein Stein auf eine Geschwindigkeit von über 2,38 Kilometer pro Sekunde beschleunigt wird – das ist die mehrfache Mündungsgeschwindigkeit eines Gewehrs –, dann kann er die Schwerkraft des Mondes überwinden und ins Weltall hinausfliegen. Dort kreist er so lange um die Sonne, bis er nach Hunderttausenden von Jahren vom Gravitationsfeld eines anderen Himmelskörpers eingefangen wird, zum Beispiel von dem der Erde. Wenn das geschieht, umkreist er sie zunächst, tritt dann in ihre Atmosphäre ein und verglüht – daher die Leuchterscheinungen. Nur größere Steine, die diese Strapazen überstehen, landen schließlich als Meteoriten auf der Erde. Die meisten am Nachmittag und Abend, da sie dann von hinten auf die Erde auftreffen. »Alle anderen Meteoriten, die zwischen 0:00 Uhr und 12:00 Uhr fallen, müssen gegen die Bewegungsrichtung der Erde in die Erdatmosphäre eindringen«, erklärt Addi Bischoff. »Das heißt, sie kommen von vorne. Und dann ist die Relativgeschwindigkeit besonders hoch. Anders am Nachmittag und Abend. Das ist wie bei einem Autounfall: Wenn zwei Autos in der gleichen Richtung fahren, dann ist der Aufprall viel weniger stark, als wenn sie aufeinander zufahren.«

An ihrer Schmelzkruste kann man Meteoriten erkennen. Auch wenn sie auf den ersten Blick oft aussehen wie normale Felsen oder Steine, zeigen sie bei näherer Betrachtung diese glasartige schwarze, dunkelbraune oder olivgrüne Kruste, die durch extreme Temperaturen entsteht. Ein zweites Erkennungsmerkmal ist ihre Zusammensetzung: Sie enthalten meist bestimmte Isotope, die auf der Erde nicht vorkommen und nur durch die Bestrahlung mit kosmischer Strahlung außerhalb der Erdatmosphäre entstehen können. Ob es sich um einen Mondmeteorit handelt, kann man erst sagen, seit die Astronauten Proben von verschiedenen Stellen der Mondoberfläche mitgebracht haben. Man stellte fest, dass dort bestimmte Gesteinsarten und besondere Zusammensetzungen vorherrschen, die es so auf der Erde nicht gibt. Als man die Proben mit bereits gefundenen Meteoriten verglich, stellte sich zur allgemeinen Überraschung heraus, dass einige von diesen vom Mond kommen mussten.

Sie stammen nicht etwa aus einem einzigen großen Einschlag, wie man vielleicht vermuten könnte, sondern aus unterschiedlichen Gebieten des Mondes, außerdem hat ihre Reise zur Erde unterschiedlich lang gedauert. Dies kann man aus ihrem Zustand ableiten. Steine auf der Mondoberfläche oder in einer Sonnenumlaufbahn (sogenannte Meteoride) sind ständig der kosmischen Strahlung ausgesetzt. Diese besteht aus hochenergetischen Strahlen und Teilchen, die aus dem All heranrasen. Ihre Energie ist so hoch, dass sie in den Atomen des Meteoriten Kernreaktionen auslösen können, die ein Element in ein anderes verwandeln. Einige der neu entstandenen Atome sind radioaktiv. Sobald der Stein auf die Erde fällt, hört die Produktion dieser neuen Atome auf, denn die kosmische Strahlung kann die Erdatmosphäre nicht durchdringen. Eine Analyse der radioaktiven Elemente – deren Halbwertszeit man ja kennt – zeigt nun, wie lange das Material der Strahlung auf dem Mond ausgesetzt war, wie lange es durchs Weltall flog und wann es auf die Erde stürzte. So ergaben beispielsweise die Untersuchungen des Meteorits Kalahari 009, dass er den Mond erst vor einigen hundert Jahren verlassen hat.

Je größer ein Krater auf dem Mond ist, desto stärker war naturgemäß der Meteoriteneinschlag, der ihn erzeugt hat. Nun könnte man glauben, dass die hohe Geschwindigkeit, die ein Stein benötigt, um vom Mond wegzufliegen, nur bei ganz starken Einschlägen erreicht wird, die dann auch sehr große Krater erzeugt haben. Dann müssten aber alle Mondmeteoriten sehr alt sein, denn sehr große Einschläge gab es in den letzten Millionen Jahren auf dem Mond nicht mehr. Dem ist aber nicht so: Planetenforscher James Head von der University of Arizona in Tucson glaubt, dass auch Einschläge, die nur kleine Krater erzeugen, einige Steine sehr hoch beschleunigen können. Die Grenze liegt wohl bei einem Kraterdurchmesser von etwa 450 Me-

Mondgestein aus dem Münsteraner Universitätsinstitut im Größenvergleich zu einer 1-Cent-Münze

tern – in unseren dicht besiedelten Gebieten wäre das eine Katastrophe, aber für den Mond ist es nur ein kleiner Einschlag. Natürlich ist es besonders schwer, die Herkunft eines Meteoriten zu bestimmen, wenn er aus einem unauffälligen, kleinen Krater stammt – also eine echte Herausforderung für die Mineralogen.

Es ist ohnehin schwierig herauszufinden, aus welchem Gebiet des Mondes ein bestimmter Meteorit stammt. Auch wenn manche Forscher immer wieder darüber spekulieren, wirklich beweisen konnte man das bisher bei keinem einzigen. Soweit man heute weiß, verteilen sich die Ursprungsorte der Mondmeteorite gleichmäßig über den ganzen Mond, die Hälfte von ihnen müsste also von der Rückseite des Mondes stammen. Mit Sicherheit kann das niemand sagen, und so ist auch das Angebot, das vor einiger Zeit bei eBay auftauchte, unseriös. Dort wollte jemand »den einzigen Mondmeteoriten von der dunklen Seite des Mondes« verkaufen. Das ist ohnehin Humbug, denn die »dunkle Seite des Mondes« wechselt ja täglich und ist nicht seine Rückseite. Die Wahrscheinlichkeit, dass ein Meteorit von der Rückseite stammt, ist nicht genau fünfzig Prozent. Auf der uns zugewandten Seite des Mondes gibt es mehr basaltisches Gestein, so dass die Chance höher ist, dass beispielsweise ein eisenreicher Stein von dort stammt. So glaubt man etwa, dass Sayh al Uhaymir 169 ziemlich sicher von der Vorderseite des Mondes stammt. Andererseits kommt ein Meteorit, der Feldspat enthält, eher von der fernen Seite.

Wenn es Steine vom Mond auf der Erde gibt, könnte man auch fragen: Existieren auch Steine von der Erde auf dem Mond? Unmöglich wäre es nicht: Vor mehr als vier Milliarden Jahren, als die Erde noch keine Atmosphäre hatte, die sie vor Meteoriteneinschlägen schützte, war sie wie heute der Mond dem Bombardement von Asteroiden aus dem All ausgesetzt. Möglicherweise wurden damals Steine von der Erde losgeschlagen, die schließlich auf dem Mond landeten. Während auf der Erde selbst alle Gesteine aus dieser Zeit durch geologische Prozesse verschwunden sind, sollten sie auf dem Mond überdauert haben. Es wurde deshalb schon vorgeschlagen, neue Missionen zum Mond zu starten, um dort speziell nach diesem Urgestein von der Erde zu suchen.

Kapitel 4
Die Entstehung des Mondes Bruder Mond

»Einmal ein Krieger, sehr verärgert,
Packte seine Großmutter und warf sie
Hoch in den Himmel um Mitternacht;
Direkt gegen den Mond warf er sie;
Dies ist der Körper, den du dort siehst.«

Aus ›The Song of Hiawatha‹ von Henry W. Longfellow, 1855

Seit Jahrhunderten machen sich Forscher darüber Gedanken, wie der Mond wohl entstanden sein könnte. Da man lange Zeit nur auf seine Beobachtung von der Erde aus angewiesen war, waren für Spekulationen Tür und Tor geöffnet. So schreibt der berühmte Astrophysiker Julius Scheiner in seinem Buch ›Populäre Astrophysik‹ im Jahr 1907, dass »nach der Kant-Laplace'schen Weltbildungstheorie der Mond seine Entstehung den äußeren Teilen der damals noch gasförmigen Erde zu verdanken hat«. Dass diese Ansicht nicht richtig ist, hat man mittlerweile erkannt. Dennoch bezieht sich Scheiner auf Vorstellungen von der Entstehung des Sonnensystems, wie sie auch heute noch gültig sind.

Die Sonne und ihre Planeten sind nämlich – wie andere Sternensysteme auch – aus einer Nebelwolke hervorgegangen, die aus Gas und Staubpartikeln bestand. Dieser »Urnebel« war das Überbleibsel einer riesigen Supernovaexplosion und daher mit schweren Elementen angereichert. Nur wenn diese vorhanden sind, können feste Planeten wie Erde, Mars oder Venus entstehen, aber auch der Mond. Wahrscheinlich angestoßen durch eine erneute Explosion außerhalb oder auch durch den Lichtdruck von anderen Sternen, stürzte dieser Urnebel unter der Wirkung der Schwerkraft in sich zusammen und bildete eine schnell rotierende Scheibe aus Gas, in deren Zentrum die Sonne entstand.

Im Scheibenmaterial, das sich allmählich abkühlte, ballten sich nach und nach zuerst Staubkörner zusammen. Diese prallten in ihrem weiteren Umlauf um die Sonne bei relativ geringen Geschwindigkeiten aufeinander und blieben dann aneinander haften. Daraus bildeten sich mit der Zeit immer weniger, dafür aber immer größere Objekte, bis schließlich die Vorläufer unserer Planeten entstanden, die sogenannten Planetesimale. Aus ihnen gingen später die Planeten und Asteroiden hervor, dazwischen gibt es auch heute noch den interplanetaren Staub.

Im Lauf dieser Jahrmilliarden dauernden Entwicklung gab es ein ständiges Werden und Vergehen – das im Übrigen auch heute noch nicht beendet ist. Die größeren Brocken, die aus dem Staub entstanden waren, wurden anschließend wieder durch Zusammenstöße mit Staub oder anderen Brocken abgeschmirgelt oder gar pulverisiert. Dieser Staub fand sich anschließend erneut zu größeren Körpern zusammen, und am Ende gab es eine Vielzahl von Objekten, die im Sonnensystem umherflogen, in der Regel auf elliptischen Bahnen die Sonne umkreisten. »Ein Planet funktioniert im Prinzip wie ein großer Staubsauger«, erklärt Harald Hiesinger, »er sammelt auf seiner Umlaufbahn um die Sonne alles auf, was um ihn her ist, aufgrund seiner Gravitation.«

All dies muss man wissen, um zu verstehen, was die wichtigsten Theorien zur Mondentstehung meinen. Da gab es beispielsweise die Einfangtheorie: Sie geht davon aus, dass Erde und Mond unabhängig voneinander im Sonnensystem entstanden sind. Erst als der Mond einmal zufällig der Erde so nahe kam, dass er ihrem Gravitationsfeld nicht mehr entkommen konnte, hat sie ihn eingefangen. Seither umkreist er sie. Von ähnlichen Voraussetzungen geht auch die Schwesterplanet-Theorie aus: Sie setzt ebenfalls voraus, dass Erde und Mond schon fertig waren, als sie sich trafen, glaubt aber, dass die beiden relativ nahe beieinander entstanden. Ein Einfang wäre dadurch wahrscheinlicher.

Da es ja früher viele Objekte gab, die durchs Weltall rasten, glaubt die Viele-Monde-Theorie, dass die Erde mehrere Monde eingefangen habe, die schließlich auf ihren Umlaufbahnen zusammengestoßen seien und einen einzigen Mond gebildet hätten. Wieder ganz anders vermutet die Abspaltungstheorie die Entstehung des Mondes: Sie geht davon aus, dass zu einer Zeit, als die Erde noch nicht fest, sondern zähflüssig war, ein dicker Tropfen durch die Zentrifugalkräfte nach außen gedrückt wurde und sich schließlich abgeschnürt und selbstständig gemacht hat. Ähnliches meint die Öpik-Theorie, die davon ausgeht, dass die Mondmaterie nicht abtropfte, sondern abdampfte.

All diese Theorien wurden seit dem 19. Jahrhundert entwickelt und kontrovers diskutiert. Da es außer den physikalischen Fakten von Umlaufbahn und Aussehen des Mondes keine verwertbaren wissenschaftlichen Informationen gab, war es jedoch schwer, einzelne Theorien zu bestätigen oder zu verwerfen. So erging es zunächst auch der Kollisionstheorie, die den Ursprung des Mondes in einer kosmischen Katastrophe sieht. Zum ersten Mal findet sich ein Hinweis auf sie 1946 in den ›Proceedings of the American Philosophical Society‹, aber damals beachtete sie niemand. Erst ein Astronom aus Tucson, Arizona, brachte sie wieder aufs Tapet.

Kosmische Katastrophe: Ein Planetoid trifft auf die Erde

William K. Hartmann hatte in den sechziger Jahren als junger Forscher an der Universität von Arizona mit Begeisterung die pockennarbige Oberfläche des Mondes betrachtet und untersucht. Zusammen mit anderen Astronomen diskutierte er darüber, wie die Krater auf dem Mond wohl entstanden sein mochten. Die einen glaubten, sie seien langsam durch vulkanische Aktivität entstanden, andere – zu ihnen gehörte auch Hartmann – meinten, sie seien das schnelle Produkt von gewaltigen Meteoriteneinschlägen.

Als die Apollo-Astronauten zum Mond flogen und die Strukturen von der Nähe betrachten konnten, zeigte sich, dass die zweite Theorie richtig war. Die Astronauten konnten keinerlei Hinweise auf flüssige Lava finden, dafür aber auf große Kräfte, die beim Einschlag Sand und Steine zu größeren Felsen verschmolzen hatten. 1972 kam Hartmann mit den Werken des sowjetischen Wissenschaftlers Victor S. Safronov in Berührung. Dieser hatte darüber spekuliert, dass aus dem Staub, der die Ur-Sonne umkreiste, nach und nach größere Brocken entstanden seien, die sich wieder zerschmetterten und erneut zusammenballten. So sollen nach seiner Meinung immer größere Strukturen gewachsen sein, etwa Schwärme von Asteroiden, aus denen sich allmählich die Planeten bildeten. Hartmann war fasziniert. Er wagte es sogar, mit seiner Theorie noch darüber hinauszugehen. Zusammen mit seinem Kollegen Donald R. Davis entwickelte er die Theorie, dass sich auf diese Weise auch noch größere Körper – sogenannte Planetoide – entwickelt hätten, wahrscheinlich Dutzende davon.

Einer dieser Körper war vielleicht der Vorläufer des Mondes. Vor rund viereinhalb Milliarden Jahren, so schlossen Hartmann und Davis, sei der Himmelskörper mit der frühen Erde zusammengestoßen und dadurch in unzählige Bruchstücke zertrümmert worden. Der schwere Eisenkern des Planetoiden sei dabei im Inneren der Erde stecken geblieben, die leichtere Kruste sei zusammen mit großen Teilen der Erdkruste ins All hinausgeschleudert worden, wo sie einen Ring aus Trümmern bildeten, der die Erde umkreiste. Daraus habe sich dann der Mond gebildet. So könnte man begründen, warum dieser eine wesentlich geringere Dichte hat als die Erde und warum er so wenig Eisen enthält. Die Hitze, die bei dem Zusammenstoß entstand, könnte ferner erklären, warum es auf dem Mond kein Wasser und keine flüchtigen Elemente gibt: Sie sind alle damals verdampft.

Zum ersten Mal wagte sich William Hartmann mit seiner radikalen Theorie bei einem Treffen an der Cornell University an die wissenschaftliche Öffentlichkeit. Er sei sehr nervös gewesen, erzählte er später. Nach seinem Vortrag hob ein Zuhörer die Hand. Es war Alastair G. W. Cameron, einer der Top-Astronomen der Harvard University, ein Idol für viele junge Forscher. Hartmann befürchtete das Schlimmste und machte sich auf harsche Kritik gefasst. »Ich zitterte am ganzen Körper«, erinnerte er sich. Wie erleichtert war er, als Cameron sagte, er stimme zu und sei mit seinem Kollegen William R. Ward auf anderen Wegen zum gleichen Ergebnis gekommen. Sein Planetoid sei sogar noch größer als der von Hartmann angenommene. »Ich sagte, er sei mindestens so groß wie Mars gewesen«, erzählte Cameron später. Es war also um den Aufprall eines echten Blockbusters gegangen, der rund halb so dick wie die Erde gewesen sein musste.

Diese Unterstützung durch den berühmten Kollegen machte Hartmann Mut und er begann, das Szenario in Form von Gemälden auf die Leinwand zu bringen. Seine farbenfrohen Bilder erschienen in vielen Zeitschriften und trugen dazu bei, seine Idee populär zu machen. Trotzdem konnte sie sich zuerst nicht durchsetzen: Viele Kollegen ignorierten sie oder machten sich darüber lustig. Sie war ihnen zu radikal und erinnerte an Science-Fiction. Erst ganz allmählich gewann sie an Plausibilität, vor allem, als Computersimulationen das Szenario durchspielten.

Der Durchbruch kam 1984: Ein Dutzend Jahre nach der letzten Apollo-Mission hielt man eine Konferenz auf Hawaii ab, an der rund hundert Planetenforscher teilnahmen. Und hier entstand plötzlich eine starke Übereinstimmung zwischen den Experten darin, dass Hartmanns »verrückte« Idee möglicherweise richtig war. »Die Konferenz war unglaublich«, schreibt der Mondgeologe Don E. Wilhelms in seinem Buch ›To a Rocky Moon‹, die Forscher vergaßen, an den Strand zu gehen und die Seeluft zu genießen und wurden immer aufgeregter ob der Vorstellung, »dass unser Trabant nicht ein Elternteil, sondern zwei hat«.

Der Bann war nun gebrochen. In den darauffolgenden Jahren gab es eine Lawine hektisch verfasster Veröffentlichungen zu dem Thema, nun spekulierte man plötzlich auch darüber, warum Merkur nur eine dünne Kruste hat, warum sich Venus rückwärts dreht, Mars so schnell und Uranus um eine gekippte Achse. Weitere Klarheit brachten aber erst die Untersuchungen einer jungen Forscherin aus Colorado.

Eigentlich wollte Robin M. Canup Balletttänzerin werden, aber parallel zu ihrer Tanzausbildung studierte sie auch Physik. Eine Woche, nachdem die zierliche Frau am South West Research Institute in Boulder, Colorado, ihre Dissertation über die Entstehung des Mondes abgegeben hatte, tanzte sie die Hauptrolle im Ballett ›Coppelia‹ zusammen mit dem Boulder Ballett. »Damals hatte ich das Gefühl, ein wunderbar erfülltes und ausgelastetes Leben zu führen«, sagt sie, »aber heute weiß ich kaum mehr, wie ich beides unter einen Hut gebracht habe.« Mit dreißig hörte die heute 38-jährige Forscherin auf zu tanzen: »In diesem Alter ist man für einen Tänzer schon ganz schön alt, aber für einen Wissenschaftler noch recht jung. Balletttänzer haben frustrierend kurze Karrieren!«

Ihre Entscheidung, sich ganz auf die Wissenschaft zu konzentrieren, war sicherlich richtig, denn der Physikerin gelang es, mit ihrer Arbeit die Mondforschung einen entscheidenden Schritt voranzubringen. Heute ist sie eine der angesehensten Spezialisten auf diesem Gebiet und wurde zur Abteilungsdirektorin ihres Forschungsinstitu-

Robin M. Canup

tes ernannt. Vor Canup gab es mehrere Theorien, wie der Mond wohl entstanden sei, aber jede davon war noch mit vielen Fragen behaftet. Die Astronauten der Apollo-Missionen hatten zwar eimerweise Mondgestein mit zur Erde gebracht, und Geologen und Chemiker hatten nicht gezögert, dieses aufs Genaueste zu untersuchen – oder zumindest so genau, wie das Ende der sechziger und Anfang der siebziger Jahre überhaupt möglich war. Aber dennoch blieb eine große Unsicherheit: Die chemischen Ergebnisse zeigten, dass die Erde und der Mond eine sehr ähnliche Zusammensetzung haben. Dies wiederum sprach dafür, dass sie früher irgendwie vereinigt waren. Damit war die Hypothese aus dem Feld, dass sich die Erde in ihren Frühzeiten den Mond einfach »eingefangen« habe, als er, aus den Fernen des Weltalls kommend, in ihr Schwerefeld geraten sei.

Gleichzeitig fand man aber bei der Analyse des Mondgesteins auch entscheidende Unterschiede zu den Mineralien der Erdkruste, und daraus schlossen die Astronomen, dass der Mond nicht einfach ein Zipfel Erde war, der einst durch Zentrifugalkräfte von unserem Planeten hinausgeschleudert worden war. Dann nämlich hätte die Zusammensetzung identisch sein müssen. Manche Forscher wiederum glaubten an eine dritte Theorie, die besagte, der Mond sei durch langsames Aufsammeln von interplanetarer Materie entstanden, die ähnlich wie heute die Saturnringe um den Saturn sich rund um die Erde befunden habe. Auch dies schien nicht sehr wahrscheinlich, da die Masse des Mondes dafür zu groß ist.

Die Arbeiten von Robin Canup brachten nun endlich Licht in das Dunkel der Theorien: Die junge Astronomin fasste Mitte der neunziger Jahre den Plan, das Kollisionsszenario auf dem Computer durchzuspielen, und begann zunächst damit, eine Simulation zu programmieren. In ihr sollte die frühe Erde mit einem Objekt zusammenstoßen. In vielen kleinen Zeitschritten berechnete sie auf dem Computer dazu in drei Dimensionen, wie dabei sowohl Erde als auch Objekt reagierten und was aus der Kollision entstehen würde. Das Ganze machte sie sichtbar als Film, der die Vorgänge im Zeitraffer auf dem Computerbildschirm vor Augen führt. Entsprechende Darstellungen finden sich im Internet unter der Seite:

http://www.boulder.swri.edu/~robin/moonimpact/.

Welche Pionierleistung Robin Canup hier vollbrachte, konnte vor allem ein Experte richtig einschätzen, der gleichzeitig ein Konkurrent von ihr war: Jay Melosh von der Universität von Arizona betonte gegenüber dem Wissenschaftsblatt ›Nature‹, der Schlüssel zum Erfolg sei nicht nur die Nutzung schierer Computerpower gewesen, sondern die Verfeinerung der Simulation. »Es hat Legionen von Physikern in den USA, Russland und sonst wo gebraucht, bis in fast fünfzig Jahren dreidimensionale Codes entwickelt wurden, die die Auswirkungen von Einschlägen und Explosionen unter relativ einfachen Bedingungen nachbilden, aber ohne die Wirkung der Gravitation zu berücksichtigen«, sagt er. »Diese nun hinzuzufügen war eine besondere Herausforderung.« Und Alexander Halliday, Geologieprofessor an der University of Michigan, würdigte Canup in seiner Festrede anlässlich der Überreichung der Macelwane-Medaille mit folgenden Worten: »Robin ist ein relativ neuer Spieler in dieser Elitemannschaft, aber ihre Arbeit hat sie an die Spitze gebracht.« Canups Modell ist die Computersimulation von der Entstehung des Mondes mit der höchsten Auflösung, die es bis heute gibt.

Der Vorteil einer solchen virtuellen Nachbildung ist der, dass man sie beliebig oft wiederholen und dabei die Bedingungen immer wieder ändern kann. So versuchte Robin Canup zusammen mit ihrem Kollegen Erik Asphaug von der University of California in Santa Cruz sich durch Variation der Parameter allmählich an die damaligen Verhältnisse heranzutasten: Mal änderten sie die Masse der beiden Partner, mal den Aufprallwinkel, mal die Geschwindigkeit des ankommenden Geschosses. Um die gemeinsame Masse von Erde und Mond zu erreichen, musste der einfallende Himmelskörper von beachtlicher Größe sein – zwar kleiner als die Erde, aber immerhin etwa so groß wie unser Nachbarplanet Mars. Schon in den 1980er Jahren hatte die Forschergruppe der Harvard-Universität ein ähnliches Szenario vorgestellt, aber Canup konnte nun mit Hilfe ihrer Simulation nachweisen, dass dabei der herabstürzende Protoplanet mindestens drei Mal so schwer wie der Mars hätte sein müssen.

Schnell stellte sich heraus, dass es nicht genügte, die beiden Objekte, die man nun Gaia (für die frühe Erde) und Theia (nach der Mutter der Mondgöttin Selene in der griechischen Mythologie) benannte, einfach aufeinanderprallen zu lassen. Daraus wäre nie so viel Material freigesetzt worden, dass der Mond hätte entstehen können. Im Zuge ihrer Berechnungen fanden Canup und ihr Team heraus, dass es sich um einen streifenden Aufprall gehandelt haben musste. Nur so konnte ausreichend Material von den oberen Erdschichten in den Weltraum geschleudert werden, um daraus den Mond zu formen.

Diese Materie sei ursprünglich in einer Scheibe um die Erde verteilt gewesen und hätte sich dann im Laufe der Zeit zum Mond zusammengefügt. Die Annahme eines seitlichen Aufpralls würde nach Angaben der Forscher außerdem erklären, warum der Einschlag die Erddrehung verlangsamte.

Der »Big Impact« (großer Einschlag) war die größte Katastrophe, die unser Planet je erlebt hat, aber sie war nicht tödlich für ihn: Die noch junge Erde – sie war damals gerade mal hundert Millionen Jahre alt – überlebte den Zusammenstoß und pulverisierte dabei den Konkurrenten. Canups Simulation zeigt deutlich, wie der ankommende Planet in einen Schauer von Trümmern zerschmettert wurde. Aber schon nach wenigen Stunden hatte sich so viel davon erneut zusammengeballt, dass ein großer Berg Schutt zurück auf die Erdoberfläche prallte. »Erst in diesem Augenblick wurde das außerirdische Objekt vollkommen zerstört«, erklärt Robin Canup. Der größte Teil des aufgewirbelten Materials regnete auf die Erde hernieder und bohrte oder schmolz sich in ihre Erdkruste hinein. Heute bildet es einen wichtigen Bestandteil unseres Planeten. Aber etwa zehn Prozent der Masse verteilte sich als Scheibe rund um die Erde, ähnlich den Ringen des Saturn. Aus diesem Material bildete sich innerhalb einiger Jahrzehnte der Mond. »Länger als hundert Jahre dürfte das nicht gedauert haben«, schätzt Canup – blitzschnell also für astronomische Zeitskalen.

27 verschiedene Szenarien haben Canup und ihr Team durchgerechnet, wobei sie Theia in 1000 bis 2700 Bruchstücke zerplatzen ließen; die Größe der Bruchstücke reichte dabei von Staubgröße bis zu einem Durchmesser von neunzig Kilometern. Alle Simulationen waren so angelegt, dass die Bruchstücke sofort zusammenhielten, wenn sie sich trafen. »Nahm man an, dass der Geröllring um die Erde aus festem oder flüssigem Material bestand, bildete sich daraus sehr schnell der Mond: innerhalb weniger Monate oder in einem Jahr«, so die Forscherin. »Aber es kann sein, dass das nicht richtig ist. Nach dem Zusammenstoß ist das Material der Scheibe zunächst sehr heiß, zum Teil sogar verdampft. So kann es sein, dass man erst warten muss, bis es sich abkühlt, damit sich der Mond daraus bilden kann. Das würde bis zu hundert Jahre dauern.«

Der Mond entstand in den Simulationen bei allen Varianten in zirka 20 000 Kilometern Entfernung zur Erde – das entspricht in etwa dreieinhalb bis vier Erdradien. Weiter innen ballten sich die Gesteinsbrocken nicht ohne Weiteres zusammen, weil der Einfluss der Erdanziehung dort noch zu stark war. Bruchstücke, die näher an die Erde herankamen, wurden von ihr angezogen und fielen herunter. Und so kam ein Resultat zustande, »mit dem wir gar nicht gerechnet hatten«, so Canup: In allen Simulationen ballten sich höchstens 15 bis vierzig Prozent der Trümmer zum Mond zusammen. Dabei umrundeten die größeren Bruchstücke die Erde in neun bis zehn Stunden, und nach rund tausend Umläufen hatte sich bereits der Ur-Mond herausgebildet. »Interessanterweise«, so die Forscherin, »entstanden in etwa der Hälfte aller Simulationen zwei ähnlich große Monde anstelle eines einzigen. Ein solches System hätte durchaus einige Zeit stabil sein können. Das wäre vielleicht ein Anblick gewesen!«

Im Jahr 2001 waren die Simulationen so ausgereift und beschrieben die heutigen Verhältnisse so überzeugend, dass man nun mit großer Sicherheit sagen konnte: Der Mond ist vor rund 4,5 Milliarden Jahren höchstwahrscheinlich durch den Zusammenstoß zwischen der frühen Erde und einem kleineren, etwa marsgroßen Protoplaneten entstanden, der auf einer instabilen Bahn um die Sonne kreiste. In einer gigantischen Katastrophe verdampfte dieser, riss ein riesiges Loch in den Erdmantel und schleuderte eine gewaltige Schuttwolke ins All. Die Erde sah aus wie ein angebissener Apfel, und erst nach und nach füllte Magma die Wunde wieder auf. Schwere Elemente dieses Planeten sanken hinab ins geschmolzene Erdinnere, aus dem etwas leichteren Rest entstand der Mond.

Canups Simulation wurde weltweit bekannt, sie hielt Einzug in viele Standardwerke und bildete schließlich auch die Grundlage für den Film ›Cosmic Collisions‹ des American Museum of Natural History, der heute überall in den USA zu Bildungszwecken gezeigt wird. Inzwischen hat die Physikerin die Berechnungen auch auf den Pluto-Mond Charon angewandt und konnte so dessen Ursprung ebenfalls aufklären.

»Damals war der Mond der Erde 15 Mal näher als heute«, sagt Robin Canup, »wenn man also auf der Erdoberfläche gestanden wäre, hätte man etwas sehen können, das 15 Mal größer als der immer noch eindrucksvolle Vollmond heute ist.« Gleichzeitig drehte sich die Erde auch wesentlich schneller als heute: Eine Umdrehung, also ein Tag, dauerte am Ende des Einschlags rund fünf Stunden.

So schrecklich der Zusammenstoß auch war, für uns Heutige war er ein Glücksfall: Der Mond bremste die Erddrehung ab und stabilisierte die Umlaufbahn um die Sonne. Nur durch diese Stabilisierung war es überhaupt erst möglich, dass höheres Leben auf der Erde entstehen konnte. Ohne Mond gäbe es den Menschen nicht. Wenn man es genau bedenkt, verdanken wir also unsere Existenz einem äußerst unwahrscheinlichen Zufall – ein Schwindel erregendes Beispiel für den Einfluss des Mondes auf unsere Welt. Erst der Stoß, den die Erde durch den Einschlag erhielt, stellte ihre Drehachse so ein, dass wir heute einen 24-Stunden-Tag haben und dass die Atmosphäre nicht zu warm oder zu kalt ist für die Bildung von Leben. Und nur die Schwerkraft des Mondes gibt der Erde das Gleichgewicht, dass sie eine leichte Neigung ihrer Achse von 23 Grad zur Umlaufbahn um die Sonne halten kann. Dies sorgt dafür, dass wir Jahreszeiten haben: Je nach Einfallswinkel der Sonnenstrahlen ist es kühler oder wärmer auf der Erde, und das alles in regelmäßigem Wechsel während eines Umlaufs um die Sonne.

Mit Fug und Recht kann man also behaupten, dass die Entstehung des Mondes gleichzeitig auch die Geburtsstunde der Erde war, wie wir sie heute kennen. Alles, was vorher war, wurde bei dieser Katastrophe ausgelöscht: die geologische Zusammensetzung, die Atmosphäre und die Oberflächenbeschaffenheit der noch jungen Gaia, oder seien es gar mögliche primitive Lebensformen, die vorher existiert haben sollten. Theia schlug ein riesiges Loch in die Erdoberfläche, wohl tausend Kilometer tief, aus dem das flüssige Magma herausquoll und den Planeten wie ein glühend heißer Ozean überflutete. Der ganze Erdball muss wie ein roter Glutofen durchs All rotiert sein, so stellt es sich jedenfalls Mike Drake, Direktor am Institut für Mond- und Planetenforschung der Universität von Arizona, vor. Und er betont einen Aspekt, der ebenfalls notwendig war, um Leben entstehen zu lassen: Der glühend heiße Magma-Ozean enthielt überraschenderweise viel Wasser. Ohne ihn gäbe es die Weltmeere nicht, die die Erde bedecken und in denen das heutige Leben entstand.

Seit man das vorher fast Undenkbare zu denken wagt und die These akzeptiert, dass der Mond durch einen gigantischen Zusammenstoß entstand, fügen sich plötzlich viele Beobachtungen relativ zwanglos zu einem großen Ganzen: seine Ähnlichkeit zur Erde in der Zusammensetzung, seine geringere Dichte, sein innerer Aufbau. Trotzdem sind viele Aspekte unseres Trabanten immer noch nicht erklärbar.

Ziemlich genaue Erkenntnisse hat man aber mittlerweile über das Alter des Mondes. Bis vor wenigen Jahren schwankten die Angaben

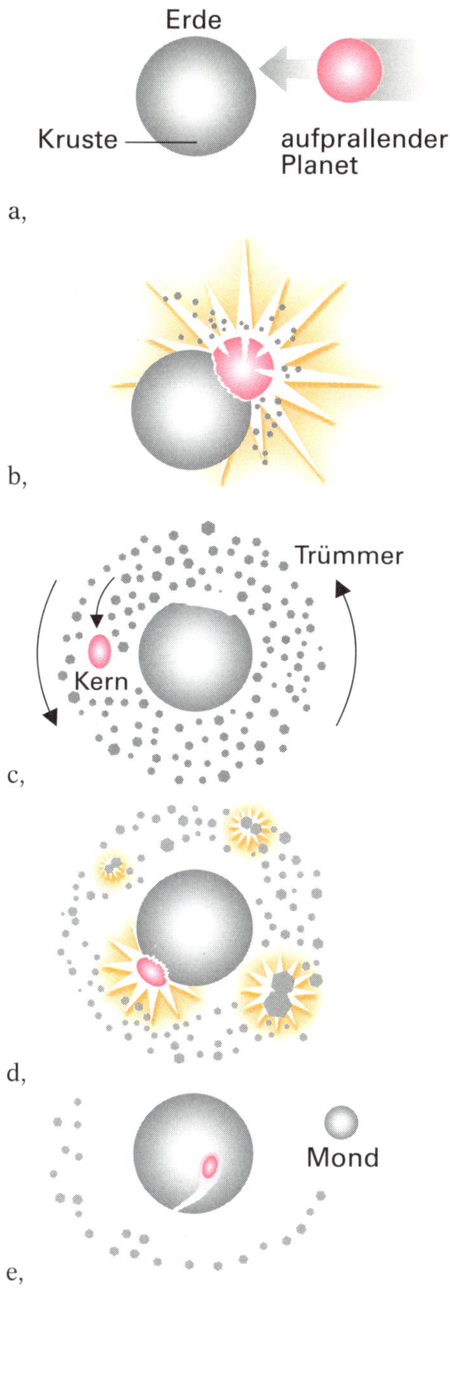

Ein Planetoid, der fast die Masse des Mars hat, trifft auf die Erde (a). Beim Zusammenprall wird der Planetoid zerstört, gleichzeitig wird Material auch aus tieferen Schichten der Erde herausgeschleudert (b). Das Material beginnt die Erde zu umkreisen und bildet dabei eine Scheibe (c). Im Lauf der Zeit schließen sich die Gesteinstrümmer zu größeren Einheiten zusammen, sie »kleben« sozusagen aneinander. Einige stürzen zurück zur Erde (d). Es bildet sich zuerst ein Ring, ähnlich wie beim Saturn, und nach spätestens 100 Jahren haben sich alle Fragmente zum Mond zusammengeballt (e).

noch zwischen vier und fünf Milliarden Jahren, aber ein Forscherteam der ETH Zürich sowie der Universitäten Münster, Köln und Oxford hat im Jahr 2005 die Entstehung des Mondes erstmals wesentlich präziser datiert. Es konnte zeigen, dass der Mond vor 4527 Millionen Jahren entstanden ist, ziemlich genau vierzig Millionen Jahre nach Entstehung der Ur-Erde. Dieses Alter stützt die gängige »Big-Impact-Theorie« der Mondentstehung. »Wenn wir die bisherige Geschichte der Erde auf ein Kalenderjahr herunterrechnen«, so der Geologe Klaus Mezger vom Mineralogischen Institut der Universität Münster, »dann wurde der Mond am 3. Januar geboren.«

Die Forscher hatten für ihre Untersuchungen Metalle aus Mondproben der verschiedenen Apollo-Missionen analysiert. An diese heranzukommen war ausnahmsweise recht schwierig gewesen. Normalerweise verschickt die NASA Proben aus ihrem Mondgesteins-Depot in Houston recht bereitwillig, wenn Wissenschaftler einen vernünftigen Antrag einreichen und ein aussichtsreiches Forschungsdesign vorweisen. Diesmal aber war der Zeitpunkt ungünstig. ›Der Spiegel‹ berichtete: »Mezgers Pech: Seine Lieferung traf, per Diplomatengepäck, wenige Tage nach dem 11. September 2001 in der Berliner US-Botschaft ein. In den Wirren nach dem Anschlag auf das World Trade Center blieb die Sendung ungeöffnet liegen. Nach drei Monaten schickten Botschaftsangehörige die Mondproben zurück nach Houston – und lösten dort Terroralarm aus: Hysterische NASA-Mitarbeiter hielten ihren eigenen weißen Mondstaub für hochgiftiges Anthrax-Pulver.« Erst im zweiten Anlauf kam die Probe dann einfach mit der Post. In ihr wurden kleinste Mengen des Elements Wolfram gefunden. Die hochpräzisen Messungen zeigten, dass eine bestimmte Art von Wolfram – das Isotop Wolfram 182 – in Mondgesteinen unterschiedlich häufig vorkommt. Diese Unterschiede wurden von den Forschern benutzt, um das Alter des Mondes zu berechnen. Seine Häufigkeitsverteilung dient dabei als Uhr. Der physikalische Hintergrund ist folgender: Das Wolfram-Isotop mit dem Atomgewicht 182 – kurz Wolfram 182 – entsteht durch den radioaktiven Zerfall von Hafnium 182. Der Mond war bei seiner Entstehung erst einmal flüssig, und in einer solchen Phase sind zunächst alle Elemente gleichmäßig durchmischt. Nun haben die Elemente aber unterschiedliche Eigenschaften: So verhält sich beispielsweise Hafnium lithophil, das heißt, es löst sich gerne in Silizium, Wolfram hingegen ist siderophil, es löst sich in der Eisenschmelze.

Anfangs waren also Wolfram und Hafnium räumlich sehr eng beieinander, da eines aus dem anderen entstanden war. Sobald sich aber Wolfram im Eisen auflöste und Hafnium im Silizium, trennten sich die Elemente voneinander, denn die Eisenschmelze ist wesentlich schwerer als die Siliziumschmelze. Die schwerere sank in den Mondkern, die leichtere blieb außen im Mantel, als dieser erstarrte. Ähnliches geschah auf der Erde.

In diesem Augenblick stand sozusagen die Hafnium-Uhr auf null. Das »alte« Wolfram war in den Mondkern hinabgesunken, und all das Wolfram, das ab diesem Moment durch radioaktiven Zerfall aus dem Hafnium im Mondmantel entstand, war neu. Die Halbwertszeit von Hafnium beträgt neun Millionen Jahre – nach dieser Zeitspanne ist also nur noch die Hälfte der Hafnium-Atome vorhanden. Mittlerweile, etwa 4,5 Milliarden Jahre nach der Entstehung des Sonnensystems, findet man praktisch gar kein Hafnium 182 mehr, nur noch Wolfram 182. Fast alles davon muss also aus dem Hafnium-Zerfall stammen, der nach der Entstehung des Mondes ablief. »Wir haben im Erdmantel jetzt deutlich mehr Wolfram 182 im Verhältnis zu anderen Wolfram-Isotopen gefunden, als bisher angenommen wurde«, sagte Klaus Mezger.

Es ist teilweise durch den Zerfall von Hafnium 182 entstanden. Dieses wiederum ist ein äußerst instabiles Isotop und muss innerhalb der sechzig Millionen Jahre nach Entstehung unseres Sonnensystems komplett zerfallen sein. Findet man also keinen Unterschied in der Häufigkeit von Wolfram 182, müssen die Gesteine mehr als sechzig Millionen Jahre nach der Entstehung des Sonnensystems entstanden sein. Gibt es jedoch Variationen in Wolfram 182, dann kann deren Entstehung eingegrenzt und eine genaue Altersbestimmung durchgeführt werden: Je größer die Unterschiede in der Häufigkeit von Wolfram 182, desto länger muss die Entstehung zurückliegen. Die Resultate von Mezgers Forschergruppe belegten nun erstmals, dass Mondgesteine unterschiedliche Mengen Wolfram 182 enthalten, das durch den Zerfall von Hafnium 182 gebildet wurde. Aus diesen Unterschieden berechnete das Team, dass der Mond vor 4527 plus/minus zehn Millionen Jahren entstanden sein muss. Dies entspräche dreißig bis fünfzig Millionen Jahren nach Entstehung des Sonnensystems.

So weit, so gut. Nachträglich aber stellte man fest, dass man einen Fehler gemacht hatte: »Wir haben nicht bedacht, dass Hafnium 182 auch durch kosmische Strahlung neu auf dem Mond erzeugt werden kann«, so Klaus Mezger, »dies verfälscht natürlich unsere Altersbestimmungen, es macht den Mond älter.« Nun haben die Forscher noch einmal ganz neu gerechnet und kommen zu dem Ergebnis, dass Erde und Mond genau gleich alt sein müssen.

Als der Mond sich aus den Trümmern des Einschlags zusammenballte, bedeckte zunächst ein Ozean aus flüssigem Magma seine Oberfläche. Nach und nach kristallisierte das Gestein und wurde fest, wobei anfänglich erstarrende Felsen eine andere Mineralzusammensetzung besaßen als die Gesteine, die erst ganz zum Schluss fest wurden. Die Restschmelze, die schließlich in der Region des *Mare Imbrium* erstarrte, enthält hohe Anteile von sogenannten inkompatiblen Elementen, die mit den Mineralien der typischen Mondgesteine keine Verbindung eingingen. Unter den inkompatiblen Elementen ist auch Wolfram. Hafnium dagegen ist in Mineralien wie Ilmenit und Pyroxen zu finden, die vorher kristallisierten.

Weil der Mond eine relativ kleine Kugel ist, kühlte er viel schneller ab als die Erde. Entsprechend den neuen Ergebnissen muss der Magma-Ozean auf dem Mond nach geologischen Maßstäben sehr schnell, in weniger als zwanzig Millionen Jahren, komplett erstarrt sein. Erde und Mond sind zwar beide zur gleichen Zeit entstanden, aber aufgrund ihrer unterschiedlichen Größe haben sie sich ganz verschieden entwickelt: Die Erde besitzt noch heute einen heißen, flüssigen Kern, während der Mond wahrscheinlich ganz fest ist.

Dabei stellt sich sogar die Frage, ob er überhaupt einen Kern hat. »Dieses Problem wird nach wie vor diskutiert«, sagt der Münsteraner Planetenforscher Harald Hiesinger, »wobei ich glaube, alle wissen schon, dass der Mond einen kleinen Kern haben wird.« Mit Kern meinen die Geologen eine innere Zone, in der sich die schwereren Elemente angereichert haben, weil sie während der flüssigen Phase durch ihr Gewicht nach unten gesunken sind: »Mineralien haben unterschiedliche Dichten, deshalb schwimmen leichtere Mineralien oben wie ein Kork auf dem Wasser. Sie erstarren außen und bilden also die Kruste. Dichtere Mineralien, die beispielsweise viel Eisen oder Nickel enthalten, sinken nach unten und bilden den Kern«, so Hiesinger.

Die Erde hat im Sonnensystem eine Sonderrolle, was ihren inneren Aufbau betrifft: »Sie ist wirklich in dem Sinne einmalig, dass sie Plattentektonik hat«, so Hiesinger. »Das findet man weder auf dem

Merkur noch auf dem Mond oder dem Mars. Plattentektonik heißt, dass sich auf der Erde lithosphärische Platten gegeneinander bewegen. Dazu muss aber die äußere Schicht, die Lithosphäre, dünn genug sein. Man geht jedoch davon aus, dass die Lithosphäre des Mondes ungefähr tausend Kilometer dick ist. Auf der Erde hat sie vielleicht nur hundert Kilometer Dicke. Das heißt, auf der Erde kann sich eine hundert Kilometer dicke Lithosphärenplatte unter eine andere Platte schieben, weil der Gesamtradius mehr als 6000 Kilometer beträgt. Auf dem Mond geht das nicht, da können sich keine zwei Platten untereinander schieben, denn dafür bräuchte man mindestens 2000 Kilometer Platz, um das überhaupt möglich zu machen. Der Radius des Mondes beträgt aber bloß rund 1700 Kilometer. Also, Plattentektonik beim Mond passt schon von der Geometrie her gar nicht.«

Die Plattentektonik der Erde hat aber auch bewirkt, dass ständig festes Gestein nach unten gedrückt und dort im heißen Erdinneren aufgeschmolzen wird. Damit gehen natürlich alle Informationen über Zusammensetzung und Kristallstruktur verloren. Tektonische Kräfte haben also das Langzeitgedächtnis unseres Planeten gelöscht. Der Geologe Thorsten Kleine vom Institut für Isotopengeologie der ETH Zürich betont, dass die ältesten Gesteine, die man heute auf der Erde findet, mindestens 500 Millionen Jahre jünger als diese selbst sind. Sie lassen daher keine eindeutigen Schlussfolgerungen auf die Entstehung unseres Planeten zu. Mondgesteine dagegen haben den Aufschmelzungsprozess nur einmal, ganz am Anfang, durchlaufen, seither sind sie fest. Deshalb enthalten sie Informationen über die Entstehung von Erde und Mond. Da nach der Einschlagstheorie unsere heutige Erde und der Mond gleichzeitig entstanden sind, bringen Untersuchungen des Mondgesteins also wertvolle Hinweise auf die geologische Entwicklung unseres eigenen Planeten. Thorsten Kleine freut sich darüber: »Uns Wissenschaftlern öffnet der Mond einen Einblick in die Geburtsstunde unseres Planeten.«

Kapitel 5
Apollo
Die Erfolgsgeschichte der Amerikaner

»Wir haben uns entschlossen, in diesem Jahrzehnt zum Mond zu fliegen und die dafür erforderlichen Dinge zu tun; nicht, weil es leicht ist, sondern weil es schwer ist; weil uns dieses Ziel dazu dienen wird, das Beste aus unseren Energien und Fähigkeiten herauszuholen.«

Präsident John F. Kennedy am 12. September 1962

Wo waren Sie am 11. September 2001, als die Türme des World Trade Center einstürzten? Und wo am 22. November 1963, als John F. Kennedy ermordet wurde? Praktisch jeder, der diese Ereignisse via TV oder Rundfunk miterlebt hat, weiß heute noch genau, wo er sich damals befand und wie er davon erfuhr. Aber es sind nicht nur Katastrophen, die sich in das kollektive Gedächtnis eingruben, manchmal gibt es auch glückliche Augenblicke, die jeder sein Leben lang nicht vergisst. Dazu gehört zumindest für die Älteren unter uns die Landung auf dem Mond. Die Welt hielt den Atem an, als am 20. Juli 1969 zum ersten Mal ein Mensch seinen Fuß auf den Erdtrabanten setzte. Und der Jubel war völkerübergreifend, als das Unternehmen gelungen war.

Der Landung war ein ehrgeiziger Streit zwischen den zwei Großmächten USA und UdSSR vorausgegangen, die sich damals mitten im Kalten Krieg befanden. Schon seit Beginn der Raumfahrt erschien der Mond als lohnendes Ziel, um die eigene technische Vorrangstellung zu zeigen, zunächst für unbemannte Sonden. Im September 1959 startete die Sowjetunion Lunik 2, die USA zogen erst am 28.

Juli 1964 mit Ranger 7 nach. Er zerschellte auf der Mondoberfläche, übermittelte vorher aber noch Fernsehbilder von ihr zur Erde. Nie zuvor hatte man den Mond so nah gesehen; man konnte auf den Fotos noch Einzelheiten erkennen, die nur zehn Zentimeter groß waren. Am 31. Januar 1966 gelang es der sowjetischen Mondsonde Luna 9 als erstem Objekt, weich auf dem Erdtrabanten zu landen. Kurz danach setzte die US-Sonde Surveyor am 30. Mai 1966 auf der Mondoberfläche auf (siehe Kapitel 3).

Bis zur Apollo-Mission hieß das Motto für die Astronauten aber immer noch: nur anschauen, nicht anfassen. Dann gab schließlich John F. Kennedy in seiner Rede vor dem US-Kongress am 25. Mai 1961 die Parole aus: »Ich glaube, dass sich diese Nation dem Ziel verschreiben sollte, einen Menschen auf dem Mond landen zu lassen und ihn wieder sicher zur Erde zurückzubringen, noch bevor dieses Jahrzehnt vorbei ist. Kein anderes Projekt wird innerhalb dieser Periode eindrucksvoller für die Menschheit und wichtiger für die Erforschung des Weltraums sein.«

Bezeichnenderweise nannten die drei Astronauten Armstrong, Aldrin und Collins, die später den berühmten Apollo-11-Flug zum Mond unternahmen, den Tag, an dem Präsident Kennedy das Signal zum Mondlandeprogramm gab, den »Tag der Mobilmachung«. In ihrem gemeinsamen Buch kommentierten sie Kennedys Entscheidung so: »Im Vergleich zu der industriellen und technischen Mobilmachung, die Kennedy für friedliche Zwecke proklamierte, erschien jede vorher von irgendeiner Nation unternommene militärische Mobilmachung nichtig – jedenfalls im qualitativen Sinne. Der Wagemut des Menschen? Er rief wirklich die Shakespeare'schen Geister aus der wüsten Tiefe, nicht sicher, allenfalls intuitiv wissend, dass sie kommen würden. Er setzte sogar eine Zeitgrenze für dieses Ziel: bevor dieses Jahrzehnt vorbei ist!«

Pathetische Worte für ein Unternehmen, das – wie wir heute wissen – nur mit viel Glück gelang. Bedenkt man, dass die USA damals erst 15 Minuten bemannter Weltraumerfahrung hatten, die Computertechnik noch in ihren Anfängen steckte und dass die Übermittlungszeit für Daten vom Mond zur Erde und zurück 2,6 Sekunden dauert, kann man sich in etwa vorstellen, wie nahe die beiden Astronauten Armstrong und Aldrin an einer Katastrophe vorbeigeschrammt sind. Aber die erste Landung eines Menschen auf dem Mond ging gut – trotz aller Probleme.

Am Sonntag, 21 Uhr 35 Ortszeit Houston, Texas, war es so weit: In Europa war schon der folgende Tag angebrochen, hier schrieb man bereits den 21. Juli 1969, 4 Uhr 35 morgens mitteleuropäischer Zeit. Neil Armstrong öffnete die Luke des Mondlandefahrzeugs, kletterte auf die Leiter und stieg hinunter auf die Mondoberfläche. »Dies ist ein kleiner Schritt für einen Menschen, aber ein großer für die Menschheit.« Mit diesem Satz kommentierte der Astronaut die Bedeutung des Ereignisses. Zum ersten Mal in der Geschichte der Menschheit betrat damit ein Mensch einen anderen Himmelskörper.

Mit diesem Schritt wurde nicht nur der Wettlauf zwischen den Großmächten USA und UdSSR entschieden, wer den ersten Menschen auf den Mond bringen würde. Mit diesem Schritt dokumentierten Techniker und Wissenschaftler ihre vermeintliche Allmacht: Was man sich vornimmt, kann man erreichen, selbst wenn der Einsatz hoch ist. Eine Allmachtsvision, die sich in den Hirnen festsetzte und die zweite Hälfte des Jahrhunderts entscheidend mitprägte.

Die Nacht vor der Landung verbrachten die drei amerikanischen Astronauten Neil Armstrong, Edwin Aldrin und Michael Collins an Bord der Apollo-11-Kapsel, an die das Mondlandefahrzeug angekoppelt war, während sie in rund 200 Kilometer Höhe den Erdtrabanten umkreisten. Am nächsten Morgen, nach gut vier Tagen gemeinsamen Flugs, wurden die beiden Einheiten getrennt. Das Trennungsmanöver verlief reibungslos, die Landefähre, »Adler« genannt, mit den beiden Astronauten Armstrong und Aldrin erreichte eine niedrigere Umlaufbahn um den Mond, während die Apollo-Kapsel mit Collins als Pilot weiterhin in einer höheren Bahn »parkte«. Begeistert rief Armstrong in das Mikrofon, das den Funkkontakt zur Erde herstellte: »Der Adler hat Flügel!«

Lange hatte man nach geeigneten Namen für das Landefahrzeug und die Kapsel gesucht. Von »Romeo und Julia« bis »Owl and Pussycat« hatte man eine Unzahl von Kombinationen vorgeschlagen und getestet. Schließlich ergab sich der Name der Landefähre fast von selbst aus dem Emblem, das für die Mondlandung angefertigt worden war: Es zeigte einen Adler bei der Landung auf dem Mond. Für das Mutterfahrzeug wählte man einen Namen, der ebenfalls ein nationales Symbol bezeichnete – Columbia. Armstrong erklärte dessen Bedeutung: »Wichtig war der Hinweis auf den Geist des Abenteuers, des Entdeckertums und des Ernstes, mit dem Columbus sein Unternehmen 1492 durchgeführt hatte. Und selbstverständlich gab es auch eine Verbindung zu dem Roman von Jules Verne, in dem in mancher Weise Technik und Einzelheiten des Apollo-11-Fluges schon genau vorhergesagt wurden.«

Die Landefähre Adler war ein 15 Tonnen schweres Fahrzeug mit 18 großen und kleinen Raketen, fast fünfzig Kilometern Kabel, acht verschiedenen Funkanlagen und zwei Arten von Radar. Die Aufstiegsstufe, also der Teil, der wieder zum Mutterfahrzeug zurückkehren und dort andocken sollte, würde weniger als ein Drittel wiegen.

Zunächst aber begann nach der Trennung der beiden Raumfahrzeuge der Abstieg der Landefähre zum Mond. Sie wurde dabei von einer Steuerrakete abgebremst, die entgegen der Flugrichtung gezündet wurde, bis Adler sanft auf der Mondoberfläche aufsetzen würde. Aus technischen Gründen musste die Zündung dieser Rakete von der Erde aus gesehen hinter dem Mond stattfinden, also ohne Funkkontakt mit der Bodenstation in Houston, Texas. Die Spannung dort war fast unerträglich, bis endlich die erlösende Nachricht kam, Adler befinde sich auf dem Abstiegsorbit. Dass diese Mission ein Abenteuer war, das leicht hätte tödlich enden können, geht aus den Aufzeichnungen hervor, die Michael Collins später niederschrieb: »Mein heimlicher Schrecken in den letzten sechs Monaten war es gewesen, dass ich sie auf dem Mond zurücklassen müsste und allein zur Erde zurückkehren; nun habe ich in wenigen Minuten die Wahrheit darüber herausgefunden. Falls sie es nicht schaffen, wieder vom Mond wegzukommen, oder beim Aufstieg abstürzen, darf ich nicht Selbstmord begehen; ich muss unverzüglich heimkommen, aber ich werde für den Rest meines Lebens ein gezeichneter Mann sein, und das weiß ich auch.«

Als Landeplatz hatte man ein Gebiet ausgewählt, das nahe am Mondäquator lag und gute Voraussetzungen zu bieten schien, dass die Landefähre dort aufsetzen konnte. Eigentlich sollte der gebremste Abstieg der Fähre vom Bordcomputer automatisch gesteuert werden. Plötzlich jedoch gab dieser Alarm. Das bedeutete, dass der Rechner, der die gemessene Entfernung zur Oberfläche mit den eingespeisten Werten verglich und entsprechende Reglerbefehle an das Landetriebwerk weitergab, wegen Überlastung ausgefallen war. Sein Programm sah für diesen Fall den Ausweg vor, die begonnenen Rechenoperationen noch einmal von vorn zu beginnen. Dadurch geriet der Ablauf völlig durcheinander. In der engen Kabine, in der Armstrong und Aldrin nur stehend ihre Kontrollinstrumente überwachen konnten, brach ein heilloses Chaos aus. Schriller Daueralarm ertönte. Den Astronauten war spätestens in diesem Augenblick klar: Der Bordrechner kann keine neuen Zahleneingaben mehr annehmen, er fiel für die letzte Anflugphase aus. Der im Kontrollzentrum in Houston zuständige Flugführungskontrolleur Steve Bales erkannte jedoch, dass der Alarm nur von einer Überlastung des Computers herrührte und für das Manöver nicht lebensbedrohlich war, und gab deshalb das Signal, weiter abzusteigen. Mit einer Geschwindigkeit von 39 Metern pro Sekunde – das entspricht rund 140 Stundenkilometern – raste die Landefähre auf den Mond zu, nach und nach abgebremst durch den Gegenschub der Steuerdüse.

Dreißig Sekunden vor dem geplanten Aufsetzen der beinahe tödliche Augenblick: Armstrong sieht, dass die Fähre auf einem mit gefährlich großen Gesteinsbrocken übersäten Krater aufsetzen würde, wenn sie ihre vorgesehene Bahn einhielte. Er entschließt sich deshalb blitzschnell, die Landung von Hand zu steuern. Später schildert er die entscheidenden Augenblicke so: »Als wir unter tausend Fuß sanken, machte das System offensichtlich Anstalten, uns in einem unerwünschten Gelände innerhalb eines Geröllfeldes zu landen … Ich war über die Größe der Felsbrocken überrascht; einige waren so groß wie kleinere Autos. Es sah in diesem Augenblick auch so aus, als ob wir ganz schön schnell auf sie zukämen … Ich fühlte mich versucht zu landen, aber dann gewann mein besseres Urteilsvermögen die Oberhand und ich suchte intuitiv einen anderen Landeplatz. Worauf es jetzt ankam, war Zeit zu gewinnen.« Der Fernsehreporter Heinrich Schiemann schilderte die Lage im Cockpit des Adlers: »Eine unmittelbare Unterstützung erfährt Armstrong dadurch, dass Aldrin ihm schnell und dabei überaus beherrscht pausenlos die wesentlichen Werte wie Höhe, Sinkgeschwindigkeit und Vorwärtsgeschwindigkeit, die er vor sich abliest, zuruft … So gelingt es Armstrong, über den Krater, um den es geht, hinwegzukommen und den Adler in einem ausreichend ebenen Stück Mondboden aufzusetzen. Freilich geschieht dies buchstäblich im letzten Augenblick. Denn als der Adler aufsetzt, ist in seinem Tank nur noch Treibstoff für 28 Sekunden … Armstrong ist sich der heiklen Situation, in der er sich zusammen mit Aldrin befindet, voll bewusst. Der Kontrollraum kann dies an seinem Herzschlag ablesen. Zu Beginn des gebremsten Abstiegs hat dieser 110 in der Minute betragen, im Augenblick des Aufsetzens ist er auf 157 hochgeschnellt. Was die Mission vor Ort rettet, ist das fliegerische Können eines Mannes, den man getrost als den besten Piloten der Welt bezeichnen kann.«

Diese Augenblicke der Gefahr haben die Fernsehzuschauer, die rund um den Globus die Mondlandung verfolgten, gar nicht unmittelbar mitbekommen. Erst später, nach Auswertung der gesamten Daten, zeigte sich, wie knapp der Adler einer Katastrophe entgangen war. Unter den Fachleuten hätte sich auch niemand gewundert, wenn bei dieser Mission etwas schiefgegangen wäre. Viel hätte passieren können: Das Mondlandemodul hätte auf Eis landen und abrutschen können oder in einer dicken Staubschicht versinken, es hätte umfallen, Feuer fangen oder explodieren können, oder es hätte durch ein Leck die lebenswichtige Luft verlieren können. Im privaten Gespräch gaben die Astronauten zu, dass sie Apollo 11 nur eine dreißig- bis fünfzigprozentige Chance gegeben hatten. In der Tat hatte die NASA vorbereitete Pläne, die festlegten, was im Falle des Undenkbaren geschehen solle. Zuerst sollte sofort der öffentliche Funkkontakt zum Rest der Welt abgeschnitten werden, nur noch die NASA sollte mit ihnen kommunizieren können. Präsident Nixon hatte für den Fall der Fälle eine Rede vorbereitet, und Wernher von Braun hatte schon öffentlich seiner Hoffnung Ausdruck verliehen, dass die Nation reif genug sei, ein solches Ergebnis akzeptieren zu können. Manche Beobachter spekulierten, es habe an Bord Giftpillen gegeben, mit denen die Astronauten ihrem Leben hätten schnell ein Ende setzen können, aber Jim Lovell, der Kommandant von Apollo 13, lachte über diese Vorstellung. Es hätte dort oben genug Möglichkeiten gegeben, sich auch ohne Gift umzubringen, meinte er. Man hätte nur einen Hahn des Belüftungssystems umlegen zu brauchen, und schon wäre die rettende Atemluft ins Freie geströmt, die Astronauten hätten nur wenige Sekunden überlebt.

Wie wir wissen, waren solche Manöver zum Glück nicht nötig. Nach der Landung waren die ersten Worte Neil Armstrongs, die in Houston ankamen: »Hier Tranquility Base« – »Meer der Ruhe«. Zunächst war allerdings wegen des unplanmäßigen Landemanövers für Stunden überhaupt nicht klar, wo der Adler denn nun wirklich gelandet war. Sowohl die Bodenmannschaft in Houston als auch Michael Collins, der im Mutterfahrzeug den Mond umkreiste, bemühten sich, die möglichst exakten Landekoordinaten ausfindig zu machen bzw. das Modul zu orten – vergeblich. Für den weiteren Verlauf der Mission und das Andockmanöver an Columbia war es nicht unabdingbar, den genauen Standort zu kennen, aber für andere wissenschaftliche Zwecke.

In den ersten Stunden nach dem Aufsetzen des Adler auf der Mondoberfläche mussten die beiden Astronauten zunächst überprüfen, ob sämtliche Systeme der Landefähre heil geblieben waren. Für den Notfall gab es verschiedene Szenarien, die von einem sofortigen Rückstart bis zu einem Start nach einigen Stunden reichten. Glücklicherweise stellte sich heraus, dass sämtliche Anlagen funktionstüchtig waren, und die Mannschaft konnte darangehen, ihr vorgesehenes Programm abzuspulen. Zuvor aber erlaubte sich Buzz Aldrin einen kleinen Alleingang: Er zelebrierte mit einigen extra zu diesem Zweck mitgebrachten Requisiten eine kleine Abendmahlsfeier und verbrachte mehrere Minuten in stillem Gebet.

Danach begannen die beiden Männer in der Landefähre, ihren Ausstieg auf den Mond vorzubereiten. Dazu zählte in erster Linie die Überprüfung der lebenserhaltenden Geräte, anschließend zogen die Astronauten ihre Raumanzüge an. Diese waren zusammen mit dem Tornister, den man auf den Rücken schnallen musste, mit allem ausgerüstet, was ein Mensch zum Überleben im luftleeren Raum benötigt. Für viereinhalb Stunden waren die Vorräte an Sauerstoff berechnet. Die Anzüge waren gegen Stöße gesichert, sie übten den nötigen Druck auf den Körper aus, und in der Unterwäsche waren unzählige Kanäle für das Kühlwasser eingewebt. Alles in allem ein Wunderwerk der Technik, aber sperrig und schwer. Da jedoch auf dem Mond nur ein Sechstel der Schwerkraft der Erde herrscht, konnten die Astronauten das Gewicht der Ausrüstung leicht ertragen. Sie mussten nur sorgfältig darauf achten, den Anzug nicht zu verletzen, denn ein Leck hätte den sicheren Tod bedeutet.

Nach mehreren Stunden der Vorbereitung – eigentlich hätten die beiden Astronauten auch noch schlafen sollen, konnten aber nicht – stieg schließlich Neil Armstrong als Erster aus der Mondfähre und sagte seine berühmt gewordenen Worte. Edwin Aldrin folgte ihm, nachdem er mit einem außen angebrachten Lift die ersten Gesteinsproben vom Mond ins Innere der Fähre gebracht hatte. Nun standen die beiden Männer zum ersten Mal auf dem Mond. Gemeinsam blieben sie einige Sekunden ehrfurchtsvoll stehen. »Neil und ich sind beide ziemlich zurückhaltende Leute«, bekannte Aldrin später. »Wir neigen nicht zu einem allzu freimütigen Austausch von Gefühlen. Selbst während unseres langen Trainings haben wir uns kaum einan-

Neil Armstrong betritt als erster Mensch den Mond, 20. Juli 1969.

der mitgeteilt. Aber auf dem Mond hat es dann doch diesen Augenblick gegeben, einen kurzen Augenblick, in dem wir uns – wie man so sagt – ansahen und uns gegenseitig auf die Schulter klopften – so viel Bewegungsfreiheit hatten wir gerade noch – und sagten: ›Wir haben es geschafft‹, ›eine gute Show‹ oder so etwas Ähnliches.«

Während des Ausstiegs und ebenso während des gesamten Mondausflugs gaben die beiden Astronauten ständig jede Kleinigkeit ihrer Eindrücke per Funk an die Bodenstation weiter. Sie beschrieben Farbe und Konsistenz des Mondgesteins, den Einfall des Lichts und versuchten die Entfernungen zu markanten Punkten in der Landschaft abzuschätzen. Die Hauptaufgabe von Armstrong und Aldrin bestand aber darin, einige wissenschaftliche Experimente auf der Mondoberfläche aufzubauen. Dazu gehörte ein einfacher Seismograph zur Registrierung von Mondbeben, ein Reflektor, der einen

Laserstrahl zurückwerfen konnte, den man von der Erde aus zum Mond lenken wollte. Damit würde man später die Entfernung Erde–Mond auf Zentimeter genau messen können. Als drittes Experiment hängten die Astronauten ein Stück Aluminiumfolie so auf, dass Partikel, die von der Sonne kamen, senkrecht auftrafen. Am Ende der Mission sollten die beiden die Folie wieder mit in die Landefähre nehmen und zurück auf die Erde bringen. Die größte Priorität hatte jedoch das Einsammeln von Mondgestein in eigens dafür vorgesehene Behälter. 25 Kilogramm wogen auf der Erde die Proben, die die beiden Mondfahrer schließlich mitbrachten. Außerdem machten sie so viele Fotos wie möglich, mit unterschiedlichen Kameras.

Von mehr sentimentalem Wert war die letzte Handlung, die sie auf ihrem Mondspaziergang durchführten: Sie stellten die amerikanische Flagge auf der Mondoberfläche auf und brachten eine Plakette am Landemodul an, das später auf dem Mond zurückgelassen wurde. Darauf steht: »Hier haben Menschen vom Planeten Erde zum ersten Mal ihren Fuß auf den Mond gesetzt. Juli 1969 n. Chr. Wir sind in Frieden für die ganze Menschheit gekommen.« Die Flagge, die sich von Anfang an nicht gut im Mondboden verankern ließ, fiel aber beim späteren Start der Landfähre um.

Der Mondstaub und das Mondgestein wurden von Armstrong und Aldrin als weiß bis schwarz beschrieben, je nach Lichteinfall. Sie ähnelten, so glaubten sie, dem Granit, den es auf der Erde gibt. Ein Phänomen erstaunte sie jedoch in besonderer Weise – ihr Geruch: »Geruch ist etwas sehr Subjektives, aber für mich hatte das Mondmaterial einen ganz ausgeprägten Geruch«, bemerkte Aldrin ebenso wie Armstrong, als er, ins Landemodul zurückgekehrt, wieder seinen Helm auszog, »stechend, wie Schießpulver oder leer geschossene Patronen von Pistolen ... Wir bemerkten den Geruch sofort. Es war eine einzigartige, beinahe mystische Umwelt dort oben.«

Die Experten auf der Erde hatten für jeden Schritt der Mission Vorsichtsmaßnahmen eingeplant, um so viele Gefahren wie möglich auszuschalten. Dazu gehörte auch, dass die beiden Astronauten nach ihrer erfolgreichen Rückkehr zur Erde am Vormittag des 24. Juli sofort in Quarantäne gehen mussten. Man war schließlich nicht sicher, ob es auf dem Mond nicht giftigen Staub, gefährliche Viren oder andere tödliche Mikroben gab. Einerseits wäre diese Entdeckung natürlich eine Sensation gewesen, andererseits hätten derartige Mikroben die Erde verseuchen können, wenn man nicht größte Sicher-

Buzz Aldrin auf dem Mond

heitsmaßnahmen ergriffen hätte. Und so kam es, dass die Helden der Nation nach ihrer Landung zunächst nur durch Glasscheiben zu bewundern und zu begrüßen waren. Dabei wäre es beinahe erneut zu einem – diesmal allerdings nur peinlichen – Missgeschick gekommen: Man spielte die Nationalhymne, und so sahen sich die drei Astronauten genötigt aufzustehen. Dabei bedachten sie nicht, dass ihre Hosenschlitze offen standen, und sie entgingen nur knapp einer Blamage, weil sie sich möglichst schnell wieder hinsetzten.

Zunächst waren natürlich vor allem die Amerikaner begeistert von ihren neuen Helden. Die ›New York Times‹ druckte die dickste Schlagzeile ihrer Geschichte. Und Präsident Richard Nixon führte ein Telefongespräch mit den beiden Astronauten, in dem er betonte: »Für jeden Amerikaner muss dies der stolzeste Tag im Leben sein. Ich bin sicher, dass sich alle Menschen in der Welt den Amerikanern anschließen in Anerkennung der ungeheuren Leistung, die dies bedeu-

Triumphale Rückkehr nach der ersten erfolgreichen Mondmission im Juli 1969

tet. Mit dem, was Sie vollbracht haben, ist der Himmel ein Teil der menschlichen Welt geworden.«

In der Tat: Die Perspektiven hatten sich verändert. Der Mond, seit Anbeginn der Menschheit ferner und geheimnisvoller Trabant der Erde, hatte sich mit der Mondlandung in ein betretbares Gelände verwandelt, auf dem Staub und Steine lagen, auf dem die Astronauten mit Kängurusprüngen umherhopsten, über dem die Sonne, aber auch die Erde aufging. Die Astronauten brachten Gesteinsproben von der Mondoberfläche mit zurück, die man auf der Erde einer genauen Analyse unterziehen konnte und die wichtige Aufschlüsse über die Entstehung des Mondes geben konnten (siehe Kapitel 3). Aber auch der Blick auf die Erde hatte sich verändert. Sie von oben und als Ganzes zu sehen, zeigte plötzlich, wie begrenzt und verletzlich sie ist. Alan Bean, der mit Apollo 12 auf dem Mond landete, pries später die Schönheit der Erde: »Ich glaube, die ganze Erde ist ein Garten Eden. Wir haben ein Paradies, in dem wir leben. Ich denke jeden Tag darüber nach … Seit 300 Jahren schauen wir mit Fernrohren ins All hinaus und wir haben Sonden hinausgeschickt, aber wir haben nie etwas so Schönes gesehen wie das, was wir sehen, wenn wir aus unserer Haustür treten. Das ist auch der Grund, warum ich ein anderer Mensch war, als ich von meinem Weltraumausflug zurückkam.«

Der Landung auf dem Mond vorausgegangen war eine Serie von Tests und Flügen, die die technische Sicherheit der einzelnen Komponenten erproben sollten. In mehreren Missionen wurden die Saturn-Trägerrakete, das Apollo-Raumschiff, das Kommandomodul und die Landefähre getestet. Deshalb beginnt die Zählung der Apollo-Flüge zum Mond auch erst mit Mission 8. Nachträglich erhielt ein Bodentest den Ehrentitel »Apollo 1«, bei dem drei Astronauten ums Leben gekommen waren: Am 27. Januar 1967 verbrannten die drei Astronauten Virgil Grissom, Edward H. White und Roger B. Chaffee in ihrer Kommandokapsel, die mit reinem Sauerstoff gefüllt war. Dadurch wurde in weniger als einer Minute aus einem kleinen elektrischen Funken, der durch elektrostatische Aufladung entstanden war, ein Feuer, das die Astronauten tötete. Der Unfall hatte zwar umfangreiche Änderungen in der Konstruktion zur Folge, aber das Gesamtprogramm konnte er nicht aufhalten.

Im Jahr 1968 machte die NASA sich und der Welt der Technikbegeisterten ein besonders schönes Weihnachtsgeschenk mit der ersten Mondumrundung durch Menschen. Genau am Heiligen Abend erreichte Apollo 8 die Mondumlaufbahn. An jenem Abend gaben die drei Astronauten Frank Borman, Jim Lovell und William Anders eine Fernseh-Live-Vorstellung aus dem All. Sie zeigten Bilder von Erde und Mond, wie man sie von Apollo aus sehen konnte. Lovell sagte: »Die ungeheure Weite ist Ehrfurcht einflößend und macht einem klar, was man dort unten auf der Erde hat.« Danach lasen sie aus der Bibel vor. William Anders kündigte das so an: »Für alle Menschen auf der Erde hat die Besatzung von Apollo 8 eine Botschaft, die wir euch übermitteln wollen.« Danach folgten Teile der Schöpfungsgeschichte aus dem Buch Genesis. Am Ende grüßte der Commander Frank Borman die Erde: »Und nun verabschiedet sich die Mannschaft mit: gute Nacht, viel Glück, frohe Weihnachten und Gott segne euch alle – alle drunten auf der guten Erde.« Eine bewegende Veranstaltung, nicht nur für Amerikaner.

Im darauffolgenden Frühjahr folgten mit Apollo 9 und 10 noch zwei unbemannte Tests des Landemoduls, bevor man es im Juli 1969 wagte, Menschen damit auf den Mond fliegen zu lassen. Damit war die Vision John F. Kennedys eigentlich erfüllt, auch wenn er selbst es nicht mehr erlebte. Das Apollo-Programm der NASA war damit aber nicht abgeschlossen, im Gegenteil: Nun ging es erst richtig los. Gleich im November startete Apollo 12 und landete im *Mare Procellarum*, im Meer der Stürme, nur 183 Meter entfernt von der 1967 angekommenen Mondsonde Surveyor 3. Im Gegensatz zu Apollo 11 wurde die Saturn-Rakete beim Start zweimal vom Blitz getroffen und ließ sich die Elektronik danach nur mühsam wieder zähmen, aber die Landefähre legte diesmal eine punktgenaue automatisch gesteuerte Landung hin, auch wenn kurz über dem Boden Commander Charles Conrad noch von Hand korrigieren musste. Eine vernünftige Landung war wichtig, weil man nun für die nächsten Missionen auch Landeorte in kompliziertem Gelände ins Auge fassen konnte. Zweimal stiegen die beiden Astronauten Conrad und Alan Bean aus, um eine Reihe wissenschaftlicher Experimente zu machen, gefilmt von einer Farbkamera, die die Bilder direkt zur Erde übertrug. Leider ging die Kamera bald kaputt, weil Bean sie aus Versehen auf die Sonne gerichtet hatte. Nach ihrem ersten Ausstieg ruhten sich Charles Conrad und Richard Gordon sieben Stunden lang im Landemodul aus – wahrscheinlich das erste Nickerchen, das je ein Mensch auf dem Mond gemacht hat. Und Alan Bean aß Spaghetti – auch dies eine Premiere auf dem Mond.

Danach stiegen sie wieder aus und unternahmen eine geologische Geländetour. Sie gingen 1311 Meter weit und sammelten dabei Gestein ein, bohrten auch ein wenig in den Mondboden, um Bohrproben zu entnehmen, und fingen Gasproben ein. Später stellte sich heraus, dass die Gesteinsproben, die Apollo 12 mit nach Hause brachte, Hunderte von Millionen Jahren jünger waren als die Steine vom ersten Mondflug. Anschließend machten die beiden Astronauten noch Fotos von Surveyor 3 und nahmen seine Kamera und ein paar Teile von ihm als Beweis mit ins Landemodul. Bevor sie nach einer weiteren Ruhepause zurück zur Apollo-Kapsel starteten, schwebten sie noch kurz über der Mondoberfläche. Damit sollte ein kleines Mondbeben ausgelöst werden, das von dem zurückgelassenen Seismographen registriert werden sollte. Später hat Bean es immer bedauert, dass er sich in den Stunden auf dem Mond nie einige Minuten Zeit genommen hat, in denen er sich ganz auf sich selbst und seine Gefühle konzentrierte. Es gab so viel zu tun, und der pflichtbewusste Astronaut fühlte sich ständig unter Druck. Dem Journalisten Andrew Smith erzählte er 2001: »Neil Armstrong mag beim Ausstieg gedacht haben: ›Dies ist ein kleiner Schritt für einen Mann …‹, aber ich erinnere mich noch genau, dass ich, nachdem ich die Leiter heruntergeklettert war und auf dem Mondboden stand, dachte: ›Wir sind zwanzig Minuten zu spät dran und müssen Zeit aufholen!‹« Später kam ihm das Ganze wie ein Traum vor.

Und dann kam Apollo 13. Ein Paradebeispiel für Abergläubische: Alles, was schiefgehen konnte, ging bei dieser Mission schief. Es fing schon damit an, dass der Ersatzpilot Charlie Duke ein paar Tage vor dem Start ins Mannschaftsquartier kam, obwohl er die Masern hatte. Es stellte sich heraus, dass Ken Mattingly, der als Kommandant vorgesehen war, nicht gegen Masern immun war. Er wurde daraufhin vorsichtshalber ersetzt durch Jack Swigert, das Kommando übernahm James A. Lovell. Als Nächstes zeigte sich bei Bodentests, dass ein Heliumtank nicht richtig isoliert war und möglicherweise die Landung gefährden könnte. Deshalb veränderte man den Flugplan so, dass die Mannschaft drei Stunden früher ins Landemodul – das den Namen »Aquarius« erhielt – umsteigen sollte, um die Daten genau zu überprüfen. Und schließlich gab es auch noch Schwierigkeiten mit einem der Sauerstofftanks des Servicemoduls, der sich nicht richtig entleerte – wie sich später herausstellte, weil bei einer früheren Modifikation ein Heizelement beschädigt worden war.

All dies geschah bereits vor dem Start. Trotzdem entschlossen sich die Verantwortlichen, die Mission wie vorgesehen am Samstag, dem 11. April 1970 um 13 Uhr 13 Ortszeit zu starten. Schon in den ersten beiden Tagen erlebten die Astronauten eine Reihe »kleinerer Überraschungen«, wie sich die NASA ausdrückte, aber ansonsten verlief die Mission zunächst ganz normal. Apollo 13 schien der glatteste Flug des Programms zu werden. Nach 46 Stunden und 43 Minuten Flugzeit – man befand sich schon in der Nähe des Mondes – war Joe Kerwin, der diensthabende Kommandant der Bodenstation noch ganz optimistisch und gab nach oben durch: »Das Raumschiff ist in wirklich guter Verfassung, soweit wir das beurteilen können. Wir langweilen uns hier unten zu Tode.« In aller Gemütsruhe beendete die Apollo-13-Besatzung noch eine dreiviertelstündige Fernsehübertragung, in der sie demonstriert hatte, wie angenehm es sich in der Schwerelosigkeit leben und arbeiten ließ. Dann wünschte Kommandant James A. Lovell allen eine gute Nacht. Was in diesem Augenblick noch keiner ahnen konnte: Mit der Langeweile sollte es danach schnell vorbei sein.

Nur neun Minuten später explodierte der Sauerstofftank Nummer 2 des Servicemoduls - es trug den Namen »Odyssee« - und beschädigte dabei auch noch Tank Nummer 1. Damit war die Versorgung mit Strom, Licht und Wasser für die Apollo-Kapsel beschädigt: 300 000 Kilometer von der Erde entfernt! Im Inneren der Kapsel spürte man die Explosion als kurzen Knall und eine Vibration, schilderte James Lovell den Hergang später in einem Buch ausführlich. Jack Swigert sah um 21 Uhr 08 ein Warnlicht aufleuchten und sagte den berühmten Satz: »Houston, wir haben ein Problem!« Gleich darauf konnte man an den Instrumenten ablesen, dass zwei der drei Brennstoffzellen ausgefallen waren, die aus mitgeführtem Wasserstoff und Sauerstoff Strom und Wasser erzeugten und so das Raumschiff versorgten. Außerdem war einer der Sauerstofftanks total leer, der andere verlor schnell an Druck. Lovell, dem es schließlich gelang, aus dem Fenster auf den kaputten Tank zu schauen, sah, dass daraus Gas ins All entwich. Eine Katastrophe schien nicht mehr aufzuhalten.

Das Erste, was die Crew tat, war, dass sie versuchte, die Schleuse zwischen Odyssee und Aquarius zu schließen. Damit reagierten sie spontan, ähnlich wie U-Boot-Besatzungen, die alle Schotten dicht machen. Aber die Schleusenklappe ließ sich nicht schließen. Wütend klemmten sie sie dann mit einer Matratze fest. Gleichzeitig fiel der Druck im Sauerstofftank Nummer 1 weiter. Es war klar, dass bei einem weiteren Ausströmen des Gases bald auch die dritte Brennstoffzelle ihren Geist aufgeben würde. Rund eineinhalb Stunden nach der Explosion funkte Jack Lousma, der zu dem Zeitpunkt diensthabende Bodenkommandeur, an die Kapsel: »Wir denken allmählich an das Landemodul als Rettungsboot.« Und Astronaut Jack Swigert erwiderte: »Genau das tun wir auch.«

Es sollte ein Rettungsboot für fast vier Tage werden. Dort draußen, abgeschnitten von der lebensspendenden Umgebung der Erde, waren die Astronauten völlig auf sich allein gestellt. Alles, was sie benötigten, mussten sie mitnehmen: Sauerstoff, Wasser, Nahrung, Energie. In der Bodenstation in Houston arbeitete man in diesen Stunden mit Hochdruck: Anweisungen, die man nach oben durchgab, mussten vorher an einem Modell in ihren Auswirkungen durchgetestet werden, und die Navigation für eine möglichst schnelle Rückkehr musste völlig neu berechnet werden.

In diesem Augenblick war längst klar, dass an eine Landung auf dem Mond nicht mehr zu denken war; aber nun wollte man die

Das zerstörte Servicemodul von Apollo 13 kurz nach der Absprengung

Schwerkraft des Mondes dazu ausnutzen, dem Raumfahrzeug die nötige Richtungsänderung zu ermöglichen, zurück zur Erde. Es sollte den Mond umrunden und nach dieser engen Schleife wieder Kurs auf die Erde nehmen. Die Bodenstation berechnete schließlich eine Brenndauer der Steuerdüsen von 35 Sekunden, die fünf Stunden nach der Explosion durchgeführt wurde. Als die Kapsel dann hinter dem Mond vorbeigeflogen war, wurden die Düsen erneut für fünf Minuten gezündet, um die Beschleunigung für den Heimflug zu erzeugen.

Aber so weit war es noch nicht, alles zog sich eine Weile hin. Als nur noch für 15 Minuten Energie in der Kommandokapsel war, kam endlich das Signal aus Houston, die drei Astronauten sollten sich in das Landemodul Aquarius zurückziehen. Fred W. Haise, der ursprünglich als dessen Pilot vorgesehen war, und James Lovell schlüpften gleich durch die Schleuse hinüber, Jack Swigert blieb zunächst zurück, um die letzten Aufgaben zu erledigen. Da gab es so wichtige Fragen zu klären wie: Haben wir genügend Sauerstoff, Wasser, Essen und Energie, um bis nach Hause durchzukommen? Immerhin war das Landemodul nur für eine 45-stündige Operationszeit ausgerüstet, und nun musste es für rund 90 Stunden Quartier bieten. Sauerstoff war kein Problem, denn zusätzlich zu dem normalen Sauerstofftank der Landefähre gab es noch die Tanks für die Landetriebwerke auf dem Mond sowie einige Reserveflaschen mit dem Gas.

Die Energieversorgung hingegen konnte ein Problem werden, deshalb begann man sofort, Strom zu sparen. Alle nicht lebenswichtigen Systeme wurden abgedreht, und so gelang es, den Energieverbrauch auf ein Fünftel des Normalwertes zu senken. Ganz wichtig war natürlich die Wasserversorgung. Die Bodenstation hatte berechnet, dass die Crew etwa fünf Stunden vor dem Eintritt in die Erdatmosphäre kein Wasser mehr haben würde. Aber die Daten der Apollo-11-Mission hatten gezeigt, dass die Systeme sieben oder acht Stunden auch ohne Kühlwasser überleben konnten. Trotzdem begann die Mannschaft sofort mit dem Wassersparen: Man beschränkte sich auf einen Verbrauch von 170 Gramm Wasser pro Mann und Tag, ein Fünftel des normalen Quantums, und trank stattdessen Obstsaft und aß feuchte Nahrung wie Hotdogs - wenn überhaupt. Trotzdem war die Besatzung am Ende des Abenteuers völlig dehydriert und stellte unfreiwillig einen Rekord für alle Apollo-Missionen auf: Lovell nahm in den sechs Tagen sieben Kilogramm ab, die ganze Crew fast 16 Kilogramm, fast um die Hälfte mehr als jede andere Apollo-Besatzung.

Aber es war nicht nur nötig, die Versorgung des Landemoduls zu organisieren, sondern auch die Entsorgung. So musste man ständig im Blick behalten, dass das Kohlendioxid, das bei der Atmung der Crew entstand, aus der Kapsel entfernt wurde. Andernfalls hätten sich die drei Männer nach und nach selbst vergiftet. Zwar gab es an Bord des Raumschiffs genügend Kanister mit Lithiumhydroxid, das zur Entfernung des CO_2 verwendet wird, aber das Problem war, dass die Behälter der Odyssee einen eckigen Auslass hatten, der nicht zu den runden Anschlüssen in Aquarius passten. Die Vorräte in der Mondlandefähre waren nur für zwei Männer für zwei Tage ausgelegt, jetzt mussten aber drei Männer für vier Tage versorgt werden. Als nach einem Tag Warnsignale anzeigten, dass der Kohlendioxidspiegel in Aquarius zu hoch war, musste etwas geschehen. Die Bodenstation wies nun die Astronauten an, wie sie aus Plastiktüten, Karton und Klebeband einen Anschluss zu den Kanistern aus der Kommandokapsel basteln konnten.

Eine weitere wichtige Frage war: Wie sollte man Apollo 13 vom Landemodul aus steuern und navigieren? Zuerst musste das Steuerpult von Aquarius an die Anschlüsse aus der Odyssee angeschlossen werden. Das erwies sich als schwierig, denn man musste sie richtig verkabeln und die Sollwerte nach einem bestimmten Muster umrechnen. Danach machten die Männer Tests, ob alles funktionierte. Das nächste Problem war, dass sie nicht mehr richtig navigieren konnten. Normalerweise richtet man das Raumschiff mit Hilfe der Instrumente nach den Sternen aus, dazu sucht ein Teleskop einen passenden Stern aus, an dem sich der Bordcomputer bei der Berechnung der Navigationsdaten orientieren kann. Leider war durch Teile des explodierten Tanks die Sicht auf Sterne versperrt, so dass die Bodenstation schließlich die Anweisung gab, die Sonne als Orientierung für die Navigation zu benutzen. Das ließ sich realisieren, zum Glück, denn wenn die Zündung der Triebwerke nicht genau an der vorausberechneten Stelle erfolgte, würde die Heimreise noch länger dauern, und dafür reichten die Vorräte nicht mehr aus.

Der Jubel im Houston Space Flight Center der NASA war groß, als klar war, dass die Ausrichtung der Apollo-Kapsel für die Heimreise funktioniert hatte. Gerald Griffin, der damals die Verantwortung in der Bodenstation trug, erinnerte sich später: »Einige Jahre danach ging ich nochmals die Aufzeichnungen dieser Mission durch. Meine Schrift war damals fast unleserlich, weil ich so verdammt nervös war. Und ich kann mich auch noch an die Erleichterung erinnern, die mich danach ergriff: Mein Gott, das war die letzte Hürde, jetzt können wir es schaffen.«

Apollo 13 befand sich nun also auf dem Heimweg. Für die Astronauten war dies aber eine schreckliche Reise, gekennzeichnet von Entbehrungen, weit über den Mangel an Essen und Wasser hinaus. Drei Mann in der engen Mondlandefähre, die nur für zwei berechnet war, und das über Tage hinweg unter ständiger akuter Lebensgefahr, das führte natürlich zu Spannungen zwischen den Astronauten. Zwar waren alle geschult, mit kritischen Situationen umzugehen, und das, was man als »harte Männer« bezeichnet, aber der Ton in der Kapsel wurde dennoch schärfer und war nicht immer ganz salonfähig. Nach einem Vorfall im Jahr zuvor, als Journalisten ein Schimpfwort aus dem Mund von Gene Cernan in Apollo 10 gehört und darüber berichtet hatten, hatte die NASA alle Astronauten dazu verdonnert, eine saubere Sprache zu benutzen. Alle Flüche und Schimpfwörter waren verboten. Deshalb erhielten die drei von Apollo 13 auch gleich Ermahnungen von der Bodenstation, auf ihre Ausdrucksweise zu achten, nachdem sie einmal versehentlich ihre Mikrofone offengelassen hatten.

Schlafen konnte man zudem kaum, weil es zu kalt war, nachdem man die elektrischen Systeme abgeschaltet hatte. Die drei Raumfahrer hatten beschlossen, sich zum Schlafen in die Odyssee zurückzuziehen: Dort waren die Schlafstellen, und es gab auch mehr Platz. Wenn man die Luke zu Aquarius offenließ, war auch die Versorgung mit Sauerstoff gesichert. Jedoch die Temperatur dort fiel auf fast drei Grad, an den Wänden schlug sich Wasser nieder. Die Schlafsäcke waren ganz dünn und nicht zum Wärmen gedacht; sie dienten lediglich dazu, dass man Arme und Beine in ihnen sicher verstauen konnte, damit man nicht während des Schlafs schwerelos irgendeinen Schalter berührte. Hinzu kam der Lärm der Pumpen und der Sprechfunk, der durch die offene Luke ständig zu hören war. Wer einige wenige Stunden schlafen konnte, durfte sich glücklich schätzen. Vermutlich war auch das Innere der Instrumente durch Kondenswasser feucht, und man musste Angst haben, dass dadurch ein Kurzschluss entstehen könnte. Hier kam nun der NASA die Erfahrung aus dem Desaster von Apollo 1 zugute: Danach hatte man alle elektrischen Installationen kurzschlusssicher ausgelegt. Die Wassertröpfchen im Raumschiff erzeugten aber einen erstaunlichen Effekt beim Wiedereintritt – so erinnerte sich James Lovell – es regnete in der Kapsel.

Erst vier Stunden vor der Landung auf der Erde durfte die Crew das Servicemodul abstoßen. Vorher hatte die NASA das nicht erlaubt, weil man Angst hatte, dass die Kälte des Weltalls das daran angekoppelte Kommandomodul noch weiter zerstören könnte. Die Besatzung von Apollo 13 zog sich nun in das Landemodul zurück und machte sich bereit zur Wasserung. Als sich das Servicemodul von Aquarius entfernte, konnten die Astronauten beobachten, wie erbärmlich es aussah: Das Hitzeschild war auf einer Seite komplett zerstört, und überall standen Fetzen heraus. Es verglühte schließlich in der Atmosphäre.

Am 17. April 1970 kurz nach 13:00 Uhr war das Abenteuer für die drei Männer endlich vorbei: Sie landeten sanft im Pazifik in der Nähe von Samoa, wo die Crew von der USS Iwo Jima aufgenommen wurde. Angesichts des doch noch guten Ausgangs der Mission wurde sie von der NASA als »erfolgreicher Fehlschlag« bezeichnet.

Ein Experiment hat Apollo 13 trotz aller Missgeschicke dennoch ausgeführt: Man brachte die dritte Stufe der Saturn-V-Trägerrakete durch Ablassen des Sauerstoffs und Zünden der Steuerdüsen erfolgreich auf Kollisionskurs mit dem Mond. Drei Tage später – während das Manöver den Funkverkehr zwischen Apollo 13 und der Erde massiv störte – schlug die fast 14 000 Kilogramm schwere Stufe rund 120 Kilometer westnordwestlich des Apollo-12-Landeplatzes mit einer Geschwindigkeit von etwa 9000 Stundenkilometern auf – ein gigantischer Einschlag, dessen Stärke der Sprengwirkung von gut zehn Tonnen TNT entsprach. Ungefähr dreißig Sekunden dauerte es, bis die dadurch ausgelöste Mondbebenwelle den von Apollo 12 aufgestellten Seismographen erreichte. Er registrierte, dass das Beben mehr als drei Stunden dauerte. Schon kurz zuvor hatte ein anderes Messgerät eine Gaswolke registriert, die über dem Mond für mehr als eine Minute nachweisbar war. Man nimmt an, dass der Einschlag Partikel des Mondbodens bis in eine Höhe von sechzig Kilometern schleuderte, wo sie vom Sonnenlicht ionisiert wurden.

Als eine Kommission die Ursache für die Explosion des Sauerstofftanks von Apollo 13 analysierte, stellte sich heraus, dass bei der Reparatur am Boden ein Thermostat beschädigt worden war. Er reagierte deshalb nicht, als im Weltall der Tank überhitzte, was letztlich zur Explosion führte.

Problem erkannt, Problem beseitigt – die NASA ließ sich durch die Ereignisse um Apollo 13 nicht davon abhalten, weitere Menschen auf den Mond zu schicken. Nun begann man, die Landungen dazu zu benutzen, den Mond wissenschaftlich zu untersuchen. Apollo 14, das vier Monate nach Apollo 13 startete, erhielt den Auftrag, all das auszuführen, was die vorherige Mission wegen des Unfalls nicht machen konnte. Man landete im Fra-Mauro-Hochland, das kreisförmig das *Mare Imbrium* umgibt und interessante geologische Formationen aufweist. Vor allem hofften Geologen auf Gesteinsproben vom Rand des Konuskraters in der Nähe der Landestelle. Man stellte sich vor, dass dort der Einschlag eines großen Objekts stattgefunden hatte. Durch dessen Wucht wurden wahrscheinlich Steine aus der Tiefe der Mondoberfläche herausgeschleudert und könnten jetzt am Rand des Kraters liegen. Auch bei dieser Landung gab es Probleme: Das Radar, das angab, in welcher Höhe sich das Mondlandemodul Antares über der Oberfläche befand, fiel aus. Die Astronauten waren im Zweifel, ob sie ohne diese Angaben eine Landung riskieren konnten –

Mondlandschaft, aufgenommen von den Astronauten von Apollo 14

die Bodenstation verbot es ihnen sogar. Nachdem schon bei Apollo 11 ein Kugelschreiber von Aldrin die letzte Rettung war, den er als Ersatz für einen abgebrochenen Schalter benutzte, versuchte diesmal die Bodenstation in Houston wieder den einfachsten Weg: Sie wies Mitchell an, den Radarknopf noch einmal herauszuziehen und erneut hineinzudrücken – ein Vorgehen gegen jede Vorschrift, aber das funktionierte: Das Radar begann wieder zu arbeiten.

Beim Blick aus dem Fenster der Landefähre erschien den beiden Astronauten Alan Shepard und Edgar Mitchell zunächst die sanft geschwungene, leicht hüglige Landschaft draußen wie verschneit, auch wenn die Farbe nicht ganz passte: Die beiden beschrieben sie als »mausbraun oder mausgrau«. Dann marschierten sie los und nahmen dabei ein Handwägelchen mit, in dem sie Instrumente und Mondkarten transportierten und die Gesteinsproben mit zurück zur Landefähre bringen sollten.

Die Astronauten führten eine Vielzahl von Messungen aus und machten Fotos. Diesmal gab es keine Panne mit der Kamera, sie hatte inzwischen auch eine Sonnenblende erhalten. Nachdem die beiden einen mehrstündigen, recht anstrengenden Ausflug über den welligen Mondboden gemacht hatten, kletterten sie wieder in das Landemodul, wo sie einige Stunden schlafen sollten. Da es sich nicht lohnte, für ein paar Stunden die Raumanzüge auszuziehen, ließen sie sie an, was sie aber zusätzlich zu ihrer inneren Aufregung am Schlafen hinderte. Lange vor der festgesetzten Weckzeit meldeten sie sich schon wieder über Funk im Kontrollzentrum.

Erneut verließen sie das Landemodul und begannen mühsam in ihren Raumanzügen den vorgesehenen Krater zu erklimmen. Unterwegs sammelten sie eine Vielzahl von Gesteinsproben ein. Bald musste Mitchell feststellen, dass das Navigieren anhand der mitgeführten fotografischen Karte nicht so einfach war, wie sie sich das vorgestellt hatten. Unter den ungewohnten Bedingungen (schwarzer Himmel, grelle Sonne) erkannte er nur eine dünengleiche Landschaft, die aus unzähligen Hügelchen bestand, die im Grunde alle gleich aussahen. Nach einer anfänglichen Phase der Orientierungslosigkeit entschieden sie sich aber für eine Richtung und begannen ihren Aufstieg. Jedes Mal, wenn sie glaubten, den Kraterrand erreicht zu haben, mussten sie erkennen, dass sie nur eine Stufe weiter gekommen waren.

Zusätzlich behinderte sie der kleine Wagen, der immer wieder an die Steine und Felsen anstieß und den sie schließlich trugen. Shepards Puls erreichte schon beängstigende 150 Schläge. Aber die beiden Astronauten wollten nicht aufgeben. Nachdem sie die Richtung geändert hatten, marschierten sie weiter, denn vor allem Mitchell wollte keinesfalls zurückkehren, ohne einen Blick ins Innere des Kraters getan zu haben. Die Bodenstation gab ihnen noch eine weitere halbe Stunde.

Schließlich war aber auch diese Zeit abgelaufen, und die beiden mussten unverrichteter Dinge umkehren. Die durchwachte Nacht und der schwere Aufstieg machten den beiden Männern auf dem Rückweg doch zu schaffen, und so ließen sie ihrer Frustration auch verbal ihren Lauf. Wieder gab es einige Flüche und Schimpfwörter, vor allem in der Unterhaltung mit der Bodenstation, die sie zur Rückkehr zum Landemodul gedrängt hatte. Man wollte eben kein Risiko eingehen. Als Shepard und Mitchell wieder auf der Erde waren, analysierten sie noch einmal ihre Wanderung und mussten erkennen, dass sie nur noch etwa zwanzig Meter vom Kraterrand entfernt waren, als sie umkehrten.

Apollo 14 war aus Sicht der NASA ein wichtiges Stück Vorbereitung für die nächsten Missionen, die ein Auto mitnehmen sollten. Man hatte erproben können, wie weit die Astronauten in ihren Raumanzügen gehen konnten. Das hatte das Vertrauen in das geplante Vorhaben gestärkt: Denn wenn das Mondauto ausfallen sollte, musste man ja schließlich mit einer Rückkehr zu Fuß rechnen. Bemerkenswert war auch noch eine kleine »Überraschung«, die Shepard sich ausgedacht hatte: Er machte den ersten Golfschlag der Geschichte auf dem Mond. Wegen seines sperrigen Raumanzugs musste er einhändig schlagen, und zweimal verfehlte er den Ball. Dann aber klappte es, und er rief, er habe den Ball »Meilen und Meilen und Meilen weit« geschlagen. Die Wirklichkeit war nicht ganz so spektakulär, aber es gab einen Eintrag ins Buch der Rekorde (als Video zu sehen unter *http://www.youtube.com/watch?v= KZL l3X wlAIE&feature=related*).

Zum ersten Mal in der Geschichte der Mondfahrt hatte Apollo 15 ein Mondauto dabei. Am Landemodul – es hatte den Namen »Falke« – hatte es einige Verbesserungen gegeben, so konnte man nun mehr Gewicht mit zum Mond und natürlich auch wieder mit heim nehmen. Außerdem konnten die Männer nun länger auf dem Mond bleiben – insgesamt über 66 Stunden, also fast drei Tage. Der Mond-Rover war ein elektrisch betriebenes Allrad-Fahrzeug, mit dem die beiden Astronauten David Scott und James Irwin fast 28 Kilometer auf der Mondoberfläche zurücklegten. Sie brachten 76,6 Kilogramm Gesteinsproben mit zurück zur Erde und hinterließen in der Mond-Umlaufbahn einen kleinen künstlichen Satelliten.

Fast alle diese Rekorde wurden überboten von der Apollo-16-Mission, die vom 16. bis zum 27. April 1972 dauerte. Auch diesmal hatte die Landefähre »Orion« ein Mondauto dabei, und die Astronauten John Young und Charles Duke legten damit rund 27 Kilometer zurück. Die beiden verbrachten sagenhafte 71 Stunden auf dem Mond, davon mehr als zwanzig im Freien, und sie brachten neben einer Vielzahl von wissenschaftlichen Messergebnissen auch noch 96 Kilogramm Mondgestein mit zurück zur Erde. Während des Aufenthalts auf dem Mond war die Stimmung geradezu ausgelassen: So spielten die Astronauten mit einem kleinen Felsbrocken Fußball,

David Scott und James Irwin mit Mondauto, Juli 1971

tobten umher und rasten mit dem Auto durch die Gegend – zum Glück ohne irgendeinen Unfall.

Das Einsammeln der Mondproben war bei weitem nicht so einfach, wie man sich das vorher vorgestellt hatte. Alan Bean erzählte 2004: »Schließlich hatten wir alle ähnliche Werkzeuge benutzt, wenn wir im Garten arbeiteten, Bauarbeiten oder Reparaturen im Haus ausführten. Aber auf der Erde mussten wir uns nicht darum kümmern, dass spätere wissenschaftliche Untersuchungen durch die Verschmutzung mit den Werkzeugen verfälscht werden könnten. Außerdem hatten wir Probleme damit, dass die Handschuhe unserer Raumanzüge sperrig waren, die Finger waren steif und nur mühsam zu bewegen. Unser Tastgefühl war stark eingeschränkt.«

Damit man makellose Proben vom Mond einsammeln konnte, wurden die Werkzeuge alle aus einem besonderen rostfreien Stahl und einer Aluminiumlegierung angefertigt. Damit man sie leicht bedienen konnte, wurden sie mit großen Greifflächen und langen Griffen ausgestattet, damit sich die Astronauten in ihren aufgepumpten Raumanzügen nicht bücken mussten. Alle Geräte funktionierten einigermaßen, manche besser, manche schlechter. Im Lauf der Mondmissionen wurden sie allmählich verbessert. Charlie Duke fasste seine Erfahrungen in einem Funkspruch an die Bodenstation so zusammen: »Ich habe für jedes Werkzeug, das wir bekamen, irgendeine Anwendung gefunden.«

Vorläufiger Endpunkt des US-Mondprogramms war die Mission Apollo 17. Die Landefähre sollte diesmal in der Taurus-Littrow-Region in der Nähe des Serenitatis-Bassins niedergehen, einer Gegend, die die Herzen der Geologen höher schlagen lässt. Aschekegel und Täler mit steilen Abhängen und großen Felsen am Grund bieten die Möglichkeit, sowohl altes als auch junges Mondgestein einzusammeln.

Insgesamt sollte Apollo 17 rundum gelingen und so einen gloriosen Abschluss des Apollo-Programms bilden. Entsprechend gut war auch die Stimmung: Videoaufnahmen (unter *http://www.youtube.com/watch?v=8V9quPcNWZE&feature=related*) zeigen die sonst so nüchtern agierenden Astronauten tanzend und singend in der berauschend schönen Mondlandschaft. Zum ersten Mal war ein echter Wissenschaftler mit an Bord: der Geologe Harrison H. Schmitt. Auch er ließ seinen Gefühlen freien Lauf: »Es ist ein wunderschöner Ort, fantastisch beleuchtete Berge, tiefe Täler, eine glänzende Sonne

Mission: Apollo 11
Besatzung: Kommandant Neil Armstrong, Pilot Mondlandefähre Edwin Aldrin, Pilot Kommandokapsel Michael Collins
Start: 16. Juli 1969, 13:32
Mondlandung: 20. Juli 1969, 20:17, Mare Tranquillitatis
Start vom Mond: 21. Juli 1969, 17:54
Landung: 24. Juli 1969, 16:50

Mission: Apollo 12
Besatzung: Kommandant Charles Conrad, Pilot Mondlandefähre Alan Bean, Pilot Kommandokapsel Richard Gordon
Start: 14. November 1969, 16:22
Mondlandung: 19. November 1969, 06:54, Oceanus Procellarum
Start vom Mond: 21. November 1969, 02:25
Landung: 24. November 1969, 20:58

Mission: Apollo 13
Besatzung: Kommandant James Lovell, Pilot Mondlandefähre Fred Haise, Pilot Kommandokapsel Jack Swiggert
Start: 11. April 1970, 19:13
Wegen technischen Defekts
Landung: 17. April 1970

Mission: Apollo 14
Besatzung: Kommandant Alan Shepard, Pilot Mondlandefähre Edgar Mitchell, Pilot Kommandokapsel Stuart Roosa
Start: 31. Januar 1971, 21:03
Mondlandung: 5. Februar 1971, 09:18, Fra-Mauro
Start vom Mond: 6. Februar 1971, 18:48
Landung: 9. Februar 1971, 21:05

Mission: Apollo 15
Besatzung: Kommandant David Scott, Pilot Mondlandefähre James Irwin, Pilot Kommandokapsel Alfred Worden
Start: 26. Juli 1971, 13:34
Mondlandung: 31. Juli 1971, 22:16, Hadley-Rille
Start vom Mond: 2. August 1971
Landung: 7. August 1971, 20:45

Mission: Apollo 16
Besatzung: Kommandant John Young, Pilot Mondlandefähre Charles Duke, Pilot Kommandokapsel Ken Mattingly
Start: 16. April 1972, 17:54
Mondlandung: 20. April 1972, 19:45, Descartes-Hochplateau
Start vom Mond: 24. April 1972, 01:25
Landung: 27. April 1972, 19:45

Mission: Apollo 17
Besatzung: Kommandant Eugene Cernan, Pilot Mondlandefähre Harrison "Jack" Schmitt, Pilot Kommandokapsel Ron Evans
Start: 7. Dezember 1972, 05:33
Mondlandung: 11. Dezember 1972, 19:54, Taurus-Littrow
Start vom Mond: 14. Dezember 1972
Landung: 19. Dezember 1972, 19:24

Alle Zeitangaben UTC, (koordinierte Weltzeit, 00:00 UTC entspricht 01:00 MEZ), alle Starts von der Erde vom Kennedy Space Center, alle Landungen / Wasserungen im Pazifik

Wasserung nach erfolgreicher Mission

und tolle Arbeit. Den Eindruck von Leere und Einöde hatte ich nie auf dem Mond.«

Aber Tanzen und Singen war nicht alles: Die beiden Astronauten führten sowohl auf dem Mondboden als auch im Orbit eine Vielzahl von physikalischen, geologischen und biometrischen Experimenten aus und brachten die Ergebnisse zusammen mit vielen Fotos und einzigartigen Filmaufnahmen mit zurück. Schmitt und sein Astronautenkollege Eugene A. Cernan legten mit dem Mondauto 30,5 Kilometer auf dem Mond zurück und sammelten 110,4 Kilogramm Gesteinsproben auf.

Eigentlich hätte es auch noch die Missionen Apollo 18, 19 und 20 geben sollen, aber diese wurden aus Geldmangel gestrichen, obwohl noch lohnende Ziele in Aussicht standen: Die Landeplätze der Mondmissionen lagen alle ziemlich nahe am Äquator, aber in Richtung der Pole hätte es noch interessante Entdeckungen gegeben. So hatte man ursprünglich sogar einmal bei der NASA erwogen, dass sich Astronauten mit Seilen in einen Krater hinablassen sollten, um dort Gesteinsproben zu sammeln.

Kapitel 6
Verschwörungstheorien
Zweifel an der Mondlandung

»Wir leben eben in einer Gesellschaft, in der es kein Gesetz verbietet, mit der Verbreitung von Unwissen oder in manchen Fällen auch Dummheit Geld zu verdienen.«

Tom Hanks, Filmschauspieler

Der jüngste Mensch auf der Erde, der noch eine eigene Erinnerung an die letzte Mondlandung 1972 haben kann (also vielleicht fünf Jahre alt war), ist heute rund vierzig Jahre alt. Alle Menschen, die jünger sind, kennen die Ereignisse praktisch nur aus Erzählungen, Büchern und Dokumentationen. Sie wissen nicht, mit welchem Enthusiasmus und welcher Spannung damals die ganze Welt bei den Apollo-Missionen mitfieberte, welche Ängste man um die Astronauten ausstand und wie froh man jedes Mal war, wenn die Männer nach der Landung wieder heil aus dem Meer gefischt wurden. Stundenlang, oft auch mitten in der Nacht, saß man vor dem Fernsehschirm und beobachtete die Schwarzweißfilme vom Start, von den Aufenthalten auf dem Mond und von der glücklichen Rückkehr. Zwar gab es schon Farbfernsehen, aber bunte Bilder kamen damals nur aus Studios, nicht aus der Natur, und schon gar nicht vom Mond.

Heute, wo viele Computerspiele die Wirklichkeit täuschend echt simulieren, Fotos von jedem Laien digital bearbeitet werden können und elektronische Tricks beim Drehen von Spielfilmen an der Tagesordnung sind, glauben viele, vor allem Jüngere, auch die Mondlandungen seien gefälscht worden, seien lediglich trickreiche Filme aus dem Studio gewesen, um der Menschheit einen riesigen Bluff vorzuspielen.

Es gibt verschiedene Umfragen dazu, die ermittelt haben wollen, dass zwischen zehn und zwanzig Prozent der Amerikaner nicht an eine echte Mondlandung glauben, in anderen Ländern sind die Ergebnisse ähnlich. Einige religiöse Fundamentalisten, etwa Hare-Krishna-Anhänger oder extreme Islamisten, glauben sogar, dass es aus theologischen Gründen unmöglich sei, dass Menschen andere Himmelskörper besuchen. Und noch immer gibt es vereinzelt politische Gruppen, die sich einen anderen Ausgang des Wettlaufs zum Mond gewünscht hätten, etwa in Kuba oder Nicaragua.

Zu der Meinung, die ganze Mondlandung sei nur eine Fälschung gewesen, mag beitragen, dass die technischen Gerätschaften, die man auf den Bildern und in den Filmen sieht, von oft geradezu lachhafter Einfachheit sind: Da sind die Füße der Landefähre mit Metallfolie umwickelt, aus der das Isoliermaterial schon an vielen Stellen herausplatzt, Leitern und Ausstiegsluken sehen bestenfalls primitiv aus, Schilder sind mit Klebeband befestigt, das Mondauto ähnelt einem Spielzeugauto, und die Raumanzüge, na ja, die sehen halt so aus, wie man das aus Spielfilmen kennt. Und der Computer des Landemoduls von Apollo 11 hatte ganze 36 Kilobyte Speicherkapazität! Das Sechziger-Jahre-Design war eben nicht gerade stromlinienförmig, und da man an jedem Gramm Ladung sparen musste, gab es eine Menge Provisorien an Bord. Betrachtet man heute die Sorgfalt, mit der zum Beispiel die Hitzeschildkacheln an der Außenseite des Space Shuttles jeweils kontrolliert werden, muten die Gegebenheiten bei den Apollo-Missionen recht abenteuerlich an.

Hinzu kommt das Wissen, dass damals die Computer im Vergleich zu heute noch völlig unterentwickelt waren. Der Rechner an Bord der Apollo-Kapsel war etwa so groß wie ein heutiger PC, hatte aber lediglich die Fähigkeiten eines heutigen Taschenrechners. Für die technikverwöhnte Jugend unserer Tage kaum zu glauben, dass man mit so etwas eine Landung auf dem Mond berechnen und steuern konnte.

Zunächst aber waren Verschwörungstheorien bezüglich der Mondlandung nur eine publizistische Randerscheinung. Hie und da erschien mal ein selbst gefertigtes Pamphlet oder ein kleiner Rundfunkbeitrag eines Unbelehrbaren, der kaum Beachtung fand. Vier Jahre nach dem letzten Besuch von Menschen auf dem Mond bei der

Oben: Improvisation und Provisorien an der Landefähre
Unten: Der schwarze Himmel über dem Mond

Apollo-17-Mission 1972 kam in den USA schließlich ein Buch heraus, das die gesamten Mondlandungen als Schwindel hinstellte. Der amerikanische Sachbuchautor Bill Kaysing veröffentlichte 1976 im Selbstverlag sein Buch ›We Never Went to the Moon: America's Thirty Billion Dollar Swindle‹ (Wir flogen nie zum Mond: Amerikas 30-Milliarden-Dollar-Schwindel).

Vom marketingtechnischen Standpunkt aus gesehen war dieses Buch sicherlich eine gute Idee. Der 2004 verstorbene Autor behauptete, dass die gesamten Mondflüge nicht in Wirklichkeit stattgefunden hätten, sondern in einem Filmstudio in der Militärbasis Area 51 unter der Regie von Stanley Kubrick gedreht worden seien. Er führte auch eine ganze Reihe vermeintlicher Beweise dafür an, etwa die Tatsache, dass auf den Fotos, die Astronauten auf dem Mond zeigen, nie Sterne zu sehen waren. »Wenn man auf dem Mond steht und hinauf in den Himmel schaut, wäre das doch, als ob man in einer klaren Nacht auf dem Gipfel von Mount Whitney steht und bis zum Horizont eine Milliarde Sterne sieht«, glaubte er. Für ihn war dieses Detail »der stärkste Beweis«.

Ein weiteres Indiz war für ihn, dass unter keinem Mondlandemodul ein Krater zu sehen war. Wegen der hohen Temperaturen, so vermutete er, hätte der Mondboden unter dem Modul schmelzen müssen, aber zumindest wäre ein großer Krater entstanden. Kaysing behauptete später auch, die Unfälle bei Apollo 1 und Challenger seien von der NASA absichtlich herbeigeführt worden, um Astronauten zum Schweigen zu bringen, die die Wahrheit hätten auspacken wollen.

Zunächst hatte Kaysing mit seinem Buch keinen großen Erfolg, es war lediglich einigen Insidern bekannt. So wusste auch der Astronaut James Lovell nicht, mit wem er es zu tun hatte, als der Autor 1997 in San José nach einem Vortrag zu ihm auf die Bühne kam und ihm sein Buch überreichte. Sie scherzten ein wenig miteinander, aber als Lovell anschließend das Buch gelesen hatte, war er wütend. Er schickte Kaysing einen Brief, in dem er betonte: »Ich selbst unternahm zwei Reisen zum Mond … Sie hörten meinen Vortrag, und ich erzähle normalerweise meinem Publikum keine Märchen.«

Als Lovell später verärgert zu einem Journalisten sagte, er halte Kaysing für verrückt (»wacky«), verklagte ihn dieser wegen übler Nachrede. Dabei war der Autor selbst auch nicht gerade zimperlich mit dem Astronauten umgesprungen. Er »hat entweder eine Gehirnwäsche hinter sich, oder er wurde hypnotisiert, umprogrammiert oder was weiß ich, damit er diese gefälschte Geschichte über seine Reise zum Mond präsentiert«.

Zwei Jahre lang prozessierten die beiden gegeneinander, bis das Gericht 1999 dem Astronauten recht gab. Aber Kaysing war ohnehin längst bankrott: Er lebte zusammen mit seiner Frau in einem Wohnwagen und hatte angeblich für die Behandlung ihrer Parkinson-Erkrankung all sein Geld ausgegeben. Seine Lage besserte sich erst wieder, als im Jahr 2001 die Fox Broadcasting Company das Thema aufgriff und eine Fernsehdokumentation dazu drehte, die mehrfach ausgestrahlt wurde. Sie engagierte Bill Kaysing als Berater. Diese Fernsehsendung mit dem Titel ›Conspiracy Theory: Did We Land on the Moon?‹ (Verschwörungstheorie: Sind wir auf dem Mond gelandet?) brachte das Thema erst richtig in die öffentliche Diskussion. Inzwischen hatten sich die Zeiten geändert, eine neue Generation war herangewachsen, der die Erinnerung an die alten Zeiten fehlte. Auch gab es mittlerweile eine ganze Reihe von aufwändigen Spielfilmen, in denen verschiedene Raumfahrtabenteuer technisch weit perfekter dargestellt wurden als in den oft recht laienhaften Dokumentar-Videos der NASA aus den sechziger Jahren.

Fußabdrücke und Reifenspuren

Die Mitwirkung der NASA an dieser Sendung war teilweise ungeschickt, teilweise arrogant. Der NASA-Sprecher Brian Welch tauchte darin ein paar Mal auf, um auf die Argumente der Verschwörungstheoretiker einzugehen. Dabei machte er einen denkbar schlechten Eindruck, da er als allwissender Hardliner auftrat, der jedes gegnerische Argument abbügelte, ohne einleuchtende Gegenargumente zu nennen. Vielleicht lag es auch in der Absicht der Filmemacher, den NASA-Vertreter arrogant und herablassend erscheinen zu lassen, aber weitgehend spiegelte der Auftritt dennoch die Haltung der NASA gegenüber der gesamten Kontroverse. Das enttäuschende Ergebnis dieses NASA-Auftritts in der öffentlichen Meinung bestärkte die Raumfahrtorganisation, sich zukünftig einfach ganz herauszuhalten.

Nach der Fernsehsendung fiel die Theorie einer groß angelegten Manipulation der Öffentlichkeit plötzlich auf fruchtbaren Boden. Viele Menschen begannen sich zu engagieren und Beweise pro oder contra zu sammeln und zu diskutieren. Weitere Autoren schwammen auf der Welle mit und brachten Bücher zu dem Thema heraus, etwa die Autoren David Percy und Mary Bennett ›Dark Moon‹, oder in Deutschland die Journalisten Gernot L. Geise oder Gerhard Wisniewski. In akribischer Fleißarbeit sammelten diese Argumente, die andere meist schon vorher ausfindig gemacht hatten, und schmiedeten daraus ihre Verschwörungstheorien.

Dies wiederum rief Verteidiger des Mondflugs auf den Plan, in Deutschland etwa den Feinmechaniker und Chemiker Matthias Lipinski aus Schortens bei Wilhelmshaven. Als der erste Mensch den Mond betrat, war er gerade zwei Jahre alt und hat, wie er sagt, »dieses große Ereignis leider verschlafen«. In seiner Kindheit und Jugend interessierte er sich für Science-Fiction-Filme; echte Raumfahrt lernte er erst später, mit dem Start des ersten US-Space-Shuttles kennen. Damit war sein Interesse geweckt. Mit dem Internet wurde vor etwa zwölf Jahren aus Interesse dann wahre Begeisterung: »Endlich kam man über dieses neue Medium an Informationen heran, für die man sonst sehr tief in die Tasche greifen musste«, freute er sich.

Gegen Ende der neunziger Jahre entstand seine erste Webseite über die Mondlandungen, deren Erfolg allerdings bescheiden blieb. Matthias Lipinski war zunächst enttäuscht: »Anscheinend interessierte sich kaum noch jemand für dieses große Ereignis.« Er stellte jedoch schnell fest, dass Webseiten großen Zulauf hatten, die Beweise für eine angeblich inszenierte Mondlandung lieferten. So kam ihm die Idee, diese Beweise der Verschwörungstheoretiker auf einer Webseite zusammenzufassen und zu widerlegen, möglichst unterhaltsam und mit einfachen Worten (*www.apollo-projekt.de*). Seit 2001 ist er damit online – mit großem Erfolg, wie er sagt. Mehr als 600 000 Menschen haben seine Webseite bisher besucht und im Forum diskutiert. »Die meisten Menschen finden es gut, wenn man solchen Verschwörungstheorien entgegentritt«, sagt er, »manche jedoch sind unbelehrbar, sie werden beleidigend und wittern überall Verrat.« Sein Publikum sind vor allem junge Leute, und das ist ganz in seinem Sinne: »Ich will vor allem die jüngere Generation ansprechen, deshalb habe ich auch einen modernen, leicht verständlichen Stil gewählt.«

Auch bei den deutschen Büchern spielte die Frage eine große Rolle, warum auf den Mondfotos keine Sterne zu sehen seien. Lipinski schreibt dazu: »Die Amerikaner sind nicht zum Mond geflogen, um Sterne zu fotografieren, sondern um ihre historische Leistung zu dokumentieren. Die Kameras wurden deshalb auch auf eine kurze Belichtungszeit eingestellt, um eine Überbelichtung der Aufnahmen durch die sehr helle Mondoberfläche zu vermeiden. Man wollte der Welt die Astronauten auf der Mondoberfläche zeigen, ihre Gerätschaften und natürlich die Mondoberfläche mit all ihren Felsen und Kratern, aber keine Sterne. Für die Sterne reichte der Kontrastumfang der Filme nicht aus. Um die Sterne am Himmel auf Film zu bannen, hätte man so lange Belichtungszeiten wählen müssen, dass die Astronauten völlig überbelichtet gewesen wären. Auch auf modernen Aufnahmen von Shuttleflügen kann man keine Sterne erkennen. Das helle Licht der Erde überstrahlt jede lichtschwächere Lichtquelle.«

Was den Krater betrifft, den die Landefähre auf dem Mondboden hätte erzeugen müssen, haben sich ebenfalls Verteidiger der NASA zu Wort gemeldet. So findet man in ›Wikipedia‹ folgende Erläuterung: »Den Fotoaufnahmen ist zu entnehmen, dass das Triebwerk der Landefähre im Boden keinen Krater verursacht hat. Verschwörungstheoretiker erwarten jedoch wegen der staubigen Oberfläche einen klar erkennbaren Krater. Dies war jedoch aufgrund der damaligen Gegebenheiten nicht möglich. So expandierte der Gasstrom aufgrund des vorherrschenden Vakuums sehr stark, als er aus der Düse trat. Die Apollo-11-Landefähre nutzte sogar kurz vor der Landung auf der Oberfläche nur ein Drittel der normalen Landeschubkraft und landete schwach horizontal, statt vertikal, wodurch nicht genügend Zeit blieb, mit der verbliebenen geringen Schubkraft einen kleinen Krater zu hinterlassen.« Und Matthias Lipinski fügt auf seiner Seite noch hinzu: »Auch die Strahltriebwerke eines Senkrechtstarters erzeugen beim Start oder der Landung auf der Erde keinen Krater. Die Triebwerke haben, je nach Ausstattung, eine Schubkraft von bis zu 105,8 KN: mehr als die doppelte Leistung eines Triebwerkes der Mondlandefähre!«

Die Diskussion, ob die Mondlandung eine Fälschung war, findet heute in erster Linie im Internet statt. Ganze Vereinigungen haben sich gegründet und erörtern hitzig die Frage pro und contra. Die »Mondbasis Clavius« (*www.clavius.org*) beispielsweise ist eine aus Amateuren und Profis bestehende Organisation, die sich dem Apollo-Programm und der bemannten Erforschung des Mondes widmet. Deren spezielles Anliegen ist es, die sogenannten Verschwörungstheorien zu widerlegen, die behaupten, eine Mondlandung hätte nie stattgefunden. Sie antworten beispielsweise auf Geises Vorwurf, die NASA habe Fotos nachträglich gefälscht, um sie detailreicher zu machen, als sie in Wirklichkeit waren: »Eine Fotoanalyse steht und fällt mit der Qualität des zur Verfügung stehenden Bildmaterials. Es ist einfach unverständlich, warum Gernot Geise minderwertige Übersichtsfotos als Grundlage seiner Untersuchungen wählt. Beinahe so, als wenn Kunsthistoriker das Gemälde der Mona Lisa anhand einer 5-Pfennig-Briefmarke beurteilen würden. Apollo-Fotos in hoher Qualität hat es immer gegeben. Früher natürlich nur als Bildabzüge bzw. als Diaduplikate. Die Behauptung, die NASA würde das Apollo-Bildmaterial auch heute noch nachbearbeiten – also fälschend verändern –, ist abwegig. Apollo war immer ein offenes und öffentliches Projekt. Viel zu vielen Menschen würde eine nachträgliche Veränderung auffallen!«

Besonders leidenschaftlich diskutieren Teilnehmer an den Foren die Frage, wie die »wehende« US-Flagge auf dem Mond zustande gekommen sein sollte. Neil Armstrong und Edwin Aldrin hatten bei ihrem Besuch auf dem Mond eine Flagge aufgestellt, die auf den Filmaufnahmen so wirkte, als wehe sie im Wind. Da der Mond aber keine Atmosphäre hat und dort deshalb auch kein Wind wehen kann, schlossen Verschwörungstheoretiker, diese Bilder seien im Studio entstanden. Wikipedia schreibt dazu: »Das ›Wehen‹ der

Die »wehende« amerikanische Flagge auf dem Mond

Flagge wurde allerdings nicht durch Wind, sondern durch anhaltende Vibrationen im luftleeren Raum nach dem Kontakt mit dem Flaggenmast verursacht. Da die Reibung der Fahne an der Luft entfällt, werden Vibrationen einer Flagge auf dem Mond – hervorgerufen durch das Einschlagen des Mastes oder das Richten der Flagge – nur durch die Steifheit des Stoffes gebremst. Zudem wies der Raumfahrtjournalist Werner Büdeler darauf hin, dass die Flagge an einer aufklappbaren Querstrebe hing und so präpariert war, dass sie wie im Wind flatternd wirkte. Bei Studioaufnahmen würde eine Flagge schlaff nach unten hängen, ein Ventilator würde Staub aufwirbeln. Bei Außenaufnahmen in windiger Umgebung wäre ebenfalls Staub und eingetrübte Sicht entstanden.« Tatsächlich belegen Analysen der Filmaufnahmen, dass die Flagge nach der Montage noch etwa eine halbe Minute lang vibrierte. Danach jedoch war keine weitere Bewegung mehr feststellbar.

Auch Lipinski unterstreicht diese Erklärung: »Der Fuß des Fahnenmastes wurde mit einem Hammer in den Boden getrieben, anschließend wurde die Fahne eingesteckt. Dabei wurden die Bewegungen des Astronauten beim Aufstellen und Ausrichten natürlich auf die Fahne übertragen. Nach dem Aufstellen pendelte die Fahne sich langsam aus und blieb anschließend in dieser Position.« Er hat bei seinen Recherchen zu dem Thema sogar noch ein paar amüsante Pannen zutage gefördert: »Trotz der guten Planung gelang es erst ab der Mission Apollo 14, die Fahne so aufzustellen, wie es ursprünglich von der NASA vorgesehen war. Am Ende der ersten Mondlandung wurde die Fahne beim Rückstart vom Triebwerk des »Eagle« umgeblasen, weil der berechnete Abstand zum Mondlander zu kurz war. Bei Apollo 12 konnte das defekte Scharnier der Querstrebe nicht einrasten, weshalb die Fahne schlaff und trostlos herabhängt. Alle Versuche Charles Conrads, diese Panne mit Klebeband zu beheben, schlugen fehl.«

Eigentlich sollte man glauben, dass sich die NASA selbst am vehementesten gegen die Unterstellungen gewehrt hätte. Aber nach dem missglückten Auftritt in der Fox-Fernsehsendung hatten sich anscheinend die Skeptiker durchgesetzt. Wer auf den NASA-Informationsseiten nach Contra-Argumenten sucht, findet nur einen kleinen Artikel, in dem darauf hingewiesen wird, dass es solche Verschwörungstheorien gibt. Dabei sage einem doch schon der gesunde Menschenverstand, dass die dort geschilderten Manipulationen nicht möglich gewesen wären. Letztlich verweist die NASA dann auf eini-

In voller Mondmontur auf der Erde

ge andere Adressen, wo man alle Gegenargumente nachlesen könne, und betont dazu, dass diese Seiten unabhängig und nicht von der NASA bezahlt seien.

Ursprünglich war geplant, ein Gegen-Buch herauszubringen, der 15 000-Dollar-Vertrag mit dem angesehenen Astronomie-Autor James A. Oberg war angeblich schon unterschrieben, aber dann machte die NASA doch noch einen Rückzieher. Ausgelöst wurde der durch eine Meldung in den ›World News Tonight‹, der allabendlichen Nachrichtensendung der ABC. Irgendwie muss der Sender von dem Vertrag mit Oberg erfahren haben, denn der Sprecher Peter Jennings verlas die Meldung: »Und nun zum Abschluss unserer heutigen Sendung. Wir wissen nicht genau, was wir von Folgendem zu halten haben: Die NASA will einige tausend Dollar ausgeben, um damit zu beweisen, dass die Vereinigten Staaten doch auf dem Mond gelandet seien.«

Jennings erzählte, die NASA sei so durcheinander von den vielen Vorwürfen, dass sie jemanden engagiert hätte, der ein Buch schreiben soll, das die Verschwörungstheorien widerlege. Ein kalifornischer Astronomieprofessor habe dazu gesagt, er halte dies für unter der Würde der NASA. Man könne sich darüber nur wundern. Obwohl sich bei genauem Hinsehen herausstellte, dass einiges an dieser Meldung nicht stimmte, war das Management der NASA entsetzt. Man befürchtete, dass wirklich das Ansehen der Organisation auf dem Spiel stand, und sorgte sich, dass Kongressabgeordnete ärgerliche Anrufe starten würden. Deshalb trat man von dem Buchvertrag mit Oberg zurück. Man bezahlte die bereits geleistete Arbeit und »wusch seine Hände in Unschuld«, wie Oberg berichtete. Dieser ist nach wie vor der Meinung, das Projekt sei nützlich, und betonte, er werde es ausführen, wenn auch mit anderer Finanzierung. Bisher ist das Buch jedoch nicht erschienen.

Kapitel 7
Flaggen, Müll und Messgeräte
Was auf dem Mond zurückblieb

»Auf dem Mond findet man Dinge,
die auf der Erde für immer verloren waren:
Tränen, Seufzer von Liebenden, vergebliche Projekte,
vergebliche Sehnsüchte, Geschenke an Prinzen
und längst vergessene Almosen.«

Giacomo Leopardi, 1898

Wo sind eigentlich die Mondstiefel geblieben, mit denen Neil Armstrong einst den berühmten Fußabdruck auf dem Mond erzeugte? Sie sind in keinem Museum und in keiner Privatkollektion eines reichen Sammlers, sondern liegen, zusammen mit Müll, schmutziger Kleidung und den Ausscheidungen der beiden Apollo-11-Mondfahrer in einer Plastiktüte auf dem Mond im *Mare Tranquillitatis*. Und das kam so, wie Apollo-Kenner Matthias Lipinski erzählt:

»Nachdem die Astronauten ihre Geräte verstaut und die Stiefel abgelegt hatten, ließen sie die Sauerstoffatmosphäre aus dem Landemodul entweichen, öffneten nochmals die Luke und warfen das nicht mehr benötigte Gerät in Plastikbeuteln ab. Dazu gehörte auch die Kamera, die auf dem Mond verwendet wurde. Bis auf die Bodenproben und die Sonnenwind-Folie verblieben alle anderen Geräte auf der Mondoberfläche.

Auch die schweren Mondstiefel. Bei diesen Stiefeln handelt es sich nicht um Teile des Druckanzugs, sondern um sogenannte Lunar Overshoes. Diese wurden über den Stiefeln des Druckanzugs getragen und waren resistent gegen die Hitze der Mondoberfläche. Anschließend wurde die Luke wieder geschlossen und die Kabine erneut unter Druck gesetzt. Dann konnten auch Helm und Handschuhe abgelegt werden, und die Astronauten durften vor dem Rückstart noch einige Stunden versuchen zu schlafen.«

Was heute schon jedem Vorschulkind beigebracht wird, nämlich dass man auf Ausflügen seinen Müll wieder mit nach Hause nimmt, hatte für die Apollo-Astronauten also keine Gültigkeit. Ursache dafür war sowohl die Sorglosigkeit der sechziger Jahre, als Umweltfragen noch keinen hohen Stellenwert hatten, vor allem aber das Problem, dass man zum Rückstart so leicht wie möglich sein musste und deshalb alles Entbehrliche auf dem Mond zurückließ. Das hatte zur Folge, dass heute auf dem Mond eine Menge Dinge liegen, die da nicht hingehören. Die Astronauten hatten keinerlei Hemmung, Gegenstände, die sie nicht mehr benötigten, wild in die Gegend zu werfen. Sechs Videoclips, die man auf YouTube betrachten kann (auf *http://de.youtube.com:80/watch?v=isVO9AAAhxM&feature=related*), geben davon Zeugnis, wie die Mondfahrer Papier, Drähte, Plastikdeckel und ganze Instrumente einfach in die Gegend schleuderten.

Und wenn sie manchmal etwas Nutzloses mit zurücknahmen, dann nur aus sentimentalen Gründen als Erinnerung, wie etwa Alan Bean den Hammer, mit dem er Mondproben entnommen hatte. Manche Dinge hatten sie allerdings auch extra mitgebracht, um sie als Erinnerung auf dem Mond zurückzulassen, etwa die Golfbälle, die Alan Shepard bei seiner Sporteinlage auf dem Mond verschossen hatte, oder diverse Flaggen.

Auch ein Kunstwerk deponierten die Apollo-15-Astronauten auf dem Mond. Es ist der ›Gefallene Astronaut‹, eine 8,5 Zentimeter große Aluminiumskulptur, die einen Astronaut im Raumanzug darstellt. Sie wurde geschaffen vom belgischen Künstler Paul Van Hoeydonck, der bei einer Dinnerparty den Astronauten David Scott kennengelernt hatte. Dieser regte ihn an, eine kleine Statuette zu schaffen, die er auf den Mond mitnehmen konnte. Sie musste verschiedene Bedingungen erfüllen: Leicht sollte sie sein und trotzdem stabil, sie sollte den extremen Temperaturschwankungen auf dem Mond widerstehen können, man durfte nicht erkennen, ob es sich um Mann oder Frau handelte oder gar, welcher Hautfarbe die dargestellte Person sei. Und weil Scott vermeiden wollte, dass der Mond kommerzialisiert würde, durfte auch der Name des Künstlers nicht bekannt gegeben werden.

Neil Armstrongs Fußabdruck auf dem Mond

Hoeydonck akzeptierte diese Einschränkungen und schuf die kleine Figur, die von Apollo 15 zusammen mit einer Gedenktafel auf den Mond gebracht wurde. Sie erinnert an die acht amerikanischen und sechs sowjetischen Raumfahrer, die auf Missionen oder bei deren Vorbereitung bis dahin ums Leben gekommen waren.

Als die Crew nach ihrer Rückkehr die Statuette bei ihrer Pressekonferenz erwähnte, wollte das National Air and Space Museum in Washington einen Abguss davon, der auch angefertigt wurde und seit 1972 zusammen mit einem Duplikat der Gedenktafel dort ausgestellt wurde. Später schuf Van Hoeydonck trotz des Einspruchs der Astronauten weitere 950 signierte Kopien und verkaufte sie für 750 Dollar das Stück. Der ›Gefallene Astronaut‹ ist bisher das einzige Kunstwerk, das speziell für den Mond geschaffen wurde.

Angenommen, Außerirdische, die nichts vom menschlichen Leben auf der Erde ahnen, würden auf dem Mond landen. Sie wären wohl äußerst erstaunt von den Gegenständen, die sie dort vorfänden. In erster Linie natürlich von den Hinterlassenschaften der Apollo-Mondfahrer. Da findet man die Unterteile von sechs Mondfähren, drei amerikanische Mondautos, Messgeräte sowie den gesamten persönlichen Müll. Dazu kommen aber noch sämtliche Raumflugkörper, die mit Absicht oder aus Versehen auf dem Mond abgestürzt sind.

So wurde beispielsweise die Landefähre von Apollo 12 nach der Rückkehr der Astronauten zum Servicemodul kontrolliert zum Absturz auf die Mondoberfläche gebracht, und auch die Fähren von Apollo 14 und 15 sind dort zerschellt. Die Aufstiegsstufe von Apollo 16 verblieb hingegen nach der Trennung unplanmäßig im Mondorbit. Vermutlich wird sie irgendwann einmal auf die Mondoberfläche stürzen. Bei Apollo 17 wurde das Landemodul abgedockt und wie bei Apollo 12 zum Absturz gebracht. Die Erschütterungen der Mondoberfläche durch den Aufprall wurden von den Seismometern erfasst, die von Apollo 12, 14, 15, 16 und 17 zurückgelassen worden waren, und ließen Rückschlüsse auf die Mondbeschaffenheit zu.

Zu diesen Hinterlassenschaften kommen noch die unbemannten Mondsonden, die auf dem Mond landeten oder dort kontrolliert zum Absturz gebracht wurden, wie etwa Luna-, Ranger- oder Surveyor-Sonden: insgesamt die erstaunliche Zahl von 64 Raketenstufen, Landemodulen sowie unbemannten Mondsonden aus verschiedenen Ländern. Alles in allem haben die Menschen rund 171 Tonnen Abfall und Schrott auf dem Mond hinterlassen, mitgenommen haben sie dafür 382 Kilogramm Mondmaterial.

Auf der Erde würden solche Dinge mit der Zeit durch die Witterung korrodieren oder sich unter dem Einfluss von Mikroorganismen langsam zersetzen. Auf dem Mond hingegen gibt es weder Wetter noch Sauerstoff noch Mikroorganismen. Alles bleibt dort demnach erhalten, es gibt keine Chance auf einen sinnvollen Verwertungskreislauf.

Das Einzige, was den menschlichen Hinterlassenschaften passieren kann, ist, dass sie von Meteoriten getroffen und zerschmettert werden oder dass die kosmische Strahlung ihr Atomgefüge verändert und sie radioaktiv macht. Es dürfte aber Hunderttausende von Jahren benötigen, bis diese Effekte eine sichtbare Auswirkung auf den Müll haben. Angesichts der kleinkörnigen Oberfläche des Mondes, die ja ausschließlich durch Meteoriteneinschläge entstanden ist, könnte man sich aber vorstellen, dass auch die Überbleibsel auf dem Mond im Lauf von Millionen Jahren von weiteren Meteoriten klein gehäckselt werden und sich wie der Regolith über weite Bereiche des Erdtrabanten verteilen. Vielleicht würde sich in ferner Zukunft einmal eine fremde Existenz bei ihrem Besuch auf dem Mond darüber

Müll auf dem Mond

Gedanken machen, woher wohl beispielsweise an manchen Stellen so viel geschmolzenes Leichtmetall stammt. Dass es einst als Landefähre für Lebewesen diente, das dürfte dann nur noch schwer zu ermitteln sein.

Aber zurück in die Gegenwart: Die einzigen Geräte, die heute noch regelmäßig benutzt werden, sind die Laserreflektoren für das Lunar Laser Ranging Experiment. Seit 1969 machen mehrere Bodenstationen auf der Erde Laufzeitmessungen von Laserpulsen zum Mond nach dem sogenannten Puls-Echo-Verfahren. Die Analyse dieser Messungen liefert eine Fülle von Parametern, die zeigen, dass der Abstand zwischen Erde und Mond nicht vollkommen starr ist. Darüber hinaus dienen sie der Grundlagenforschung: Mit ihrer Hilfe kann man nämlich eine Reihe von Voraussetzungen für die Einstein'sche Gravitationstheorie überprüfen.

Während der Missionen Apollo 11, 14 und 15 sowie der unbemannten Missionen Luna 17 und Luna 21 wurden auf dem Mond Spiegelsysteme abgesetzt. Der von Luna 17 abgesetzte Reflektor kann nicht mehr angepeilt werden, weil er wahrscheinlich beim Rückstart der Landefähre mit Staub bedeckt wurde. Mit den anderen arbeiten Physiker und Geologen heute noch. Man strahlt extrem kurze Laserpulse von Stationen auf der Erde – beispielsweise vom Wettzell Laser Ranging System im Bayerischen Wald – zu den Reflektoren hoch. Diese sind nicht einfach glatte Spiegel, sondern bestehen aus bis zu 300 Prismen, die Strahlen aus allen Richtungen zurückwerfen. So werden auch die leuchtend grünen Laserpulse zurück zur Bodenstation reflektiert. Dort messen Detektoren die Laufzeit vom Abgang eines Pulses bis zu dessen Rückkehr.

So einfach, wie das klingt, ist es in der Realität allerdings nicht. Der Laserpuls, der etwa 2,55 Sekunden unterwegs ist, muss ja nicht nur eine Strecke von im Mittel 384 400 Kilometern hin und zurück durchlaufen, sondern er muss auch zwei Mal die Erdatmosphäre durchdringen. Dort wird er aufgeweitet, teilweise reflektiert und durcheinandergewirbelt. Man muss sich vorstellen, dass der zunächst messerscharfe Strahl auf seinem Weg zum Mond so stark gestreut wird, dass er dort oben eine Fläche von rund zwanzig Quadratkilometern beleuchtet.

Der Spiegel ist aber nur einen Quadratmeter groß. Deshalb kommt nur wenig Licht dort an; und auf dem Rückweg geht noch einmal der gleiche Prozentsatz verloren. Der Hauptspiegel des Teleskops in Wettzell ist beispielsweise nur 75 Zentimeter im Durchmesser.

»Vor allem die Atmosphäre stellt ein beträchtliches Hindernis dar«, schreiben die Forscher in Wettzell auf ihrer Homepage. »Zum einen führt die Luftunruhe zu Wellenfrontverschiebungen des Sendesignals und damit zu einem Herumtanzen des ›Lichtflecks‹ auf der Mondoberfläche. Zum anderen schwächt sie den Puls durch Extinktion und Lichtstreuung. Auch der Mond selber verursacht Probleme für die Messung. Er ist das hellste Objekt am Nachthimmel und stellt somit eine erhebliche Quelle für Detektorrauschen dar. Dieses Rauschen ist in der Regel so dominant, dass alle Laserechos davon zugedeckt werden. Man hilft sich hierbei mit einigen Filtermethoden.«

Das Gelingen einer Laufzeitmessung ist vom Wetter abhängig, ebenso von den Mondphasen: Bei Vollmond hat man zu viel Störlicht, welches die Reflektortreffer überdeckt, bei Neumond fehlen optische Orientierungshilfen wie etwa Mondkrater. Man benötigt sie, weil die Reflektoren so klein sind, dass man sie im Teleskop nicht sehen kann. »Die Ausrichtung des Teleskops muss aber bis auf etwa zwei Bogensekunden genau und über einen Zeitraum von mehreren Stunden hinweg stabil sein«, erklärt Ulrich Schreiber, Professor an der TU München, »dies ist eine hohe Anforderung an die Teleskopmontierung.«

Trotz aller Schwierigkeiten liegen bis heute weltweit mehr als 10 000 erfolgreiche Messungen zum Mond vor. Sie wurden seit 1969 im Wesentlichen vom McDonald Observatory in Texas, dem Observatoire du Calern in Grasse und dem Lure Observatory auf Hawaii durchgeführt, in jüngster Zeit vereinzelt auch von der Fundamentalstation Wettzell. Aus den gewonnenen Werten können die Wissenschaftler sehr genaue Aussagen treffen über die Rotation der Erde und des Mondes, über die Verformung der Erde durch die Erdgezeiten und vieles mehr, vor allem aber über die Veränderung des Abstands zwischen Erde und Mond. Dabei fanden sie: »Aufgrund der Gezeitenreibung rotiert die Erde immer langsamer; da aber der Drehimpuls im Erde-Mond-System erhalten bleibt, entfernt sich der Mond jährlich um 3,8 cm von der Erde.«

So ist also nicht alles nutzloser Schrott, was auf dem Erdtrabanten herumliegt. Dennoch glauben offenbar manche, der Mond könne als Abfalldeponie für die Erde dienen. Einige Menschen und Firmen sehen es offenbar allen Ernstes als gute Lösung für unser irdisches Müllproblem an, den Abfall einfach auf den Mond zu schießen. So versuchte ein Blogger, der sich »Mason Says« nennt, diese Idee sogar über eBay zu verkaufen – was ihm allerdings nicht gelang. Eines Tages, so meinte er in einem Internet-Forum, werden wir bis zum Hals im Müll stehen und verzweifelt versuchen, diesen sonst wo loszuwerden. Natürlich wolle ihn niemand in der eigenen Nachbarschaft, aber damit käme eines Tages unser ganzer Planet nicht mehr als Deponie in Frage. »Wir wollen den Müll da, wo er nie ein Lebewesen schädigen kann, so wie er das über viele Jahre mit uns gemacht hat.« Widerstand gegen die Idee komme nur von Menschen, die den Mond als »romantisches Objekt« sähen. Anstatt ihm bessere Lösungen wie Recycling anzubieten, stimmt aber die Forumgemeinde offenbar begeistert zu. Einer hat lediglich die Sorge, dass der Mond, wenn er zu stark mit Müll überladen würde, auf die Erde stürzen und dort ein Armageddon auslösen könnte.

Ein anderes Angebot, das ebenfalls nicht wahrgenommen wurde, fand man im Internet-Auktionshaus eBay im April 2004: Es bot die Möglichkeit an, Ungeliebtes auf den Erdtrabanten schießen zu lassen. Die US-Firma Orbital Development in Nevada wollte als Mindestgebot sechs Millionen Dollar. Dafür hätte es einen Container und ein Raumschiff gegeben, das zum Mond fliegt – ohne Garantie für den Container-Inhalt. Der Meistbietende sollte sich die Einschlagstelle auf dem Mond sogar aussuchen können.

Sogar als sichere Deponie für Atommüll wurde der Mond eine Zeit lang gehandelt. Erst die Vorstellung, eine mit hoch radioaktivem Abfall beladene Rakete könnte beim Start abstürzen und viele Quadratkilometer Erde und Meer mit ihrem langlebigen Müll praktisch für immer verseuchen, hielt Offizielle und Politiker davon ab, ein solches Szenario weiter zu verfolgen.

Obwohl nun wieder Menschen auf dem Mond landen sollen, ist die Idee, ihn als Mülldeponie für die Erde zu benutzen, noch immer nicht aus den Köpfen verschwunden. So regt beispielsweise eine Chicagoer Initiative mit dem Namen »Garbage on the Moon« (Müll auf dem Mond) im Internet an, 150 Millionen Dollar zu sammeln, um damit eine Tonne Müll aus einer Deponie in West Virginia auszugraben, ihn in Form eines riesigen menschlichen Kopfes zu pressen und mit einer Rakete auf den Mond zu schießen. Das Projekt solle eine Mischung sein aus Kunstperformance, ökologischer Bemühung

Sammeln von Mondstaub und Mondgestein

und ausgefallener Idee. Es will damit die erste groß angelegte Kunstinstallation im Weltraum schaffen. Es bleibt eigentlich nur zu hoffen, dass die Erfinder der Initiative nicht das nötige Geld aufbringen.

Sinnvoller erscheint da schon eine Initiative der NASA, die erstmals Bemühungen für den nachhaltigen Umgang mit Müll auf dem Mond unterstützt. Die Astronauten sollen – sobald eine Mondstation errichtet ist – den Abfall sinnvoll nutzen. Schon die bisherigen Apollo-Mondfahrer mussten Fachleute auf vielen verschiedenen Gebieten sein: als Piloten ihre Raumfahrzeuge steuern, als Geologen interessante Steine auf dem Mond identifizieren, als Astronomen im All navigieren und als Hilfsmediziner mit Krankheiten umgehen, falls diese auf ihrer Reise Tausende von Kilometern von der Erde entfernt auftraten. Ihre zukünftigen Kollegen sollen nun auch noch Landwirte werden.

Schon bisher hatten Planer für eine Mondstation die Aufzucht von Pflanzen in ihr Kalkül mit einbezogen. Man geht davon aus, dass man sie auf dem Regolith des Mondbodens anbauen kann, vorausgesetzt, man gibt ihnen Luft, Wasser, Licht und Dünger. Nun haben Forscher am Ames and Glenn Research Center der NASA eine Maschine namens Vortex (Vortical Oxidative Reactor Technology Experiment) erfunden, die aus dem Abfall der Astronauten Dünger herstellt. Dazu verbrennt sie den Müll, der auf dem Mond entsteht, ebenso wie die organischen Hinterlassenschaften der Raumfahrer bei Langzeitmissionen in Raumkapseln. So kann man gleich zwei Probleme lösen: Erstens erhält man wertvollen Dünger, und zweitens verwertet man die Abfälle und vermindert damit ihre Menge.

Auf der Erde etwas zu verbrennen ist relativ einfach. Man zündet es an, und die Flammen breiten sich aus. In der Schwerelosigkeit geht das nicht, dort verbrennen Dinge ganz anders als auf der Erde. Das Feuer ist normalerweise viel schwächer, breitet sich nicht ohne Weiteres von selbst aus und benötigt eine ständige Luftzufuhr. Vortex löst das Problem, indem es den Müll über einem Brenner herumwirbelt. So bleibt das Material lange genug im Luftstrom, um zu verbrennen. Ähnliche Anordnungen gibt es auch auf der Erde, aber bei ihnen schweben die Müllpartikel auf dem Luftstrom von unten, während die Gravitation sie nach unten zieht. Solche Anlagen müssen für die Schwerelosigkeit oder für den Betrieb auf dem Mond modifiziert werden, denn dort zieht nichts oder nur eine geringe Kraft die Teilchen nach unten. Das neu geschaffene System soll nun bei Parabelflügen in der Schwerelosigkeit getestet werden.

Neben Dünger könnte eine solche Verbrennungsanlage auf dem Mond noch weitere lebenswichtige Materialien produzieren, denn bei der Verbrennung organischer Abfälle entstehen Asche, Kohlendioxid, Wasser und Hitze. Wahrscheinlich ist das Wasser dabei der wichtigste Bestandteil und könnte die jeweilige Astronautenmannschaft versorgen. Man könnte es aber auch durch elektrischen Strom aufspalten in Wasserstoff und Sauerstoff. Asche wäre ein guter Dünger für Pflanzen, die gleichzeitig das Kohlendioxid erhielten, das sie für die Photosynthese benötigen. Sie würden damit ihrerseits Sauerstoff erzeugen, den die Astronauten einatmen. Durch eine chemische Reaktion könnte man aus dem gewonnenen Wasserstoff und

Kohlendioxid auch Wasser und Methan erzeugen. Dieses ist wiederum geeignet als Treibstoff für den Brenner. »Mit dieser Müllverwertung könnten die Bewohner einer Mondstation oder die Raumfahrer auf Langzeitmissionen Dinge, die heute nutzlos erscheinen, in lebenswichtige Rohstoffe umwandeln«, freut sich die NASA.

Kapitel 8
Verrückt oder gläubig? Wie die Reise zum Mond die Astronauten verändert hat

»Jetzt, wo wir den Mond … verlassen, gehen wir, wie wir gekommen sind, und wie wir, so Gott will, wiederkommen werden, mit Friede und Hoffnung für die ganze Menschheit.«

Apollo-17-Astronaut Eugene Cernan,
der (bisher) letzte Mann auf dem Mond

Es ist der exklusivste Club der Welt, und er hatte nur zwölf Mitglieder. Neun davon leben noch, und auch sie sind nicht mehr die Jüngsten. Es handelt sich um die Menschen, die jemals ihren Fuß auf den Mond gesetzt haben. Drei starben, nämlich James Irwin, Alan Shepard und Charles Conrad: durch Herzinfarkt, Krebs und einen Motorradunfall. Aber die Mondlandungen sind mehr als 35 Jahre her, und ihre damals jugendlichen Helden im Alter zwischen 35 und 45 sind mittlerweile ältere Herren über siebzig geworden. Es ist ein seltsamer Gedanke, dass es in wenigen Jahren niemanden mehr auf der Erde geben wird, der sagen könnte, er habe den Mond betreten.

Der Glanz der Jugend ist also verschwunden, aber gleichzeitig haben die Astronauten inzwischen fast ein ganzes Leben hinter sich, ein Leben, das intensiv geprägt war von ihrer Reise zum Mond. Da lohnt es sich, ihre Lebensläufe zu überprüfen und zu fragen, welche Spuren dieses Abenteuer bei den Einzelnen hinterlassen hat, in welche Richtung sie sich entwickelt haben und ob dieses einmalige Erlebnis ihre Weltsicht verändert hat. Alan Bean, einer von ihnen, hat vermutet, dass alle Mondfahrer als »mehr zurückkamen, als sie schon waren«, dass aber die Bereitschaft zu jeder Veränderung bereits vorher in jedem Einzelnen von ihnen angelegt war.

Jedenfalls hat sich bei den meisten von ihnen ihre Existenz dramatisch zugespitzt. In der Tat scheint kaum einer der zwölf Männer danach ein ganz »normales« Leben geführt zu haben, wenn auch jeder seine Eigenarten auf eine eigene Art und Weise auslebte. Aber was ist schon normal? Klar ist, dass ein Mann, der damals von der NASA ausgewählt wurde, um auf den Mond zu fliegen, kein Durchschnittsbürger sein konnte. Es handelte sich durch die Bank um Piloten oder sogar Testpiloten, also ohnehin wagemutige Männer, die eine erstklassige, technisch orientierte Ausbildung hinter sich hatten. Manche von ihnen waren auch im Koreakrieg gewesen.

Mitte der sechziger Jahre, als das Apollo-Programm anlief, wurden sie aus einem größeren Kader von Anwärtern ausgesiebt, und mit Sicherheit zog man dabei diejenigen vor, die sich irgendwie hervorgetan hatten, wie etwa Buzz Aldrin, der neue Werkzeuge für die Weltraumspaziergänge der Astronauten entwickelt und damit diesen Missionen einen Teil ihrer Gefährlichkeit genommen hatte. Es waren also nur die Besten der Besten und die Wagemutigsten der Wagemutigen, die sich auf den Flug zum Mond vorbereiteten. Im Bewusstsein ihrer Besonderheit genossen diese »Ritter des Jet-Zeitalters«, wie sie der Schriftsteller Tom Wolfe genannt hat, damals das Leben, fuhren große Straßenkreuzer oder schnelle Sportwagen und ließen es in Cocoa Beach südlich von Cape Canaveral oder in Houston, Texas, so richtig krachen.

Danach, als sie vom Mond zurückgekehrt waren, versanken sie zunächst in einem Strudel aus öffentlichen Verpflichtungen, der Ruhm forderte seinen Tribut. Einige mussten sogar weltweite Propagandatourneen absolvieren, um vom Ruhm der amerikanischen Raumfahrt zu künden. Da blieb zunächst nichts übrig vom früheren Leben, Frau und Kinder standen zurück oder wurden verlassen. Neue, junge, schöne Frauen warfen sich den Helden der Nation an den Hals, und Angebote vom Film, von Verlagen, aus der Industrie und von PR-Agenturen häuften sich. Manch einer der Männer verlor dabei den Überblick und schlitterte in ein Leben hinein, das er so gar nicht gewollt hatte. Eines aber blieb bestehen: die einzigartige Erfahrung, auf dem Mond gestanden und zurück zur Erde geblickt zu haben, und diese Erfahrung hat jeder der Astronauten anders verarbeitet. Einige wurden extrem öffentlichkeitsscheu und versuchten, ihr Leben vor den Medien zu schützen, andere stürzten sich begeistert in die neue Berühmtheit. Manche wurden religiös oder begannen, okkulten Theorien anzuhängen, andere versuchten, beruflichen Erfolg aus ihrer Popularität zu ziehen.

Dies schafften jedoch nicht alle, so dass einige später mit großen finanziellen Schwierigkeiten zu kämpfen hatten. Während heute schon jeder Fußball-Nationalspieler Hunderttausende Euro bekommt, wenn er an großen Entscheidungsspielen teilnimmt, haben die Astronauten nie viel verdient. Obwohl die Live-Übertragung der ersten Mondlandung das größte Medienereignis der Welt mit geschätzten 600 Millionen Zuschauern war, fielen für die Protagonisten selbst nur ein paar Dollar ab. Für die Reise zum Mond erhielt beispielsweise Buzz Aldrin von der NASA Reisekosten von absurden 33,31 Dollar. Das geht aus einer Abrechnung hervor, die er in seiner Wohnung gerahmt an die Wand gehängt hat. Dies ist wohl auch ein Grund dafür, warum die meisten Astronauten kurz darauf die NASA verließen: Sie wollten ihre Popularität nutzen, um Geld damit zu machen. Dem einen gelang das besser, dem anderen schlechter.

Das Zeitalter der bemannten Raumfahrt war 1972 zu Ende, und die Mondfahrer mussten sich nun in einer neuen Welt zurechtfinden, die zu großen Teilen von den Medien bestimmt war. Und wie auch Nobelpreisträger oft leidvoll erfahren haben, ist es für jemanden, der das öffentliche Interesse an seiner Person nicht gewohnt ist, äußerst schwierig, plötzlich unter den Augen der Öffentlichkeit zu leben.

Ziemlich rational ging Neil Alden Armstrong, der erste Mann auf dem Mond, mit seiner neuen Rolle um. Ihm war von Anfang an klar, dass er keine zweite Chance zu einer Mondlandung bekommen würde, und ein Bürojob bei der NASA kam ihm nicht sehr verlockend vor. Trotzdem arbeitete er noch gut ein Jahr bei der NASA als höherer Verwaltungsangestellter, aber dann stieg er dort aus und machte sich im August 1971 selbstständig. Zunächst nahm er eine Professorenstelle an der Fakultät für Raumfahrttechnik an der Universität von Cincinnati an. Dass er diese Stelle erhalten hatte, war im Grunde erstaunlich, denn er war nicht einmal promoviert, sondern hatte nur ein Master-Degree, war also sozusagen ein Seiteneinsteiger. Acht Jahre lang lehrte er dort; als die Universität jedoch verstaatlicht wurde, verließ er sie. Als Experte für Raumfahrt nahm Armstrong an zwei technischen Untersuchungsausschüssen teil: Zuerst 1970 an der

Neil Armstrong

Kommission, die den Apollo-13-Unfall auf seine Ursachen hin abklopfte, und 1986 wurde er Vizechef des Gremiums, das den Absturz des Space-Shuttles Challenger durchleuchtete.

Nachdem er sich zunächst trotz lukrativer Angebote geweigert hatte, für Industriefirmen zu arbeiten, ließ er sich nach seinem Abgang von der Universität nun doch von Chrysler engagieren, angeblich, weil er dessen Forschungsabteilung für interessant hielt. Ab Januar 1979 trat er in Firmenanzeigen auf, später ließ er sich ebenfalls als Werbe-Ikone von anderen Unternehmen bezahlen – es mussten aber immer amerikanische Firmen sein. Parallel dazu ließ er sich in die Vorstände verschiedener weiterer Unternehmen berufen.

Die Scheidungswelle, die seine Astronautenkollegen nach dem Mondflug erfasste, ging an ihm spurlos vorüber. 38 Jahre war er mit seiner Frau Janet verheiratet, und die beiden haben drei Kinder. Erst viel später, im Jahr 1994, ließ sich Armstrong scheiden, nachdem er Carol Held Knight kennengelernt hatte. Bei einem Golfturnier saßen sie zusammen am Frühstückstisch, und trotz seiner Berühmtheit sprach sie kaum mit ihm. Das schien ihm imponiert zu haben, denn einige Wochen später rief er sie an und fragte, was sie gerade tue. Als sie erzählte, dass sie soeben einen Kirschbaum absäge, war er 35 Minuten später bei ihr und half ihr dabei. Am 12. Juni 1994 heirateten sie. Dass sich jemand nicht sofort auf ihn als Berühmtheit stürzte, war offenbar die große Ausnahme für Neil Armstrong. Nach seinem

Mondflug war er die Marilyn Monroe der wissenschaftlichen Welt, und jeder wollte mit ihm sprechen, ein Autogramm von ihm oder wenigstens ein Foto mit ihm. Das ging ihm allmählich so auf die Nerven, dass er sich ab 1994 strikt weigerte, Autogramme zu geben. Briefe, die ihm mit diesem Wunsch zugesandt werden, schickt er mit einem entsprechenden Formbrief wieder zurück. Gleichzeitig wollte er wohl auch verhindern, dass seine Mondkollegen zu sehr in seinem Schatten standen.

Besonders hatte ihn abgestoßen, dass andere Leute mit seinem Namen Geschäfte machten. Sein Autogramm wurde schon in den neunziger Jahren mit bis zu 1000 Dollar gehandelt. Firmen, die unautorisiert sein Bild oder seinen Namen benutzten, verklagte er. So hatte etwa Hallmark seinen Namen und die Tonbandaufnahme seines Satzes »Ein kleiner Schritt …« auf einer Weihnachtskarte verwendet. Armstrong und Hallmark verglichen sich außergerichtlich, er spendete das Geld an seine alte Hochschule in Purdue. Den Vogel schoss aber sein Friseur Marx Sizemore ab. Er verkaufte die abgeschnittenen Haare Armstrongs 2005 für 3000 Dollar an einen Sammler, ohne Armstrong vorher zu fragen. Dieser brachte ihn vor Gericht, und er musste das Geld für einen wohltätigen Zweck spenden.

Neil Armstrong verweigerte sich auch politischen Parteien. Andere Astronauten hatten sich für politische Zwecke einspannen lassen, etwa der Mercury-6-Kommandant und Shuttle-Teilnehmer John

Alan Shepard

Glenn, der Senator von Ohio war, und Jack Schmitt als Senator für New Mexico. Und Alan Shepard, der Apollo-14-Astronaut, der 1998 an Leukämie verstarb, war 1971 von Präsident Richard Nixon für ein halbes Jahr als Delegierter in die UN-Vollversammlung entsandt worden. Ansonsten hatte er sich nach seiner aktiven Zeit bei der NASA ab 1974 in der freien Wirtschaft engagiert, was ihn bald zum Millionär machte. Er wurde Vorsitzender der Marathon Construction Corp. in Houston und der Windward Distributing Company und trat dem Aufsichtsrat mehrerer Firmen bei. Seine eigene Firma Seven Fourteen Enterprises diente als Holding für weitere geschäftliche Aktivitäten.

Armstrongs extreme Zurückhaltung der Öffentlichkeit gegenüber begünstigte natürlich die Legendenbildung. So sagte Norman Mailer, der mit ›Of a Fire on the Moon‹ (Auf dem Mond ein Feuer) 1971 ein Buch über die bemannte Mondlandung veröffentlicht hatte, über ihn: »Er war außerordentlich unnahbar. Er war einfach nicht wie andere Männer ...« Dass sich sogar Mailer die Zähne an Armstrong ausbiss, wiegt besonders schwer, denn Mailer hatte für seine Recherchen schon ganz andere Problemfälle interviewt, darunter Berühmtheiten und zum Tode verurteilte Verbrecher. Michael Collins, der ihn als Apollo-11-Kollege besonders gut kannte, schrieb, dass Armstrong »niemals etwas Überraschendes zuließ«. Während ihn viele Leute für arrogant, wortkarg und kaltschnäuzig halten, erzählen andere, vor allem engere Freunde, er sei ein warmherziger Familienvater und er könne hervorragend Ragtime auf dem Klavier spielen.

Dass Armstrong aber doch sehr kaltblütig ist, beweist nicht nur seine improvisierte, handgesteuerte Landung auf dem Mond, sondern auch folgende Anekdote: Im Herbst 1979 arbeitete er auf seiner Farm in Lebanon, Ohio. Als er vom Mähdrescher sprang, verfing sich sein Ehering in einem Rad, das ihm den Ringfinger abriss. Er sammelte den abgerissenen Finger auf, legte ihn auf Eis und ließ sich ins Krankenhaus nach Louisville fahren, wo man ihn wieder annähte.

Der genaue Gegenpol zu Armstrong ist sein Gefährte aus Apollo 11, Edwin Eugene, genannt »Buzz« Aldrin, der bei der Apollo-11-Mission nach Neil Armstrong als zweiter Mensch überhaupt den Mond betrat. Er war der smarteste, der intelligenteste, begabteste, aber wohl auch der eitelste, emotionalste und labilste unter all den Männern, die je auf dem Mond spazierten. Schon seine erste Frau Joan beschrieb ihn in ihrem Tagebuch als eine »kuriose Mischung zwischen großartigem Selbstvertrauen, Arroganz und Bescheidenheit«. Sein Kollege Michael Collins rühmte ihn, er hätte einen exzellenten Schachspieler abgegeben, er habe immer zwei Schritte vorausgedacht, immer die Probleme schon gelöst, bevor sie richtig auftraten, und die Raumfahrt verdanke ihm viel.

Andererseits kursieren Geschichten über Aldrin, die nicht gerade schmeichelhaft sind. So wird Aldrin vorgeworfen, dass er mit allen Mitteln versucht haben soll, als erster Mensch den Mond zu betreten. Er habe dafür intrigiert und sogar seinen Vater bei NASA-Offiziellen antichambrieren lassen, genützt hat es ihm nichts. Diese Offiziellen, Chris Kraft, Deke Slayton, Robert Gilruth und George Low, beschlossen in einer geheimen Sitzung, dass Armstrong der geeignetere Mann sei, um mit dem zu erwartenden Ruhm würdig umzugehen. So durfte letztlich der Kommandeur Neil Armstrong als Erster aus der Mondlandefähre Eagle klettern.

Aus Eifersucht hat Aldrin angeblich kein einziges Foto von Armstrong gemacht, als dieser auf dem Mond war, und als ihn der Kollege aufforderte, wenigstens ein Erinnerungsbild mit ihm neben der soeben aufgestellten US-Flagge zu schießen, soll er sich mit der Ausrede geweigert haben, er habe anderes zu tun. In der Tat existiert kein einziges vernünftiges Foto von Armstrong auf dem Mond. Mit Gegnern sprang Aldrin nie besonders sanft um. So kann man bei YouTube einen 19-Sekunden-Film sehen (*http://www.youtube.com/watch?v=mQKxAqpjroo*), der zeigt, wie er 2002 einem jungen Mann einen Kinnhaken verpasst, nachdem dieser ihm vorgeworfen hatte, nie auf dem Mond gewesen zu sein.

Der Ruhm sei Aldrin – der seinen Spitznamen Buzz von seiner Schwester erhalten haben soll – nicht gut bekommen, schrieb Michael Collins, und er ärgere sich immer noch mehr darüber, dass er nur der zweite Mann auf dem Mond war, als sich darüber zu freuen, überhaupt dort gewesen zu sein. Trotzdem mache er eine sehr gute Figur, sehe umwerfend gut aus und habe eine glänzende Ausstrahlung, allerdings sei er ein schlechter Redner und Kommunikator. Bei technischen Dingen war Aldrin immer ganz kaltblütig, so stieg sein Puls beim Start der Apollo-Mission nicht über 110, aber bei der NASA galt er als Agitator und politischer Spieler. Auf viele wirkt der aktive Freimaurer arrogant, und so wurde er immer mehr zum Einzelgänger und stand in der Hackordnung der Astronauten nicht sehr weit oben.

Buzz Aldrin

Im Jahr 1973 veröffentlichte Buzz Aldrin das Buch ›Return to Earth‹ (Rückkehr zur Erde), in dem er den »schwierigen Übergang in der Mitte seines Lebens« schilderte, der auf seine »historische Mondmission« folgte. Die Luftwaffe hatte ihn zum Leiter der Raumfahrtschule auf der Edwards Air Base in Kalifornien gemacht, und er hatte seine Familie verlassen, weil er mit seiner langjährigen Freundin Marianne zusammenleben wollte; beides ging schief. Er wurde zum Alkoholiker und litt unter Depressionen, hatte Angst davor, im Dunkeln zu schlafen. Das Buch endet damit, dass er sich in psychiatrische Behandlung begibt, was natürlich das Ende seiner militärischen Karriere bedeutete. Er versuchte in San Fernando Valley wieder mit seiner ersten Frau Joan und der Familie zusammenzukommen, aber auch das gelang nicht. Damals war er 42 Jahre alt und wusste nicht, wie es weitergehen sollte. Er heiratete erneut, aber erst ganz allmählich gelang es ihm, seine Alkoholsucht zu überwinden. Heute betont er auf seiner Homepage, dass er seither gegen Drogenmissbrauch kämpft und selbst seit 25 Jahren nüchtern ist. Auch beruflich ging es wieder aufwärts, er wurde Wirtschaftsberater.

Das Schlimmste war Mitte der achtziger Jahre überstanden, und nun wandte sich auch sein Privatleben zum Guten: Am Valentinstag 1988 heiratete er Lois Driggs aus Phoenix, die ebenso wie er engagiert für eine Zukunft der bemannten Raumfahrt kämpft. Er entwarf eine Raumstation, für die er 1993 ein Patent erwarb; und mit der 1996 von ihm gegründeten Firma Starcraft Boosters entwickelte er innovative Designkonzepte und wiederverwendbare Raketen für den Flug zum Mars. Ferner gründete er die ShareSpace-Foundation, eine gemeinnützige Stiftung, die den Weltraumtourismus fördern will. Außerdem schrieb er zwei Science-Fiction-Romane, die beide im Raumfahrtmilieu spielen. Nach wie vor blieb er jedoch ein Mann der Extreme. So nahm er beispielsweise an einer Tiefsee-Expedition zur Titanic teil und fuhr an Bord eines russischen Eisbrechers zum Nordpol.

Dass Buzz Aldrin in NASA-Kreisen als »Nestbeschmutzer« gilt, lag in erster Linie an einigen Passagen seines Buches ›Return to Earth‹. Darin hatte er verschiedene wohlgehütete Geheimnisse aufgedeckt, die zeigten, dass die Helden der Nation auch ganz menschlich waren. So erzählte er etwa, dass die Weltraumspaziergänge früherer Astronauten längst nicht so reibungslos verlaufen waren, wie die Öffentlichkeit dies geglaubt hatte. Einige Male sei hier das Leben der Teilnehmer in Gefahr gewesen. Weiter deckte er auf, dass er, während die Welt voller Spannung auf ihn starrte, als Erstes auf dem Mond ein wenig Staub aufwirbelte und danach in seinen Raumanzug pinkelte. Das Wasserlassen sei im Weltraum überhaupt schwierig gewesen. Die dafür bestimmten Kondome seien zu weit gewesen, da in der Schwerelosigkeit »nicht nur unsere Beine verkümmerten«. Außerdem verriet er, dass er und einige Kollegen den Avancen von Groupies nicht hatten widerstehen können und außereheliche Verhältnisse begonnen hatten. Und zu allem Überfluss behauptete er auch noch, der berühmte Satz seines Commanders Armstrong »Ein kleiner Schritt …« stamme aus der Feder eines NASA-Presseoffiziers, was die NASA vehement bestritt.

Obwohl er bei der NASA nicht mehr geschätzt wurde, war Aldrin weiterhin bestrebt, seine Kenntnisse als Raumfahrtexperte nützlich einzusetzen, und so erwog er, als Berater nach China zu gehen, das ebenfalls ein Raumfahrtprogramm beginnt und sogar eine Marsmission plant. Als in den neunziger Jahren jedoch auch in den USA wieder Raumfahrtträume aufkamen, beschloss Aldrin, dort zu bleiben. Er entwarf einen genialen Plan, wie ein Transporter ohne Treibstoffzufuhr ständig zwischen Mars und Erde hin- und herfliegen und dabei Transporte zwischen den beiden Planeten ausführen könnte. Dazu berechnete er eine Bahn, auf der der Transporter beim Umlauf um die Sonne jeweils Schwung holen und auf diese Weise hin- und herpendeln könnte.

Heute ist der inzwischen 78-jährige Aldrin einer der engagiertesten Verfechter einer erneuten Mond- und einer baldigen Marsmission. Seit 2002 ist er Vorsitzender der Kommission zur Erforschung der Zukunft der amerikanischen Luft- und Raumfahrtindustrie. Privat lebt er in Südkalifornien, hält Vorträge, tritt im Fernsehen als Raumfahrtexperte auf und berät Firmen bei Filmproduktionen.

Mit den Herausforderungen nach der Mondlandung kam Edgar Mitchell, der Pilot der Mondfähre von Apollo 14, weit besser zurecht. Er war wie seine Kollegen Testpilot, außerdem hatte er in Naturwissenschaften promoviert, war also hauptsächlich technisch und rational orientiert. Am 4. April 1966 wurde er in das Astronautenkorps der NASA aufgenommen.

Als der 41-Jährige jedoch auf dem Rückflug von seinem Besuch auf dem Mond war, hatte er – wie er sich danach erinnerte – eine Erfahrung, auf die ihn nichts in seinem früheren Leben vorbereitet hatte: Als er sich unserem Heimatplaneten wieder näherte, wurde er von einer inneren Überzeugung erfüllt, die ihm so sicher erschien wie die Lösung einer mathematischen Gleichung. Er wusste plötzlich, dass die wunderschöne blaue Kugel, auf die er zurückkehrte, Teil eines lebendigen, harmonischen Systems sei, an dem wir alle teilhaben. Er nannte es später »ein Universum des Bewusstseins«. Diese Erkenntnis widersprach all seinem früheren, naturwissenschaftlich ge-

Edgar Mitchell

prägten Denken; es war, als hätte ihn mit einem Mal eine neue Art des Wissens überkommen, das seine Weltsicht radikal veränderte.

Zu jener Zeit ging auch seine Ehe mit Louise Randall in die Brüche. Dem Journalisten und Buchautor Andrew Smith gegenüber gab Mitchell 2001 zu, dass es schwierig für seine Familie gewesen sei, weil er nie zu Hause und zu sehr von seinem Beruf absorbiert war. Während er seinem Traum nachjagte, »gab es nie richtige Sicherheit für sie, und für Mutter wie Kinder bedeutete unser Lebensstil, dass sie immer wieder Freunde und Spielkameraden zurücklassen mussten«, wenn der Vater von Raumfahrtzentrum zu Raumfahrtzentrum zog. Am 1. Oktober 1972 schied er bei der NASA aus und gründete eine eigene Firma, die Edgar Mitchell Corporation in Palm Beach, Florida.

Mitchell wandte sich nun außerdem der Erforschung des Bewusstseins zu. Er glaubte, dass man sich als Nächstes dem noch unerforschten Gebiet des menschlichen Geistes annähern musste, und gründete zu diesem Zweck 1973 das Institut für »Noetic Sciences« (IONS). Das schwer übersetzbare Wort »noetic« ist ein Kunstwort, das dem griechischen »nous« nachempfunden wurde. Nach Angaben des Instituts bedeutet es »inneres Wissen« und eine Art von intuitivem Bewusstsein, das direkte und plötzliche Begreifen, das man manchmal erlebt und das weit über unsere normalen Sinne und die Kraft der Vernunft hinausgeht – eine Art paranormales Phänomen also. Und in der Tat beschäftigt sich das Institut auch mit derartigen Themen, etwa außersinnliche Wahrnehmung, Geistheilung, Gedankenübertragung und Ufos.

Zunächst leitete Ed Mitchell das Institut selbst, zusammen mit seiner neuen Freundin Anita Rettig, die er nach seiner Scheidung heiratete und deren beide Kinder er adoptierte. Aber die Krise kam schnell: Es wurde immer schwieriger, Geld zu beschaffen, und seine Anhänger verehrten ihn wie einen göttlichen Guru, und das war alles andere als das, was Mitchell wollte. Von radikalen Fans wurden die zwölf Mondfahrer mit den zwölf Aposteln gleichgesetzt, und die Sache geriet immer mehr außer Kontrolle. Schließlich zog Mitchell die Notbremse und trat 1982 als Präsident zurück. Heute ist er noch im Vorstand des Instituts tätig, das auf einem Campus nördlich von San Francisco beheimatet ist, und steht für PR-Veranstaltungen zur Verfügung. Inzwischen ist der etwa 1,75 Meter große einstige »Moonwalker« 77 Jahre alt und erneut geschieden.

Dass Edgar Mitchell trotz seiner naturwissenschaftlichen Ausbildung schon vor seinem Mondflug eine gewisse Neigung zu übersinnlichen Wahrnehmungen hatte, verrät ein heimliches Experiment, das er auf dem Weg von und zum Mond durchgeführt hatte: Er hatte versucht, vier Menschen auf der Erde zu vorher genau festgelegten Zeitpunkten Gedanken an zufällig ausgewählte Formen telepathisch zu übermitteln. Da sich der Start von Apollo 14 aber etwas verschoben hatte, hatten die Übertragungszeiten nicht mehr gestimmt, dennoch behauptet Mitchell, die Übereinstimmungen seien immer noch mehr als zufällig gewesen. Peinlicherweise erzählte einer der Teilnehmer an dem Experiment später der Presse davon, die sich gierig darauf stürzte. Wären Mitchells esoterische Neigungen vorher bekannt gewesen, hätte er von der NASA sicherlich nie die Chance erhalten, auf den Mond zu fliegen.

Auch wenn er sich aus dem IONS inzwischen weitgehend zurückgezogen hat, steckt Mitchell auch heute noch tief in dem Teil der Esoterik-Szene, die vesucht, Verbindungen zu den Naturwissenschaften herzustellen. Er glaubt wie viele seiner Anhänger an Quantenholografie, an C.G. Jungs »kollektives Unbewusstes«, an die Theorien von Exponenten wie Rupert Sheldrake und wie sie alle heißen mögen. Auch ein Ufo-Erlebnis, das ihm berichtet wurde, hält er für authentisch: »Was am 5. Juli 1947 in Roswell passierte, ist die Wahrheit. Meine Freunde, die die Geschehnisse damals mit eigenen Augen miterlebten und heute längst tot sind, haben mir die Wahrheit erzählt. Eine staatliche Geheimorganisation zur Geheimhaltung dieser Zwischenfälle arbeitet auch heute noch erfolgreich an der Verschleierung dieses wichtigsten Ereignisses in der Geschichte der Menschheit.«

Trotz dieser Ideen, die nicht jedem verständlich sein mögen, ist Mitchell gleichwohl ein engagierter Kämpfer für Frieden und Nachhaltigkeit auf der Erde und war wiederholt als Berater für den renommierten »Club of Rome« tätig. So schrieb er schon 1983: »Das Streben nach Frieden muss an vielen Fronten erfolgen, und am wichtigsten ist, dass jeder Einzelne von uns seinen Beitrag leistet zu einer Umwelt, in der Menschen arbeiten und die Früchte ihrer Arbeit genießen können ohne die Sorge, dass aggressive Nachbarn oder diktatorische Regierungen ihren Gewinn beschlagnahmen.« Und später unterstreicht er seinen Optimismus: »Meine Vision ist es, dass im dritten Jahrtausend ein neues Bewusstsein anbricht, so dass die Begabung und Kreativität, die jeder individuell hat, gemeinsam global genutzt wird, um die Probleme zu lösen, die wir unwissentlich geschaffen haben und die unsere Existenz bedrohen.«

Eine ganz andere Art, seine Monderfahrungen auszudrücken, hat Alan LaVerne Bean, der Mondfährenpilot von Apollo 12 und vierter Mann auf dem Mond, gefunden. Auch er hatte noch unter dem überwältigenden Eindruck des Besuchs auf dem Mond auf dem Rückflug zur Erde eine Art Erweckungserlebnis. Er schwor sich, so erzählte er später, »wenn ich heil zurückkomme, lebe ich das Leben, das ich will.« Und so wurde er viele Jahre später Maler.

Er hatte sich schon früh für Malerei interessiert und auch einige Kurse besucht, aber während seiner aktiven Zeit als Astronaut – er kehrte nach Apollo noch einmal als Kommandeur der Raumstation Skylab 3 ins All zurück, danach bildete er junge Astronauten aus – war keine Zeit geblieben, sein Hobby auch aktiv auszuüben. Aber im Februar 1981 zog er sich mit 49 Jahren vom Raumfahrtgeschäft zurück und wandte sich der alten Liebhaberei wieder zu. In einem Interview mit dem Magazin ›Texas Alcalde‹ beschreibt Bean, wie er beschloss, eine neue Karriere als Maler zu beginnen. Im Grunde war er durch eine Freundin, Pat Brill, darauf gekommen, die ihn fragte, was er im Ruhestand tun wolle. Als er meinte, er wolle als Berater zu

Alan Bean

einer Raumfahrtfirma gehen, sagte sie: »Eigentlich solltest du Künstler werden.« Er wies das zuerst weit von sich, denn Malen war sein Hobby und er konnte sich das nicht als Beruf vorstellen, aber die Idee ging ihm nicht mehr aus dem Kopf.

Alan Bean gilt als extrem ordentlicher Mann, der alles genau strukturiert und plant. Er gibt nie ungefähre Auskünfte, sondern berechnet Angaben auf Kommastellen genau. Und er würde nie einen so extremen Berufswechsel ins Auge fassen ohne ausreichende Vorbereitung. Deshalb, so erzählte er dem Magazin, habe er zunächst ein Leben als Maler simuliert, so, wie er das bei der NASA als Vorbereitung auf die Weltraummissionen gelernt hatte. Er tat also so, als sei er Künstler, und je mehr er das tat, desto mehr stellte er fest, wie schwierig es war. Gleichzeitig hatte er eine Menge gut bezahlter Stellenangebote, aber diese interessierten ihn auf einmal nicht mehr. Er beschäftigte sich nun lieber mit seinen Gemälden. Am Anfang war Geld knapp, und er lebte recht bescheiden in einer Hundert-Quadratmeter-Wohnung von den Ersparnissen aus seiner NASA-Zeit.

Aber schon drei Jahre später, so berichtet Ulrich Lotzmann, Professor für Zahnmedizin in Marburg und Freund des Astronauten, war er so weit, dass er zwei Ausstellungen seiner Apollo-Bilder in der Meredith Long Art Gallery in Houston zeigen konnte. »Sie waren ein großer Erfolg, und die Menschen merkten plötzlich, dass Beans Arbeiten echte Meisterwerke waren.« Hinzu kam, dass er der einzige Künstler der Welt ist, der selbst auf dem Mond gewesen ist. Außer ihm gibt es nur noch einen weiteren Menschen, der im All war und sich jetzt als Künstler betätigt, den russischen Kosmonauten Alexei Leonov. Heute erzielt Bean für seine Gemälde Preise zwischen 10 000 und 100 000 Dollar.

Sein Motto als Maler fasst er in folgendem Satz zusammen: »Wir haben die Missionen sehr gut dokumentiert, mit Fotos und Filmen, aber ich will den Geist von Apollo zum Ausdruck bringen.« Deshalb wird er nicht müde, Dinge zu malen, die mit den Mondmissionen zu tun haben, meist sehr detailgenau nach fotografischen Vorlagen, trotzdem aber in impressionistischer Manier. Er ist dabei bestrebt, zum Ausdruck zu bringen, welche Eindrücke und Gefühle er und seine Mitstreiter hatten, als sie dieses Abenteuer bestanden. So zeigt ihn beispielsweise sein Lieblings-Selbstporträt von 1986 in einem rosarot-orangefarbenen Schimmer auf dem Mond, und es heißt: »So fühlte es sich an, auf dem Mond zu gehen.« Das Bild beruht auf ei-

Alan Beans Bilderzyklus »Selbstporträts auf dem Mond«

nem NASA-Foto, das für ihn aber zu wenig Gefühle ausdrückte. So malte er es zunächst in Goldtönen, weil er damit zeigen wollte, dass er dort oben eine Art von Glanz gefühlt hatte. Als er das Bild aber wieder betrachtete, merkte er, dass er sich an diesem »besten Tag in meinem Leben« doch anders gefühlt hatte. Nun gestaltete er es um und verwendete Farben, die mehr von einem Regenbogen entlehnt sein könnten. Und nun war er zufrieden. Das Bild fand bald einen Käufer, der es auch später nicht mehr herausgeben wollte, als Bean versuchte, es wieder zurückzukaufen.

Perfektionist ist er natürlich auch als Maler geblieben. Er entwickelt seine Acryltechnik immer weiter und macht auch Experimente. So versah er beispielsweise die Acrylschicht mit Abdrücken eines nachgemachten Mondstiefels, oder er strukturierte die Oberfläche mit dem Geologenhammer, den er 1969 bei Apollo 12 benutzt hatte, und anderen Instrumenten. Außerdem klebt er Stückchen von der US-Flagge und dem Apollo-12-Aufnäher seines Raumanzugs auf die Acryl-Grundlage. So enthält jedes Bild auch ein winziges Quantum Mondstaub, da die Raumanzüge in den sieben Stunden Mondspaziergang mit Staub verschmutzt wurden. Die Gemälde werden dadurch zu einzigartigen Raumfahrt-Andenken.

Die Farbgebung seiner Bilder hat Bean oft als schwierig bezeichnet, denn während Landschaftsmaler auf der Erde zur Auflockerung hier und dort einen grünen Baum einfügen können, ist dies auf dem Mond nicht möglich. Angefangen hatte er mit Grau- und Brauntönen, wurde aber immer mutiger und verwendete Blau und Grün und landete schließlich bei Orange- und Gelbschattierungen. Diese Entwicklung – so glaubt er – ging Hand in Hand mit seiner Wandlung von naturgetreuer zu emotionaler Darstellung. Inspiriert wurde er von seinem Lieblingsmaler, dem französischen Impressionisten Claude Monet, dessen Anwesen in Giverny er besucht und dessen Seerosenteich er auch gemalt hat.

Durch seinen Wechsel ins Künstlerfach hat der inzwischen 76-Jährige tatsächlich das getan, was er sich auf der Heimreise vom Mond geschworen hatte: Er lebt seither in Houston das Leben, das er will. Seine Ehe war kurz nach dem Mondflug gescheitert, und inzwischen ist er erneut verheiratet. Alan Bean verband eine unter Astronauten ungewöhnlich enge Freundschaft mit seinem Kollegen Charles Conrad und dem Piloten seiner Kommandokapsel, Richard Gordon. Trotzdem betonte er in Gesprächen mit Andrew Smith, wie froh er sei, der Intrigantenschar des Astronautenkorps entkommen zu sein, und dass er es schätze, keinen Chef zu haben, sondern sein eigener Herr zu sein. So könne er sich nach seinen eigenen moralischen Grundsätzen richten und müsse sich nicht irgendwelchen Firmenvorgaben beugen.

Charles Conrad, der Kommandant von Apollo 12, scheute davor offenbar nicht zurück. Nach seiner Mondmission blieb er zunächst noch bei der NASA und leitete im Sommer 1973 das erste bemannte Skylab, eine Raumstation der Amerikaner. Danach verließ er die NASA und machte Karriere in der Industrie, zunächst bei der US-Fernsehstation ATC, später beim Flugzeugbauer McDonnell Douglas. Am 8. Juli 1999 starb Conrad nach einem Motorradunfall in Kalifornien an inneren Blutungen.

Auch John Watts Young, der Apollo-16-Astronaut, fühlte sich offenbar bei der NASA wohl, denn er blieb sage und schreibe 42 Jahre lang dort. Erst mit 74 Jahren zog er sich im Jahr 2004 von der Raumfahrt zurück. Er ist der erfahrenste aller Astronauten, denn er war sechs Mal im All. Schon 1965 war er der Pilot von Gemini 3, im Jahr darauf von Gemini 10, danach nahm er an der zweiten Mondumrundung mit Apollo 10 teil, um schließlich im April 1972 mit Apollo 16 selbst auf dem Mond zu landen. Er blieb der NASA treu und kom-

Links Charles Conrad, rechts John Watts Young

mandierte noch zwei Mal eine Shuttle-Mission, darunter den Jungfernflug des Space-Shuttle im Jahr 1981. Insgesamt war er 34 Tage, 19 Stunden und 39 Minuten im All und gilt als der beste Weltraumexperte unter den Astronauten.

Eigentlich hätte er gerne auch noch die Shuttle-Mission befehligt, die das Hubble-Teleskop ins All brachte, aber dazu kam es nicht mehr. Er hatte sich als Chef des Astronauten-Büros bei der NASA unbeliebt gemacht, als er in einem Memorandum seine Meinung geäußert hatte, dass Bürohengste in ihrer Selbstzufriedenheit das Desaster des Challenger-Absturzes verschuldet hatten, bei dem sieben »seiner« Astronauten ums Leben kamen. Als der Text der Presse zugespielt wurde, wurde Young seines Postens enthoben und wechselte in eine etwas ruhigere Abteilung der NASA.

Wer ihn bei seinem Mondspaziergang mit Charlie Duke herumalbern sieht – wie bei YouTube zu besichtigen (*http://www.youtube.com/watch?v=nGMEn0FFQvw*) –, kann sich kaum vorstellen, dass dieser Mann in persönlichen Fragen extrem scheu und zurückhaltend ist. Er zeigt keinerlei Eitelkeit und verkauft sich ziemlich schlecht. Heute würde wohl kaum mehr jemand, der so zurückhaltend ist, in die Schar der Astronauten aufgenommen werden. Auf dem Mond schien er ein anderer Mensch zu sein, fröhlich, ausgelassen, glücklich. Kurz bevor er zur Rückreise wieder ins Mondlandemodul einstieg, gab er ans Kontrollzentrum durch: »Mensch, ihr habt keine Ahnung, welchen Spaß das gemacht hat.«

Interviewer haben sich danach immer wieder darüber beschwert, dass aus ihm nichts Privates herauszuholen sei. Er äußert sich auch kaum über seine Scheidung und seine zweite Ehe, allenfalls gibt er zu, dass er zu wenig für seine Kinder da gewesen ist. Dafür plaudert er gern und mit großem Engagement über die Frage, warum wir wieder auf den Mond zurückkehren sollten und warum der Mars das nächste Ziel sein sollte. Er nennt viele Gründe, aber im Vordergrund steht häufig das Argument, dass die Erde eines Tages vielleicht den Einschlag eines großen Asteroiden abwehren muss. Das wäre um vieles leichter, wenn man eine Mond- oder gar Marsbasis besäße. Außerdem, so meint er, könnte man auf dem öden Mond oder Mars lernen, wie man auf einer von einem Asteroideneinschlag verwüsteten Erde überleben kann.

Dieser Gedanke scheint ihn stark zu beschäftigen. Als Patty Reinert, eine Reporterin des ›Houston Chronicle‹, ihn anlässlich seines Ausscheidens aus der NASA interviewte, kam er mehrfach darauf zu sprechen. Selbst auf die Frage, welche Gefühle er in Bezug auf den Mond hatte, sagte er: »Das Beeindruckendste an der Rückseite des Mondes sind die vielen Krater dort. Wenn wir diese Seite von der Erde aus sehen könnten, würden die Menschen sich sehr viel schneller um die Bedrohung durch einen Asteroideneinschlag kümmern und mehr darüber lernen.« Nicht gerade die Auskunft, die man sich als Interviewer auf eine solche Frage wünscht …

Das Problem scheint ihn umzutreiben, und er nennt beängstigende Zahlen: »Dass etwas Schlimmes passieren wird, ist unvermeidlich, sei es der Einschlag eines Kometen oder eines Asteroiden, sei es ein Supervulkan, der ausbricht. Ins Weltall zu fliegen, ist riskant, aber hierzubleiben, ist ebenfalls riskant. Das rechnerische Risiko, dass die Menschheit in den nächsten hundert Jahren durch einen Asteroiden- oder Kometeneinschlag oder durch den Ausbruch eines Supervulkans ausgelöscht wird, ist 1 zu 455. Was bedeutet das? Es bedeutet, dass es zehnmal wahrscheinlicher ist, durch ein solches Ereignis ausgelöscht zu werden, als durch den Absturz eines Verkehrsflugzeugs zu sterben.«

Eine Rückkehr zum Mond ist und bleibt Youngs großes Anliegen, an dessen Realisierung er unverzagt weiter mitarbeitet. »Der Mond hat eine Menge Rohstoffe, die wir in diesem Jahrhundert nutzen können, das wäre doch großartig«, sagte er der Reporterin, »und die Technologien, die wir dazu benötigen, auf dem Mond zu leben und zu arbeiten, werden uns eines Tages hier auf unserem Planeten retten.« Auch neue Arten der Energieerzeugung sollten erprobt werden, und der Mond sollte noch viel besser erforscht werden: »Wir hatten 18 Leute, die da oben zwölf Tage verbracht haben, und was wissen wir über den Mond? So gut wie nichts.«

Gefragt nach seinen Plänen für den Ruhestand, betont er, dass er nicht müde werde, dafür zu werben, dass man den Planeten verlässt und eine Raumstation aufbaut, um damit Forschung und Wissenschaft voranzubringen. »Auf lange Sicht wird das sicherlich die Lage für alle Menschen auf der Welt verbessern.«

Der Pilot der Mondlandefähre von Apollo 16, Charles Moss jr. »Chuck« Duke, war mit 37 Jahren der jüngste Mann, der je auf dem Mond spazierte. Er fühlte sich dort richtiggehend zu Hause, erzählte er später, und habe sich beinahe beherrschen müssen, um den Helm des Raumanzugs nicht abzunehmen. Als er auf die Erde zurückkam,

Charles Moss jr. »Chuck« Duke

wurde auch er überrollt von einer Welle öffentlicher Auftritte, die er absolvieren musste. Da gab es die obligatorische Konfettiparade in New York, Auftritte vor dem Kongress, Treffen im Weißen Haus und viele andere öffentliche Termine.

Auch Charlie Duke fühlte das Missverhältnis zwischen dem Ansehen, das er als Mondfahrer genoss, und seinem wirklichen Status als mittelmäßig bezahltem NASA-Angestellten. Deshalb verließ er die NASA Ende 1975 und beschloss, seinen Ruhm in geschäftlichen Erfolg umzumünzen. Er nutzte seine Kontakte zu Finanzkreisen, um in San Antonio die Orbit Corporation, einen sehr erfolgreichen Getränkegroßhandel, aufzuziehen. Außerdem engagierte er sich als Partner im Immobiliengeschäft und wurde Präsident und Teilhaber bei verschiedenen Unternehmen. Heute gehören ihm die Charlie Duke Enterprises, die zwei Raumfahrt-Videos produziert hat, gleichzeitig ist er der Präsident von Duke Investments.

Während Duke seine berufliche Karriere vorantrieb und später dem geschäftlichen Erfolg nachjagte, fühlte sich seine Frau Dottie vernachlässigt und allein gelassen. Auf ihrer Homepage erzählt sie ihre Geschichte als eine »Aschenputtel-Geschichte«. Es erging ihr Ende der sechziger und Anfang der siebziger Jahre wie fast allen Astronautenfrauen: Die Männer ernteten den Ruhm, die Frauen hatten die Sorgen zu tragen. Sie lebten im Hintergrund, mussten oft umziehen und die Kinder allein aufziehen, und das einzig wirklich

Schöne an ihrem Dasein als Astronautenfrau war die Erleichterung, wenn der Mann von seiner Mission gesund zurückkam. Dottie Duke war das nicht genug. Sie begann, ihrem Mann, den sie für einen Workaholic hält, Vorwürfe zu machen und selbst in Depressionen zu verfallen. Auch das soziale Engagement, dem sie sich widmete, brachte keine Verbesserung ihrer Lebenssituation. Selbst Drogen halfen nicht, und schließlich wollte sie Selbstmord begehen.

Erst durch eine Veranstaltung in der Kirche ihrer Heimatgemeinde, die zur spirituellen Erneuerung beitragen sollte, fand sie plötzlich einen Sinn in ihrem Leben. Sie und ihr Mann – beide regelmäßige Kirchgänger, aber nicht tief gläubig – waren dort erschienen und hatten zunächst nicht sonderlich interessiert zugehört. Dann aber traten dort Menschen auf, die erzählten, wie Jesus ihr Leben verändert hatte. Für Dottie Duke war das etwas völlig Neues, und sie bewunderte die Liebe und Freude, welche die Testimonials ausstrahlten. Nun beschloss sie auch, auf Gott zu vertrauen. Am nächsten Morgen wachte sie auf und schwor sich, nun ihre Erfüllung ausschließlich in der Liebe zu Gott zu suchen. Sie begann zu beten und fühlte, dass sie »darauf Antworten bekam«. Ihren Mann begann sie nun so zu lieben, wie er war, und rettete damit die Ehe. Heute sind sowohl sie als auch Charles Duke aktiv als Laienprediger tätig, um ihre Erfahrungen an andere weiterzugeben.

Ein sehr engagierter Prediger war auch James Benson Irwin geworden, der 1971 mit Apollo 15 auf dem Mond gelandet war. Bei der geologischen Untersuchung der Oberfläche fanden er und sein Kollege David Scott den berühmten »Genesis-Felsen«, einen weißen Stein, der am Rande eines Kraters lag. Sie nahmen ihn mit zurück, und später stellte man fest, dass dieser Stein zu den ältesten Mondgesteinen zählt. Er ist gut vier Milliarden Jahre alt und stammt damit aus den Anfangszeiten unseres Sonnensystems.

James Irwin sagte später, als er den Mondstein dort liegen sah, hatte er den Eindruck, dieser habe auf ihn gewartet. Gottes Stimme habe ihm eingegeben, er solle das Felsstück mitnehmen. Kurz nach seiner Mondfahrt verließ er die NASA und gründete eine christliche Mission mit dem Namen »High Flight«. Später nahm er an mehreren Expeditionen teil, die auszogen, um am Ararat Überreste der Arche Noah zu finden. Auf einer dieser Reisen, im Jahr 1982, verunglückte er schwer und musste Teile des Weges getragen werden. Er überlebte damals nur knapp. 1991 verstarb er an einem Herzinfarkt.

Schon bei seinem Mondspaziergang hatte Irwin an massiven Herzrhythmusstörungen gelitten. Damals hatte der diensthabende Arzt Charles Berry in der Bodenstation gesagt, auf der Erde würde er Irwin sofort auf die Intensivstation einweisen. Da aber die Mondlandefähre mit reinem Sauerstoff gefüllt war, glaubten die Offiziellen, dass ihm weiter keine gesundheitliche Gefahr drohte. »Dort ist er so gut aufgehoben wie auf einer Intensivstation«, meinte Berry, »er erhält hundert Prozent Sauerstoff, und vor allem ist er in der Schwerelosigkeit. Egal, welchen Stress sein Herz jetzt hat, etwas Besseres als Schwerelosigkeit können wir ihm auch nicht bieten.« Das stimmte dann auch, und Irwin kam heil zurück zur Erde.

Unter allen Apollo-Astronauten hatte Harrison Hagan, genannt »Jack« Schmitt, eine Sonderrolle: Er war der erste und einzige Wissenschaftler, der den Mond je betreten hat. Gleichzeitig war er 1972 der letzte Mann auf dem Mond. Als Geologe wurde er – gegen manchen Widerstand der Ingenieure und der anderen Astronauten – von der NASA ausgewählt, um mit Apollo 17 auf den Mond zu fliegen. Zu stark waren die Vorwürfe geworden, die NASA verschleudere Zeit und Geld, wenn sie bei ihren Missionen nicht mehr seriöse Forschung treibe. Nun also sollte Schmitt dafür sorgen, dass die richtigen Gesteinsproben eingesammelt wurden, und sein geschultes Geologenauge sollte ihm zu mehr als den bisher eher touristischen Eindrücken verhelfen, wie sie die bisherigen Astronauten mit zurückgebracht hatten.

Schmitt, Geologe mit Leib und Seele, nervte seine Kollegen ziemlich mit seinem Enthusiasmus für wissenschaftliche Fragen, als er schon bei der Vorbereitung in Florida nicht mit in Bars ging, sondern lieber den Strand nach besonderen Steinen absuchte. Während des Anflugs zum Mond gab er stundenlang Beobachtungen über die Erde und das dortige Wettergeschehen zur Bodenstation durch, was seinen Kommandanten Eugene Cernan schier zur Verzweiflung trieb. Sicherlich wollte Schmitt damit auch beweisen, dass sich sein Einsatz gelohnt hatte, indem er besonders viele Informationen sammelte. Auch auf der Mondoberfläche herrschte das sachliche Klima vor. Dennoch gibt es Videozeugnisse davon, dass er und Cernan zwischendurch auch ganz ausgelassen herumalberten und beispielsweise ein Lied sangen.

Schmitt war tief beeindruckt von der Mondlandschaft. Apollo 17 war ja im Tal Taurus Littrow gelandet, und er beschreibt in einem

Links James Irwin, rechts Harrison Hagan »Jack« Schmitt

Rundfunkinterview dieses Tal, das er als Ganzes überblicken konnte, als etwa »fünfzig Kilometer lang, rund sieben Kilometer breit, und die Berge ragten auf jeder Seite bis zu 2100 Meter hoch auf. Diese Berge und die ganze Oberfläche waren von strahlendem Sonnenlicht beleuchtet, aber alles vor dem Hintergrund eines schwarzen Himmels, des schwärzesten Himmels, den man sich vorstellen kann. Es ist schwer, sich daran zu gewöhnen, an eine strahlende Sonne an einem schwarzen Himmel.«

Im Rückblick will der jetzt 73-jährige Jack Schmitt keine tieferen Emotionen empfunden haben, als er dort oben war, aber dennoch veränderte er sein Leben nach der Rückkehr zur Erde: Zunächst ging er in die Politik. Er wurde republikanischer Senator von New Mexico. Nach einer Amtszeit wurde er wieder abgewählt, und nun arbeitete er als Berater für Wirtschaftsunternehmen, Geologie, Raumfahrt und Politik. Auch er blieb ein engagierter Vertreter von künftigen Raumfahrtmissionen – nicht, weil er wie Young Angst vor einer Katastrophe hat, sondern weil er glaubt, dass wir auf dem Mond wertvolle Rohstoffe finden könnten. Eine besondere Rolle spielt dabei das Helium 3, eine seltene Abart des normalen Heliums, das durch die kosmische Strahlung auf dem Mond entsteht und das als Brennstoff für Fusionsreaktoren zur Energieerzeugung günstig wäre. »Menschen werden zum Mond zurückkehren, sie werden zum Mars fliegen, und ich vermute, dass es in ein- oder zweihundert Jahren sehr klare Pläne und eine interessante technologische Basis geben wird, um weiter hinaus zu den Sternen zu fliegen.«

Sein Apollo-17-Kollege Eugene Andrew Cernan ist nur ein knappes Jahr älter als Schmitt, und auch er musste mit den neuen Eindrücken von seiner Reise erst einmal zurechtkommen. In einem ›Stern‹-Interview sagte er 2002: »Das war schwierig. Man fährt nicht einfach auf einen anderen Planeten und macht weiter wie bisher. Es gab keine Herausforderung mehr. Ich habe lange gesucht. Ich habe die NASA 1976 verlassen, bin ins Ölgeschäft eingestiegen, habe eine Beratungsfirma gegründet, dies und jenes gemacht. Irgendwann habe ich kapiert, dass es die kleinen Dinge sind, die das Leben ausmachen. Seitdem geht es mir gut. Ich habe wieder geheiratet, verbringe viel Zeit mit meinen Enkelkindern, spiele Golf und fliege mit meiner Propellermaschine umher. Vor elf Jahren habe ich eine Ranch gekauft. Ich habe Rinder, Pferde, Rehe. Es ist viel Spaß und viel Arbeit. Eine gute Therapie.«

Wenn er hinaufblickt zum Mond, sieht er »das Tal, in dem ich gelebt habe. Es war für drei Tage mein Zuhause. Ich sehe die Berge, die Krater, den Staub, das Grau. Es ist wie eingefroren in der Erinnerung. Vor allem fühle ich die Stille, diese unbeschreibliche Stille. Es kommt

Links Eugene Cernan, rechts David Randolph Scott

mir manchmal selbst vor wie ein Traum, dass ich da oben war. Wie Science-Fiction.«

Der einzige Mondfahrer, dessen späteres Leben einen fast tragischen Verlauf genommen hat, ist David Randolph Scott, Commander von Apollo 15 und auch vorher schon zweimal im All, mit Gemini 8 und Apollo 9. Er hatte auf dem Mond vor der Videokamera das berühmte Experiment mit Hammer und Feder gemacht und gezeigt, dass beide gleich schnell zu Boden fallen (zu sehen auf der YouTube-Adresse *http://www.youtube.com/watch?v=5C5_dOEyAfk*). Auf der Erde geht das nicht, denn dort bremst der Luftwiderstand die Feder, sie fällt langsamer. Aber Galilei hatte aufgrund der von ihm entdeckten Fallgesetze vorhergesagt, dass in einer luftfreien Umgebung beide gleich schnell fallen müssen.

Eine fast tragische Wendung nahm Scotts Schicksal, als bekannt wurde, dass er, sein Kollege James Irwin und der Pilot der Kommandokapsel, Al Worden, 400 Briefumschläge mit Ersttagsstempeln mit auf ihre Reise genommen hatten. An sich war das nicht verboten, denn jeder Astronaut durfte eine Tasche mit persönlichen Gegenständen mitnehmen. Viele nahmen kleine Medaillons oder Anstecknadeln mit, die sie später an Familie und Freunde verschenkten oder vielleicht auch verkauften. Im Lauf der Apollo-Missionen nahm der Umfang dieser persönlichen Andenken aber immer mehr zu, so dass Offizielle bereits Bedenken wegen des steigenden Gewichts hatten. So hatten Astronauten bei Apollo-14 einige Silbermünzen mitgenommen, die anschließend eingeschmolzen und mit weiterem Silber vermischt worden waren, um daraus Gedenkmünzen zu prägen, die öffentlich verkauft wurden.

Scott, Worden und Irwin hatten nun 250 offizielle Briefumschläge für die NASA mitgenommen, aber es wurde bekannt, dass sie weitere 400 eingesteckt hatten, von denen hundert an einen deutschen Briefmarkenhändler gehen sollten. Er hatte im Gegenzug 6000 Dollar gezahlt, die für die Ausbildung der Astronautenkinder verwendet werden sollten. Das war alles nicht weiter schlimm, aber der Händler verkaufte kurz nach dem Raumflug die Umschläge für 1500 Dollar das Stück, und das ärgerte die NASA-Offiziellen. Zwar brachte eine schnell eingeleitete Untersuchung, dass auch frühere Astronauten schon Geschäfte mit Memorabilien gemacht hatten, aber die NASA wollte offenbar nun ein Exempel statuieren. Scott und seine Kollegen gerieten unter Beschuss und wurden hart kritisiert, man sagte alle

Ehrungen und Feste ab, setzte sie als Ersatzmannschaft für Apollo 17 ab und schleppte sie vor den Senat, wo sie sich entschuldigen mussten.

Diese »Briefmarkenaffäre« verfolgte David Scott »wie eine Giftwolke« – so schreibt Andrew Smith – sein ganzes Leben lang. An eine Karriere in der Luftwaffe, die vorher wahrscheinlich geschienen hatte, war nun nicht mehr zu denken. Scott blieb zunächst bei der NASA, zog sich aber persönlich völlig zurück. Er arbeitete im NASA Flight Research Center und wurde später dessen Leiter.

Im Oktober 1977 verließ Scott die NASA. Deke Slayton, Direktor der Flight Crew Operations bei der NASA und zuständig für die Auswahl der Astronauten bei den Missionen, zeichnete in seinen Memoiren kein sympathisches Bild von Scott. »Er wurde in ein fragwürdiges Geschäft nach dem anderen verwickelt«, schreibt er, »er schien eine Schwäche für jeden zu haben, der ihm Dollars hinwarf.« Scott gründete seine eigene Firma, die Scott Science and Technology, und zog nach London. In der Folgezeit war er mehrere Male als technischer Berater in der Film- und TV-Industrie tätig: 1994/1995 für den Spielfilm ›Apollo 13‹, 1997 für die Serie ›From the Earth to the Moon‹ und 2005 für den Film ›Magnificent Desolation‹.

Ansonsten hörte die Öffentlichkeit nichts mehr von dem ehemaligen Astronauten, denn er hatte sich aus dem öffentlichen Leben weitgehend zurückgezogen. Erst im Mai 2000 erfuhren die Leser englischer Boulevardblätter, dass die attraktive, damals 56-jährige britische Nachrichtensprecherin Anna Ford die Absicht habe, den 67-jährigen David Scott zu heiraten. Das Verhältnis zwischen den beiden hielt nicht lange, aber es beschäftigte die Presse in England für einige Zeit, zumal die Journalistin vor den dortigen Presserat ging, weil sie sich von Paparazzi unerlaubt fotografiert fühlte. Den Prozess, den sie deshalb anstrengte, verlor sie jedoch.

Wieder also keine erfreulichen Pressemeldungen für David Scott, in den Medien zuweilen als »trüber Mann vom Mond« beschrieben, der seine Heldentaten nun versilbern wolle. Außerdem zogen die Blätter nicht nur den Briefmarkenskandal ans Licht, sondern auch einen früheren Prozess in Arizona, in dem Scott sich gegen den Vorwurf des Betrugs von Investoren wehren musste. Dass die Anklage in der Revisionsverhandlung aufgehoben wurde, berichteten die Zeitungen jedoch nicht. Auch die Tatsache, dass Scott seine langjährige Ehefrau erst kurz zuvor verlassen hatte, wurde ihm angekreidet. Alles

Der Blick der Astronauten auf die Erde

in allem war der Fluch ihm offenbar von den USA nach England gefolgt.

Heute lebt der inzwischen 76-Jährige unter anderem davon, dass er über ein Auktionshaus in Kalifornien Autogramme verkauft, und setzt sich intensiv für den Tourismus in den Weltraum ein. Zusammen mit dem Kosmonauten Alexej Leonov hat er ein Buch verfasst über den Wettlauf der beiden großen Nationen ins All mit dem Titel ›Two Sides of the Moon‹ (Zwei Mann im Mond). Er gibt zu, dass ihn auch heute noch eine gewisse Nostalgie erfasst, wenn er zum Mond hinaufschaut, und obwohl ihm sein Mondspaziergang eigentlich kein Glück gebracht hat, bezeichnet er die drei Tage dort oben als die »erinnerungswürdigsten meines ganzen Lebens«.

Betrachtet man die Schicksale der Mondfahrer im Überblick, fällt auf, dass jeweils die Kommandanten der Missionen ihr Leben auch nach ihrem Ausflug zum Mond recht gut im Griff hatten, während die jeweiligen Piloten der Landefähre alle möglichen Überraschungen und unerwarteten Wendungen erlebten. Es scheint fast so, als ob es einen Einfluss auf das weitere Leben der Astronauten gehabt hätte, ob sie in der Landefähre den rechten Sitz – den des Piloten – oder den linken – den des Kommandanten – eingenommen hatten. Rechts bedeutete »normal«, links »verrückt«.

Der Buchautor Andrew Smith erzählt, dass David Scott später diese Theorie hatte und dass auch Ed Mitchell sich ihm gegenüber ähnlich geäußert hatte. Er war der Meinung, dass die Piloten der Landefähre in der Mehrheit tiefere Gefühle über ihre Mission äußerten als die anderen. Und er fügte hinzu: »Es ist ein bekanntes Phänomen aus militärischen Untersuchungen, dass der Junge, der in einem doppelsitzigen Flugzeug hinten sitzt, andere Emotionen hat als der, der wirklich fliegen muss, denn sie sind auf unterschiedliche Dinge konzentriert. Man nennt es das ›Kommando-Phänomen‹. derjenige, der geistig hellwach sein muss, empfindet anders als der, der nur mitfliegt.« Und so glaubt er, dass man auf dem linken Sitz der Mondfähre auch offener war für spirituelle Eindrücke. Das galt für Ed Mitchell mit seiner »Noetic Sciences« ebenso wie für Buzz Aldrin, den Paradiesvogel, und Alan Bean, der Maler wurde. Auch Charlie Duke und Jim Irwin gingen neue Wege und wurden zu tief religiösen Laienpredigern. Nur Jack Schmitt blieb als einziger »Links-Sitzer« normal und konventionell. Die Männer auf dem rechten Sitz hingegen versuchten, sich möglichst zurückzuhalten und keine Emotionen zuzugeben. Das gilt für Neil Armstrong ebenso wie für David Scott, John Young und Eugene Cernan.

Man muss aber hinter dieser Theorie nichts Geheimnisvolles suchen. Vielleicht hatte die NASA einfach die rationaleren, nüchterneren Männer als Kommandanten ausgesucht und auf den jeweils rechten Sitz gesetzt. Der NASA-Offizielle Deke Slayton gab das später auch zu: Man habe diejenigen als Chefs ausgesucht, die ihre Emotionen gut im Griff hatten und keinen Zweifeln nachgaben. So waren sie auch gefeit gegen die emotionalen Verführungen, die von ihrem Mondspaziergang ausgingen.

Kapitel 9
Zurück zum Mond? Pläne für die nächste Landung

»Wenn wir zum Mars fliegen – und das werden wir – wäre es dumm, auf die Erde herunterzublicken und zu sagen: Ich kam von den Vereinigten Staaten von Amerika, Deutschland, Frankreich, England oder Israel. Wir kommen von der Erde!«

Edgar Mitchell, Apollo-14-Astronaut

Zwölf Menschen sind bisher auf dem Mond gelandet, und Milliarden Dollar wurden ausgegeben, um unserem Trabanten nahezukommen und ihn zu erforschen. Trotzdem wissen wir erstaunlich wenig über ihn, und seit der letzten Apollo-Mission 1972 kam kaum Neues hinzu. Da ist es nicht erstaunlich, dass der Mond neuerdings wieder ins Visier der Wissenschaft geraten ist. Diesmal sind es nicht nur die Amerikaner, die dorthin zurückwollen, sondern auch die Europäer, die Japaner, die Russen und vor allem die Chinesen. Unser Trabant steht im Blickfeld wie nie zuvor. »Aus gutem Grund«, meint Jürgen Oberst vom Institut für Planetenforschung des Deutschen Zentrums für Luft- und Raumfahrt in Berlin-Adlershof, »wir erhoffen uns von der intensivierten Erkundung des Mondes fundamentale Einblicke in die Frühgeschichte des Sonnensystems.«

Rund zwanzig Jahre soll es noch dauern, bis wieder Menschen auf dem Mond landen – das erklären jedenfalls Offizielle aller beteiligten Länder. So berichtete beispielsweise Nikolai Moisejev von der russischen Raumfahrtagentur Rosaviakosmos, dass Russland erwäge, im

Jahr 2015 zum Mond zu fliegen. Und Roald Kremnev von der Forschungs- und Produktionsgesellschaft Lavochkin glaubte 2004, dass schnell das Design für eine neue Rakete auf der Basis der einst geplanten Energia-Rakete erarbeitet werden könne. Es brauche dann noch zwei bis drei Jahre, um sie zu bauen. Dafür würden 600 Millionen Rubel (16,5 Millionen Euro) benötigt, schrieb ›Itar-Tass‹. Außerdem sei Russland in der Lage, Roboter zu bauen, die eine Station auf dem Mond errichten können.

Die einstigen Feinde Russland und China wollen zukünftig bei der Erforschung des Weltraums zusammenarbeiten. »Es wurden Wege des weiteren Zusammenwirkens zu solchen Projekten abgesteckt«, hieß es in schöner Amtssprache in einer offiziellen Mitteilung. Im September 2007 berichteten Zeitungen erstmals über die Absicht Chinas, bis zum Jahresende einen eigenen Forschungssatelliten in eine Mond-Umlaufbahn zu bringen.

Der chinesische Satellit Chang'e 1, der zur Erforschung des Mondes bestimmt ist, wurde dann auch tatsächlich am Morgen des 25. Oktober 2007 vom Raumfahrtzentrum Xichang in der Provinz Sichuan erfolgreich gestartet. Benannt wurde die Sonde nach einer Märchengestalt: Chang'e hieß die wunderschöne Fee, die dem Erdenleben entschwebte, um auf dem Mond zu wohnen – so erzählt es die chinesische Legende.

Chang'e 1 ist mit ihrem Gewicht von 2350 Kilogramm vergleichsweise groß. Die Sonde soll den Mond etwa ein Jahr lang umkreisen und hat mehrere wissenschaftliche Ziele: Zum einen soll sie dreidimensionale Bilder von zahlreichen Oberflächenstrukturen machen und verschiedene geologische Strukturen kartieren. Dabei sollen auch erstmals detaillierte Aufnahmen einiger Regionen in der Nähe der Mondpole gemacht werden. Darüber hinaus ist die Sonde in der Lage, nach 14 verschiedenen Elementen auf der Mondoberfläche zu suchen, und soll außerdem bestimmen, wie tief das lockere Mondgestein ist, das den Mond bedeckt. Ein weiterer Schwerpunkt der Mission soll die Erforschung des Weltraumwetters zwischen Erde und Mond sein. Neben ihren wissenschaftlichen Aufgaben soll die Sonde schließlich auch noch ein emotionales Bedürfnis der Chinesen befriedigen: Sie wird dreißig chinesische Musikstücke zur Erde senden. Die chinesische Kommission für Wissenschaft, Technologie und Industrie zur nationalen Verteidigung hat die geeigneten Stücke ausgewählt.

Die Raumfahrtbegeisterung in China ist groß: So hatten rund 2000 Besucher 800 Yuan (rund 75 Euro) gezahlt, um den Start der Sonde von Aussichtsplattformen in der Nähe zu verfolgen. Man hofft, dass die Volksrepublik China ihren Konkurrenten Japan beim Wettlauf zum Mond überholen möge. Haben wir also wieder eine Situation wie Ende der sechziger Jahre zwischen den USA und der Sowjetunion? Mag sein, aber die enormen Ausgaben und der Zeitdruck könnten dazu führen, dass diesmal mehrere Nationen zusammenanstatt gegeneinander arbeiten. Sinnvoll wäre das allemal.

Erste Anfänge sind bereits gemacht: So kooperieren die Chinesen bei der Chang'e-1-Mission mit der Europäischen Weltraumagentur ESA. Neben Unterstützung beim Betrieb und der Verfolgung der Sonde durch die ESA sollen Daten ausgetauscht und Besucherprogramme angeregt werden. Die Zusammenarbeit begann bereits vor dem Start: Die ESA stellte dem chinesischen Team die Signale der europäischen Mondsonde Smart 1 aus dem Jahr 2003 zur Verfügung, so dass die Chinesen damit die eigenen Bodenstationen und Operationszentren testen konnten.

Weitere Schritte, die China nun gemeinsam mit den Russen verwirklichen will, sollen folgen: 2012 soll ein Mondfahrzeug zum Erdtrabanten gebracht werden. Das Shanghai Aerospace System Engineering Institute im Minhang District hat bereits einen Prototypen gebaut. Das atomar angetriebene Mondauto soll angeblich eine durchschnittliche Geschwindigkeit von hundert Metern pro Stunde erreichen. Es ist eineinhalb Meter hoch und 200 Kilogramm schwer. Luo Jian, der Direktor des Instituts, wird in einer Meldung von ›Xinhua‹ mit den Worten zitiert: »Wir wollen das Gefährt besser machen als die früheren Rover der Vereinigten Staaten und Russlands.« Ob dieses Modell bei der Mission 2012 zum Einsatz kommen wird, ist noch nicht klar. In Peking und an anderen Orten Chinas arbeiten Institute an eigenen Entwicklungen.

In der dritten Etappe ist geplant, Bodenproben, die der Rover auf dem Mond gesammelt hat, zur Erde zurückzubringen. 2020 soll dann ein Taikonaut auf dem Mond landen – und Chinas bemannter Raumfahrt damit den dritten Platz hinter den USA und Russland sichern. Der chinesische Raumfahrtexperte Sun Laiyan meinte dazu: »Damit wird ein tausendjähriger Traum der chinesischen Nation in Erfüllung gehen.« Und der Chefwissenschaftler der chinesischen Raumfahrtorganisation, Ouyang Ziyuan, sagte der Parteizeitung ›People's Daily‹:

»Mondexpeditionen sind für jedes Land ein Zeichen seiner globalen Stärke.« Eine Landung auf dem Mond würde »das internationale Ansehen und den Zusammenhalt unseres Volkes stärken«.

China betonte immer wieder, es setze sich für eine friedliche Nutzung des Weltalls ein. Für Flüge zum Mond muss das Land leistungsstarke Trägerraketen entwickeln. Geplant ist eine Nutzlast von 27,5 Tonnen. Bisher gibt es dafür jedoch noch keine Etatzusagen von Seiten des Staates. China hat bislang erst zwei bemannte Raumflüge gestartet. Der 38-jährige Yang Liwei war der erste Chinese im Weltall, er machte seine Reise im Oktober 2003. Um Haaresbreite hätte dieser Raumflug in einem Fiasko geendet. Der Kontakt mit dem Taikonauten an Bord des Raumschiffs Shenzhou 5 ging beim Wiedereintritt in die Erdatmosphäre komplett verloren. Auf den Radarschirmen habe es kurz vor der Landung nicht das geringste Signal von der Kapsel gegeben, und auch danach sei die Verbindung unbeständig geblieben, berichtete erst im Jahr 2007 Dong Deyi, der Leiter des Kontrollzentrums, das damals für die Mission verantwortlich war. Hätte nicht im letzten Moment ein Ersatzsystem aktiviert werden können, wäre eine sichere Landung nicht möglich gewesen.

Letztendlich verlief aber der Flug doch noch erfolgreich. Die Landekapsel kam ungefähr neun Kilometer östlich des geplantes Landegebiets auf den Steppen der inneren Mongolei herunter. Zwei Jahre danach absolvierten im Oktober 2005 der damals 40-jährige Fei Junlong und der 41-jährige Nie Haisheng einen fünftägigen Flug um die Erde, diesmal – soweit man weiß – ohne größere Pannen.

Während China und Russland noch in den Planungen stecken, hat Japan bereits Tatsachen geschaffen: Am 14. September 2007 startete es vom japanischen Weltraumzentrum Tanegashima aus seine erste Mondsonde. Sie trägt den Namen Selene (Selenological and Engineering Explorer) nach der Mondgöttin der griechischen Mythologie. Gleichzeitig erhielt die Mission den Beinamen Kaguya, der sich auf ein japanisches Märchen bezieht. Ein Jahr lang soll Selene in einer Höhe von hundert Kilometern den Mond umrunden und ihn dabei mit verschiedenen Instrumenten erforschen.

Die Sonde ist eigentlich ein fliegendes Physiklabor und gilt als wissenschaftlich anspruchsvollste Mission zum Mond seit dem Apollo-Programm. Sie soll Informationen über die Morphologie, die Mineralogie und die chemische Zusammensetzung der Oberfläche und der Kruste bringen. Außerdem soll sie das Magnet- und Gravi-

Start in den Weltraum

tationsfeld untersuchen, um Aufschlüsse über die Entstehungsgeschichte und die geologische Entwicklung des Mondes zu liefern.

Selene besitzt drei Kameras: Die »Terrain Camera« ist in der Lage, stereoskopische Aufnahmen zu machen. Dabei ist ständig ein Kameraauge nach hinten und ein zweites nach vorn gerichtet, so dass von der überflogenen Fläche Bilder aus verschiedenen Blickwinkeln zur Verfügung stehen. Daraus lassen sich Stereobilder sowie digitale Geländemodelle errechnen. Der »Multiband Imager« blickt dagegen mit zwei Teleskopen senkrecht nach unten und lichtet den Boden in neun verschiedenen Wellenlängen direkt von oben ab. Der »Spectral Profiler« schließlich nimmt Spektren im Sichtbaren und im Infraroten auf. Diese drei Kameras sind gemeinsam in der Lage, Informationen über Topografie, Geologie und Mineralogie der Mondoberfläche zu liefern.

Ein weiteres Instrument soll herausfinden, welche Elemente sich auf der Mondoberfläche befinden. Es benutzt dazu die Röntgenstrahlung, die von der Sonne her auf die Mondoberfläche fällt. Dort regt sie Atome der obersten Schicht zum Schwingen an. Wenn diese wieder in den Grundzustand zurückfallen, geben sie dabei Röntgenstrahlung ab, die charakteristisch ist für das jeweilige Element. Das Röntgenspektrometer XRS kartiert so die am häufigsten auftretenden chemischen Elemente der Mondkruste, darunter Silizium, Magnesium, Aluminium, Kalzium, Titan und Eisen. Die Auflösung beträgt mindestens zwanzig Kilometer pro Pixel. Man erhofft sich, aus diesem groben Raster Informationen über die Verteilung der Gesteine und damit Rückschlüsse auf den Ursprung des Mondes ziehen zu können. Als Ergänzung dazu dient das Gamma Ray Spectrometer. Es misst die Gammastrahlung, die von der Mondoberfläche kommt. Sie kann entweder von radioaktiven Elementen stammen wie etwa Uran, Kalium und Thorium oder von den Elementen Eisen, Titan, Sauerstoff, Silizium, Aluminium, Magnesium und Calcium, die unter dem Einfluss von kosmischer Strahlung ebenfalls Gammastrahlung aussenden. Auch Wasserstoff, den man in Wasservorräten an den Polen immer noch erhofft, könnte man auf diese Art nachweisen. Zudem misst dieses Instrument auch noch die Belastung durch kosmische Strahlung auf dem Mond.

Ein sogenanntes Laseraltimeter misst während des Überflugs die Entfernung zwischen Selene und dem Boden. So ist es möglich, unter Kenntnis der exakten Bahndaten der Sonde ein globales topogra-

Raketenbasis in Cape Canaveral

fisches Geländemodell der Mondoberfläche zu errechnen. Die Genauigkeit der Höhenmessung beträgt etwa fünf Meter.

Der »Lunar Radar Sounder« kann mit Hilfe von Radarstrahlen sogar bis in fünf Kilometer Tiefe in den Mond hineinschauen. Dazu werden zwei zusammen etwa dreißig Meter lange Antennenarme verwendet – der eine als Sender, der andere als Empfänger. Thermische Anomalien und geologische Brüche im Untergrund reflektieren die ankommenden Radarsignale und können so erkannt werden.

Weitere Instrumente an Bord von Selene befassen sich mit dem schwachen Magnetfeld, der Ionosphäre und der Aufnahme des Mondes mit einer HDTV-Fernsehkamera. Die Sonde setzt unterwegs zwei etwa waschmaschinengroße Subsatelliten aus. Diese unterstützen die Muttersonde vor allem bei der Kommunikation mit der Erde und der Vermessung des Schwerefeldes. Außerdem beobachtet eine Kamera die oberen Atmosphärenschichten der Erde.

Japan hat seine Ambitionen auch in Sachen bemannter Raumfahrt deutlich gemacht. Bis 2025 will das Land ein Raumschiff entwickeln, das Astronauten zum Mond bringen soll. Anschließend sind auch Flüge zu anderen Planeten des Sonnensystems geplant.

Die NASA hat ebenfalls neuerdings wieder konkrete Pläne in Richtung Mond – mit präsidialer Unterstützung. Am 14. Januar 2004 wandelte US-Präsident George W. Bush auf Kennedys Spuren und versuchte, das vom Irakkrieg gespaltene Land durch neue, ehrgeizige Ziele zu einen. Er gab eine »neue Vision für das nationale Programm zur Erforschung des Weltraums« bekannt. Darin verpflichtete er die Vereinigten Staaten zu einem langfristigen Programm, das mit bemannten Flugkörpern und Robotern das Sonnensystem erforschen soll. Es soll beginnen mit der Rückkehr zum Mond als Grundlage für die zukünftige Erforschung des Mars und anderer Orte.

Bush bemühte sich sehr, den getragenen Tonfall der einstigen Kennedy-Rede wieder zu treffen: »Die direkten menschlichen Erfahrungen im Weltall haben unsere Perspektive für die Menschheit und unseren Platz im Universum verändert. Die Menschen haben die Fähigkeit, auf die unerwarteten Entwicklungen der Raumfahrt zu antworten, und besitzen einmalige Begabungen, um weitere Entdeckungen zu machen. So wie Mercury, Gemini und Apollo eine Generation von Amerikanern herausgefordert haben, kann uns – und unsere Jugend – ein erneuertes US-Programm zur Erforschung des Weltalls mit einer wichtigen bemannten Komponente dazu inspirieren, noch größere Leistungen auf der Erde und im All anzustreben.« In dieser Rede sprach Bush aber vielleicht auch ungewollt ein

Entwurf für das künftige Mondlandemodul der NASA

Problem an, an dem die bemannte Raumfahrt der Amerikaner krankt: Seit der großen Euphorie Ende der sechziger Jahre hat ein Generationenwechsel stattgefunden. Die Experten und Ingenieure von damals sind heute im Ruhestand, auch die Astronauten sind inzwischen alte Männer. Ihr Wissen und ihre Erfahrung wurden zwar vielfach erzählt und aufgeschrieben, aber keiner der damals Aktiven trägt heute noch selbst Verantwortung für das neue Programm.

Fraglich ist jedoch, ob die Erfahrung der Alten den Jungen heute überhaupt noch helfen würde. Die Technologie hat sich weiterentwickelt, zwischen den Computern von damals und heute liegen Welten, die Materialforschung hat Fortschritte gemacht und bessere Werkstoffe entwickelt, und die drahtlose Nachrichtenübertragung bewegt sich heute ebenfalls in ganz anderen Dimensionen als damals. So glauben viele, auf die Erkenntnisse der früheren Teilnehmer verzichten zu können.

Was sie allerdings nicht bedenken, sind die menschlichen Erfahrungen: Wie reagieren Männer, die tagelang auf engstem Raum zusammenleben müssen? Wie werden sie mit Gefahrensituationen fertig? Wie wirkt der Mond auf sie? Dies sind Fragen, die teilweise von den Besatzungen der Raumstation ISS beantwortet werden können. Dort haben sich Crews schon monatelang einen kleinen Raum geteilt, dort gab es schon Ärger ebenso wie glückliche Stunden. Dort konnte man auch die medizinische Seite von Langzeitaufenthalten in der Schwerelosigkeit testen. Trotzdem bleibt die Unwägbarkeit, wie man sich fühlt, wenn man hinausfliegt zum Mars, hinaus in die unbekannten Weiten des Alls mit dem sicheren Wissen, dass man für die nächsten sechs Monate keine Möglichkeit mehr hat umzukehren.

Die NASA war jedenfalls begeistert von Bushs Rede – erhielt sie doch damit endlich wieder einen neuen Fokus und klare Ziele. Das Programm soll bei allem Ehrgeiz erschwinglich und nachhaltig sein und höchste Sicherheitsanforderungen erfüllen. Die Kosten werden nach ersten Schätzungen für die ersten zwanzig Jahre insgesamt rund 217 Milliarden Dollar betragen. Bei einem derzeitigen Jahresbudget von rund 17 Milliarden Dollar ist das zwar teuer, aber erschwinglich für die NASA. Nun sollen also spätestens im Jahr 2020 wieder US-Amerikaner den Mond betreten. Mehrere vierköpfige Crews sollen je eine Woche lang dort bleiben und eine Raumstation für längere Aufenthalte aufbauen. Ausdrücklich luden die Amerikaner alle anderen Nationen zur Mitarbeit ein. So sagte die stellvertre-

So könnte die geplante Orion-Kapsel für die nächste Mondfahrt aussehen

tende NASA-Verwaltungschefin Shana Dale, die das langfristige Planungskomitee leitet, an dem 14 Raumfahrtagenturen aus aller Welt teilnehmen: »Diese Strategie erlaubt es interessierten Nationen, ihre Fähigkeiten sowie ihre finanziellen und technischen Beiträge wirksam einzusetzen und dabei aus dem global zugänglichen Wissen und den verfügbaren Ressourcen den größten Nutzen zu ziehen. Das wird dazu beitragen, eine gemeinsame Anstrengung auf die Beine zu stellen, die uns in dieses neue Entdeckungs- und Erkundungszeitalter vorantreiben wird.«

Natürlich erhofft sich die NASA von einer internationalen Zusammenarbeit eine finanzielle Entlastung, auch wenn andere Raumfahrtorganisationen ein wesentlich geringeres Budget haben – so verfügt die Europäische Raumfahrtagentur ESA lediglich über einen Etat von drei Milliarden Euro pro Jahr. Gleichzeitig kann die NASA aber mit einer internationalen Beteiligung den Druck auf die eigene Regierung erhöhen. Denn die Ziele, die George W. Bush vorgegeben hatte, reichen weit über seine eigene Amtszeit hinaus. Er wird also danach keinerlei Verantwortung mehr für die Realisierung der hochgesteckten Erwartungen übernehmen müssen. Neue Regierungen könnten Gelder kürzen, die Pläne einschränken oder ganz streichen. Da ist es schon besser, wenn man in ein internationales Netzwerk eingebunden ist, das auf die Stärke der USA vertraut und bindende Verträge mit den Offiziellen schließt.

Warum wollen die Amerikaner zurück auf den Mond? Sie könnten solche Missionen doch nun den anderen Nationen überlassen in dem Bewusstsein, es selbst schon einmal geschafft zu haben. Gleichzeitig könnten sie sich auf neue, andere Ziele konzentrieren, etwa auf die Reise zum Mars oder die Erforschung des tieferen Weltalls. Aber genau hier liegt der Grund, warum sie den Erdtrabanten erneut im Visier haben: Der Mond böte eine gute Basisstation für weitere Missionen. Er könnte als Ausgangspunkt für Raumflüge dienen, als Vorratslager für länger andauernde Missionen und vor allem auch als natürliches Rohstofflager. So ist zu erklären, dass in den Memoranden der NASA über zukünftige Raumfahrtaktivitäten immer der Mond an erster Stelle steht.

Hinzu kommt, dass heute eine ähnliche Situation herrscht wie vor vierzig Jahren: Damals konkurrierten die USA und die Sowjetunion um die Vormachtstellung im All, heute sind es die USA und China. Zwar erfährt man von den chinesischen Plänen wenig Details, aber das war einst bei den Russen nicht anders. Im Verborgenen setzt die aufstrebende Wirtschaftsmacht im Fernen Osten viel Geld und Manpower ein, um den technologischen Rückstand in der Raumfahrt aufzuholen.

Der »angenehme« Nebeneffekt für sie ist, dass die Weiterentwicklung der Raketentechnik gleichzeitig Fortschritte für die militärische Abwehrkraft bringt. Wer starke Raketen großer Reichweite besitzt, die Taikonauten ins All bringen können, kann auch das Terrain des Gegners auf der anderen Seite des Globus bedrohen. Diese

Drohung wird selbstverständlich nicht ausgesprochen, ist aber latent vorhanden.

Während man von den chinesischen oder russischen Plänen sehr wenig erfährt, sei es wegen der Sprachbarriere oder aus Geheimhaltungsgründen, gehen die USA mit ihren Plänen recht offen um. Konkret sehen die NASA-Pläne zurzeit so aus: Als erstes und oberstes Ziel nennt sie »Aktivitäten zur Erforschung des Mondes, um die Erforschung von Mars und noch entfernteren Zielen durch Roboter oder Menschen zu ermöglichen.« Spätestens im Jahr 2009 soll eine Reihe von Missionen beginnen, bei denen Roboter den Mond für eine von Menschen besiedelte Station vorbereiten. Sie sollen erproben, wie die Roboter ferngesteuert zusammenarbeiten, sollen wiederverwendbare Lande- und Startsysteme, die Betankung von Fähren auf dem Mond und den Abbau von Rohstoffen testen. Erste Menschen sollen wieder ab 2015 dort landen, spätestens jedoch im Jahr 2020. Sie sollen dann von dieser Basis aus den Mars ansteuern und weiter hinaus ins All fliegen. In etwa fünf Jahren soll das neue Raumgefährt der US-amerikanischen Raumfahrtbehörde, das Crew Exploration Vehicle, fertig sein und Personen und Fracht zur Internationalen Raumstation ISS bringen.

Der Mond als Zwischenstation bietet den Vorteil, dass er noch relativ nahe an der Erde liegt, andererseits aber nicht die hohe Schwerkraft der Erde aufweist, zu deren Überwindung starke Raketen nötig sind. Außerdem ist der Mond das ideale Testgelände für das Überleben auf dem Mars oder anderen Planeten. Hier kann man ausprobieren, wie man nach Rohstoffen sucht und sie in kleinem Maßstab abbaut, wie man im luftleeren Raum sichere Unterkünfte und Versorgungssysteme baut und wie man sie am besten mit Energie versorgt. Außerdem kann man erproben, wie man sich auf dem Mond am besten bewegt. Ganz nebenbei soll auch der Mond weiter erforscht werden, um Erkenntnisse über die Entstehung des Sonnensystems zu sammeln.

Wenn es erst einmal eine solche Mondstation gibt, ist es die Absicht der Amerikaner, mit mindestens zwei Mondmissionen jährlich einen Außenposten auf dem Erdtrabanten zu halten und auszubauen. Die Teams sollen bis zu sechs Monate dort bleiben können, die Mondressourcen nutzen und mit unbemannten Landekapseln versorgt werden. Als geeigneten Standort haben die NASA-Wissenschaftler den Südpol des Mondes wegen des dort vermuteten Wassers

Das Orion-Modul nähert sich der Internationalen Raumstation ISS

ausgemacht. Die Stimmung in der US-Bevölkerung für diese ehrgeizigen Pläne ist gut: In einer Gallup-Umfrage sprachen sich 68 Prozent der Befragten dafür aus, zum Mond zurückzukehren und danach zum Mars und noch weiter zu fliegen.

Für den Flug zum Mond will die NASA zwei getrennte Raketensysteme verwenden, die beide aus Systemen entwickelt wurden, die bei Apollo, beim Space-Shuttle und bei kommerziellen Raketen eine Rolle spielen. Vor allem Space-Shuttle-Komponenten will man verwenden, denn »eine völlige Neuentwicklung wäre zu teuer und zu unsicher«. Benannt wurden die Raketen nach dem griechischen Kriegsgott Ares. Die gigantische Version zum Transport von Schwerlasten soll Ares V heißen und bis zu 131 Tonnen Last ins All befördern können. Sie ist damit größer und stärker als die einstige Saturn-V-Rakete, soll mehr als 110 Meter hoch sein und aus einer großen Stufe

Künstlerische Darstellung der Landung des Orion-Moduls mit den beiden Bremsfallschirmen

bestehen, die mit flüssigem Sauerstoff und Wasserstoff betankt wird, darunter sind fünf kleinere Feststoffraketen angebracht. Sie soll große Lasten wie etwa Teile der Mondstation oder Nachschubcontainer in eine Erdumlaufbahn bringen, wo sie zunächst geparkt werden.

Künftige Astronauten werden in ihrer Raumkapsel Orion von Ares I dorthin gebracht, der kleineren, zweistufigen Raketenversion. Sie ist etwa so stark wie die Rakete des Space-Shuttle und besteht ebenfalls aus einer Kombination von Feststoffraketen für die untere und Flüssigtreibstoff für die obere Raketenstufe. Sie kann wie das Shuttle bis zu 22 Tonnen auf eine niedrige Erdumlaufbahn transportieren. Orion wird zusammen mit der Antriebsstufe zum Verlassen der Erdumlaufbahn (earth departure stage) in der Umlaufbahn an die dort kreisenden Teile andocken und von dort aus weiter zum Mond fliegen. Wenn das Raumschiff erst einmal in der Mondumlaufbahn ist, können alle vier Astronauten mit dem Landemodul zum Mond hinunterfliegen, während Orion in der Mondumlaufbahn bleibt. Zur Rückkehr benutzen die Astronauten ein Aufstiegsmodul, das sie zu Orion zurückbringt. Danach wird eine Zündung des Haupttriebwerks der Servicestation die Mannschaft wieder zur Erde zurückbefördern. Beim Eintritt in die Erdatmosphäre werden die Astronauten ein neu entwickeltes Schutzsystem benutzen.

Die erste Stufe der Ares-I-Rakete wird an einem Fallschirm wieder auf der Erde landen und kann dann erneut verwendet werden. Erste Tests mit diesem Fallschirm wurden bereits durchgeführt. Auf einem Armeegelände bei Yuma, Arizona, schwebten die Raketenteile an den riesigen, farbenfrohen Fallschirmen sicher zur Erde.

Am 28. August 2007 schloss die NASA nach einer öffentlichen Ausschreibung schon einen ersten Vertrag, und zwar mit Boeing: Das Luft- und Raumfahrtunternehmen soll die Design- und Konstruktionsphase der Ares-I-Rakete mit ihren Herstellungskapazitäten unterstützen. Zunächst soll diese Rakete Astronauten zur ISS-Raumstation bringen, bevor sie später bei der Landung von Menschen auf dem Mond ihre Rolle spielt. Der Vertrag läuft bis 2016 und umfasst die Mitarbeit beim Design der Rakete, den Bau der Oberstufe sowie die Herstellung mehrerer Testraketen. Dafür erhält Boeing 514,7 Millionen Dollar. Die Oberstufe der Ares I wird direkt bei der NASA in Huntsville, Alabama, hergestellt. Der endgültige Zusammenbau der einzelnen Komponenten soll auf einem NASA-Stützpunkt in New Orleans erfolgen.

Die ungeheure Energiekonzentration in den aufgetankten Raketen kurz vor dem Start stellt immer eine besondere Gefahr dar. Aus diesem Grund haben NASA-Ingenieure für die Orion-Kapseln ein völlig neues Rettungssystem geschaffen, mit dem die Astronauten im Falle eines Startunfalls blitzschnell die Rakete verlassen können. Es besteht aus einer Gruppe von mehrsitzigen Wagen, die wie auf einer Achterbahn auf Schienen fahren. Und in der Tat haben Hersteller von Achterbahnen bei der Entwicklung mitgewirkt. Im Notfall rast die Crew damit vom Startplatz direkt hinunter in einen sicheren Betonbunker. »Das wird in keinem Fall eine Vergnügungsfahrt«, meint Scott Colloredo, der NASA-Projektkoordinator für die Bodensysteme, »aber wir nutzen die Technologie, die bereits vorhanden ist.«

Bisher gab es für die Saturn-Raketen ein ähnliches System, bei dem jedoch nicht Schienen, sondern Seile von der Raumkapsel zur Erde führten. Sie mussten zum Glück noch nie benutzt werden, da es nie einen Startunfall am Boden gab. Kelli Maloney, der die Entwicklung des neuen Systems leitet, erklärte, dass das Rollwagensystem den Vorstellungen der NASA am nächsten kam. In insgesamt vier Minuten müssen alle Astronauten im Notfall evakuiert und in Sicherheit sein. »In den Rollwagen können«, so Maloney, »auch verletzte oder ohnmächtige Mannschaftsmitglieder direkt bis in den Bunker gebracht werden, was ein großer Vorteil ist.«

»Eine runde, abgestumpfte Kapsel ist die sicherste, preisgünstigste und am schnellsten zu realisierende Lösung«, sagte John F. Connolly, Ingenieur im Johnson Space Center der NASA in Houston und verantwortlich für die Vorplanung des Mondlandeprogramms. »Sie besteht aus dem Mannschafts- und dem Servicemodul und kann nicht nur Menschen zum Mond, sondern auch Ladung zur ISS befördern, falls dies nötig wird.« Die Orion-Kapsel wurde aus der Apollo-Kapsel entwickelt, deshalb hat sie auch eine ähnliche Form, sie ist aber wesentlich größer. Ihr inneres Volumen wird zweieinhalb Mal so groß sein wie das ihrer Vorgängerin. Sie wird einen Durchmesser von fünf Metern und ein Gewicht von 22 Tonnen haben und vier bis sechs Astronauten Platz bieten. Orion-Kapseln sollen erste Missionen zur ISS bis spätestens 2014 fliegen und bis 2020 Umlaufbahnen um den Mond erreicht haben.

Auch wenn die Raketen und die Orion-Kapsel den früheren Raumfahrzeugen der Amerikaner ziemlich ähnlich sind: Für das Mondlandemodul der Zukunft gilt das nicht. Es scheint eher einem Science-Fiction-Roman entsprungen zu sein. Der rund zwölf Meter hohe »Lunar Lander« besteht aus acht großen und vier kleinen Treibstofftanks, die auf einem pyramidenförmigen Gestell lagern. Auf seiner Spitze befindet sich die Kapsel für die vier Astronauten, in der sie anreisen, während des Aufenthalts zunächst leben und anschließend wieder starten, wobei sie den unteren Teil des Landers zurücklassen. Neben der Mannschaft kann das Modul auch noch zwanzig Tonnen Last befördern, darunter zum Beispiel ein Mondauto.

»Ich nenne das Landemodul immer einen Lastwagen«, sagt Scott Horowitz vom Planungsstab der NASA, »man kann ihm alles aufladen, was man will. Man kann es hinschicken, wohin man will. Man kann damit Lasten transportieren oder Menschen, man kann es von Hand steuern oder durch Roboter. Nach solchen Systemen halten wir jetzt Ausschau.«

Wenn man auf dem Mond leben will, muss man natürlich nicht nur hinkommen, sondern dort auch die geeignete Kleidung zum Überleben haben. Und es scheint der NASA ernst zu sein mit der Idee, erneut Menschen auf den Mond zu bringen, denn im Oktober 2007 startete sie eine industrielle Ausschreibung für die Entwicklung eines neuartigen Raumanzugs. Sie umfasst den Entwurf, die

Entwicklung, die Tests, die Auslegung und die Herstellung einer Ausrüstung, welche die Astronauten an Bord der Orion tragen können. Die Anzüge und Versorgungssysteme sollen die Astronauten bei einem Druckabfall in der Kabine in der Schwerelosigkeit schützen und notfalls auch bei Raumspaziergängen getragen werden können. Außerdem müssen sie eine Woche lang die Astronauten bei Ausflügen auf dem Mond unter einem Sechstel der Erdanziehung schützen können. Für jede Mission werden vier bis sechs solcher Anzüge gebraucht, je nach Größe der Mannschaft.

Die NASA hat aus den Problemen der Astronauten bei den Apollo-Missionen ihre Lehren gezogen. Dort waren die Anzüge sehr sperrig und steif; die Männer konnten sich nicht bücken, und wenn einer zu Boden fiel, musste er wie ein Käfer besondere Tricks anwenden, um überhaupt wieder auf die Beine zu kommen. Potenzielle Hersteller sollen deshalb nun einen Anzug entwickeln, der möglichst leicht ist und wenig Platz einnimmt, schnell anzuziehen und pflegeleicht ist; außerdem soll er natürlich kostengünstig sein. Auf der Mondoberfläche soll er die Astronauten möglichst wenig einschränken, sich gut anfühlen und eine angenehme Temperatur halten können. Erste Modelle sollen bis 2013 vorgestellt werden.

In Zukunft werden Flüge ins Weltall und vielleicht sogar zum Mond nicht mehr nur den Profis vorbehalten sein. Schon jetzt gibt es eine Reihe von Angeboten, die der betuchte Tourist buchen kann, um sich einmal wie ein Astro- oder Kosmonaut zu fühlen. Sie beginnen bei einfachen Parabelflügen, bei denen man einige Minuten Schwerelosigkeit erleben kann, und enden bei einem Kurzurlaub auf der Raumstation ISS, inklusive Training, Logenplatz in einer Sojus-Kapsel, Verpflegung und ständiger Betreuung durch einen echten Kosmonauten. Dennis Tito nutzte die Möglichkeit als Erster: Am 28. April 2001 startete der damals 60-jährige Kalifornier zu einem sechstägigen Aufenthalt auf der Internationalen Raumstation. Ein Jahr später folgte ihm der 35-jährige Südafrikaner Mark Shuttleworth. Der bisher älteste Raum-Tourist war der 63-jährige amerikanische Unternehmer und Mäzen Gregory H. Olsen. Er flog am 1. Oktober 2005 mit einer Sojus-Kapsel zur Raumstation ISS und kehrte am 11. Oktober wieder zur Erde zurück. Insgesamt neun Tage und 21 Stunden verbrachte er im Weltraum und führte an Bord der ISS astronomische und Fernerkundungsexperimente durch. Für seine Reise zahlte er – wie auch seine Vorgänger – rund zwanzig Millionen Dollar.

Letzter ISS-Tourist war bisher der 60-jährige Ungar Charles Simonyi im April 2007. Er machte Schlagzeilen durch das exklusive Essen, das er mit an Bord nahm: Während die Besatzung der ISS sonst mit eher kärglicher gefriergetrockneter Nahrung vorliebnehmen muss, brachte er ein Festessen für alle mit: Er hatte unter anderem in Wein gebratene Wachteln, Entenbrust mit Kapern und Grießkuchen mit getrockneten Aprikosen im Gepäck. Das Essen war fertig gekocht und in Aluminiumbehältern verpackt.

Im August 2007 kündigte der Leiter der russischen Raumfahrtagentur, Anatoli Perminow, nun auch den ersten Flug eines russischen Weltraumtouristen zur ISS an, ohne den Namen des »jungen Geschäftsmannes und Politikers« zu nennen. Er wies Spekulationen zurück, wonach Roskosmos eine Reise von Präsident Wladimir Putin zur ISS plane. »Die Frage steht nicht zur Debatte. Ich glaube, der Präsident hat schon genug andere Flugziele«, sagte Perminow.

Wesentlich preiswerter als die Exkursionen zur ISS sollen andere kommerzielle Flüge ins All werden. Neben Richard Bransons Virgin Group, ursprünglich eigentlich ein Schallplattenlabel, arbeiten rund ein Dutzend andere Neugründungen, vor allem aus den USA, an Konzepten, um Menschen und Fracht ins All zu schießen. Scaled Composites war die erste Firma, die es schaffte, ein Raumfahrzeug ins All zu bringen. Ihr SpaceShipOne ist ein Experimentalflugzeug mit Raketentriebwerk, das extra zu dem Zweck entwickelt wurde, den Wettbewerb um den Ansari-X-Prize für sich zu entscheiden. Dieser stellte zehn Millionen Dollar für denjenigen in Aussicht, der als Erster mit einem Fluggerät neben dem Piloten zwei Personen oder entsprechenden Ballast in eine Höhe von mehr als hundert Kilometer befördert und dies mit demselben Fluggerät innerhalb von 14 Tagen wiederholt. In der Tat gelang dies: Am 29. September und 4. Oktober 2004 fanden die beiden geforderten Flüge statt. Mittel- und langfristig hofft der Konstrukteur von SpaceShipOne, Luftfahrtingenieur Burt Rutan, mit seiner Pioniertat eine neue Ära in der Raumfahrt einzuleiten. Er will in Zukunft kommerzielle Flüge für zahlungskräftige Kunden zum Preis von rund 100 000 US-Dollar anbieten. Mit dem Bau weiterer Raumfähren bis 2010 könnte der Preis dann auf weniger als 10 000 US-Dollar gedrückt werden. Bereits in naher Zukunft sollen drei Passagiere gleichzeitig ins All fliegen können.

Der Unternehmer Richard Branson gründete die Firma Virgin Galactic und kündigte am 4. Oktober 2004 an, dass er ein auf Burt

Rutans SpaceShipOne basierendes Raumschiff SpaceShipTwo speziell für den Weltraumtourismus entwickeln lassen will. Das neue Raumschiff wird im Gegensatz zu SpaceShipOne Platz für fünf statt für zwei Passagiere bieten, größere Fenster haben und insgesamt luxuriöser sein. Außerdem wird es größere Höhen erreichen können. Kommerzielle Flüge des ersten SpaceShipTwo, das den Namen »Enterprise« tragen soll, sind für das Jahr 2008 oder 2009 geplant. Weitere Raumschiffe sollen bis 2010 fertig sein, ein Flug soll 200 000 US-Dollar pro Passagier kosten. Mehr als 200 Passagiere haben angeblich ihre Tickets in den Weltraum bereits bezahlt.

Die Reisen mit Virgin Galactic oder ähnlichen Unternehmen sind aber nur kleine Sprünge im Vergleich zu einem Ausflug zum Mond. Aber auch dies soll schon in wenigen Jahren möglich werden, wenn es nach der russischen Raumfahrtagentur Roskosmos geht. »Bis 2010 werden die ersten Touristen den Mond mit einer modernisierten Sojus-Rakete umfliegen«, kündigte einer ihrer Offiziellen im August 2005 in Moskau an. Der Flug, bei dem neben professionellen Kosmonauten zwei Passagiere mitfliegen können, soll von einer amerikanischen Agentur vertrieben werden und jeden Abenteuerlustigen rund hundert Millionen Dollar kosten. Die russische Raketenbaufirma Energija hatte schon Ende Juli 2005 mitgeteilt, dass der Aufenthalt im All zwei Wochen dauern solle, inklusive einer Woche an Bord der Internationalen Raumstation. Nach den Plänen soll die Kapsel die sichtbare Mondseite in einer Entfernung von 100 bis 200 Kilometern überfliegen und dann zur Erde zurückkehren. Eine Landung ist nicht vorgesehen.

Für die russische Raumfahrt hätte der Tourismus ins All den großen Vorteil, dass er viel Geld in die klammen Kassen der russischen Raumfahrtagentur spülen könnte, gleichzeitig könnten Privatunternehmen bereit sein, die Entwicklung der Bodeninfrastruktur zu finanzieren. Umfragen in der Bevölkerung haben gezeigt, dass rund 83 Prozent der russischen Bürger die Raumfahrtaktivitäten unterstützen und sie als nationales Anliegen betrachten. Andererseits führte die in den letzten Jahren chronisch unzureichende staatliche Finanzierung des Zweiges zur Streichung und zum Einfrieren einer Reihe von Forschungsprogrammen. Deshalb sprach sich Anatoli Perminow, Chef der Roskosmos, für eine private Beteiligung aus: »Es gibt in unserem Land Menschen, die bereit sind, Mittel in die Weltraumerschließung zu investieren.«

Erste Aktivitäten gibt es schon: So hat das amerikanische Unternehmen Scale Composites einen angeblich ernsthaften Konkurrenten in Gestalt der russischen Gesellschaft Suborbital Corporation bekommen. Diese Gesellschaft ist mit dem Konstruktionsbüro Mjasischtschew eng verbunden, die finanzielle Unterstützung der Arbeiten sichert das amerikanische Unternehmen Space Adventures, das auch für die Entsendung von Touristen zur ISS zuständig ist. Das russische Modul heißt »Kosmopolis 21« und gleicht der Idee nach sehr dem Raumschiff SpaceShipOne, mit dem Unterschied, dass Letzteres viel exotischer aussieht.

Auch wenn die Finanzierung bisher nicht gesichert ist, will auch Russland in naher Zukunft bemannte Raumflüge zum Mond auf den Weg bringen. Dies teilte im August ein Sprecher der Raumfahrtbehörde Roskosmos mit. »Der Mond ist Teil unserer Planungen für die bemannte Raumfahrt«, sagte Alexej Krasnow, Chef der bemannten Raumfahrt bei Roskosmos. Pläne anderer Staaten wie der USA, Chinas oder Indiens, ihre Mondprogramme auszuweiten, hätten Roskosmos zu einer Beschleunigung seiner Projekte bewogen. »Wir sind zu dem Ergebnis gekommen, dass es gefährlich wäre, in Rückstand zu geraten.«

In zwanzig Jahren will Russland auf dem Mond eine ständig bewohnbare Raumstation errichten. Erste bemannte Flüge zum Mond plane man für 2025, und den Bau des Stützpunktes zwischen 2028 und 2032, sagte Perminow Ende August 2007 in Moskau. Bei der Vorstellung der langfristigen Roskosmos-Pläne kündigte er außerdem bemannte Flüge zum Mars in frühestens dreißig Jahren an. Ferner werde über den Bau eines neuen Weltraumbahnhofs nachgedacht, weil die bisherigen Anlagen zum Beispiel im kasachischen Baikonur den Anforderungen nicht mehr genügten. Über die Finanzierung der Projekte machte Perminow keine Angaben.

Kapitel 10
Rohstoffe, Wasser, Platz Der Mond als Weltraumbasis

»Wir werden all die Pflanzen- und Tierarten zum Mond bringen, die zu einem ökologischen Gleichgewicht, wie wir es haben möchten, beitragen können, das heißt, wir werden all die Schmetterlinge und Papageien mitnehmen und all die Skorpione und Klapperschlagen zuhause lassen.«

David Schrunk, ehemaliger Raumfahrtingenieur und heute Anwalt in Kalifornien, in einer Sendung des Deutschlandfunks

In der Science-Fiction-Literatur sind Mondstationen gang und gäbe, in der Wirklichkeit blieben sie bisher ferne Visionen auf dem Papier. Nun aber beginnt die NASA erstmals mit ganz konkreten Plänen. Im Dezember 2006 hat sie ihre Zielsetzungen der Öffentlichkeit vorgestellt. Demnach plant sie, zwischen 2019 und 2024 einen bemannten Außenposten auf dem Mond aufzubauen. Er soll nahe an einem der beiden Pole stehen und ständig bewohnt sein. Alle sechs Monate soll die Besatzung wechseln, ähnlich wie heute bei der Rotation der Crew in der Internationalen Raumstation ISS. Dadurch würden Forschungsarbeiten möglich, die man auf der Erde nicht machen kann, und es entstünde eine Plattform, von der aus man zum Mars reisen könnte. »Eine sehr aufregende Zukunft für die USA und die Welt« nannte Doug Cooke, stellvertretender Direktor des Planungsstabs, die Aussichten. Zunächst sollen Roboter die Bedingungen erproben: Sie sollen mögliche Landeplätze auskundschaften, den Boden dort auf vorhandene Rohstoffe untersuchen und das technologische Risiko für die bemannte Landung vermindern. Ab 2020 sollen dann Menschen folgen. Das erste Modul soll vier Personen für eine Woche eine Heimat bieten. Diese arbeiten dann daran, eine größere Station aufzubauen mit Energieversorgung, Unterkünften und Fahrzeugen.

Einen Wunsch-Landeplatz hat die NASA jedenfalls schon ausgeguckt. Er soll am Rand des Shackleton-Kraters liegen, mitten im riesigen Aitken-Bassin am Südpol. Cooke beschrieb bei der Pressekonferenz die Stelle so: »Sie hat 75 bis achtzig Prozent der Zeit Sonnenlicht und ist unmittelbar benachbart zu einer Region, die ständig im Dunkeln liegt. Dort liegen möglicherweise flüchtige, tiefgefrorene Gase, die wir herausholen und nutzen können. Die sonnenbeschienene Fläche hat etwa die Größe der Washington Mall.« Es handelt sich dabei um einen Park in der US-Bundeshauptstadt, der sich vom Washington-Monument zum Capitol erstreckt und ungefähr drei Kilometer lang ist.

Falls dieser Landeplatz sich als nicht geeignet herausstellt, gäbe es als Alternativen den Rand des Peary-Kraters nahe am Nordpol und die Gegend um den Berg Malapert, besonders den Rand des Malapert-Kraters.

Die NASA-Pläne wurden, wie zu erwarten war, scharf kritisiert. Vor allem, so war zu hören, sei es nicht nötig, Menschen auf den Mond oder gar auf den Mars zu schicken, da Roboter heutzutage alle angepeilten Aufgaben genauso gut erfüllen könnten. Gleichzeitig seien sie aber wesentlich billiger, weil sie keine lebenserhaltenden Maßnahmen benötigen und die notwendigen Sicherheitsvorkehrungen um einen Großteil geringer wären.

Besonders engagiert sprach sich der amerikanische Zeitungskolumnist Gregg Easterbrook gegen bemannte Missionen aus. Er schrieb, ihr wissenschaftlicher Wert stehe in keinem Verhältnis zu den Kosten. »Mehr noch, der Mondstation-Unsinn würde über Jahrzehnte die Ressourcen der NASA von ihren legitimen Zielen weglenken, er würde die Zuschüsse für die wirklichen Bedürfnisse austrocknen, um den unsinnigsten ›weißen Elefanten‹ der Menschheitsgeschichte zu bauen.« Mit diesem Ausdruck bezeichnen Kritiker gigantische Projekte, die wenig Sinn ergeben und nur dem Renommee dienen. Nach Easterbrook sollte die NASA die Milliarden Dollar lieber für Raumsonden, weltraumgestützte Observatorien und für die Abwehr erdnaher Asteroiden verwenden.

Trotz allem ist die Idee von der Eroberung des Weltalls durch den Menschen aber nach wie vor lebendig. Wichtige Weltraumpioniere kamen aus Deutschland: am bekanntesten Wernher von Braun (gestorben 1977), der als Berater der NASA maßgeblich am US-Raumfahrtprogramm beteiligt war. Der deutsche Physiker Hermann Oberth (gestorben 1989) gilt als Begründer der wissenschaftlichen Raketentechnik, der Weltraumfahrt sowie der Weltraummedizin. Kurt Debus (gestorben 1983) war Direktor des Kennedy Space Centers in Florida. Und Heinz-Hermann Koelle, Jahrgang 1925, arbeitete von 1955 bis 1965 am amerikanischen Raumfahrtprogramm mit, bevor er zurück nach Berlin ging und dort an der Technischen Universität Professor für Raumfahrttechnologie wurde. Auch lang nach seiner Emeritierung 1991, im Grunde bis heute, hat er sich als Spezialist für die bemannte Raumfahrt und vor allem für die Besiedelung des Mondes in die öffentliche Diskussion eingemischt.

Denn er ist überzeugt: »Die Menschheit wird es sich nicht nehmen lassen, im Laufe der Zeit den erdnahen Weltraum zu erforschen und zu erschließen. Sie wird diese Aufgabe auch nicht nur den Robotern überlassen, sondern selbst andere Himmelskörper erobern wollen. Der Anfang ist im letzten Jahrhundert gemacht worden, Menschen haben erstmals einen anderen Himmelskörper als den angestammten Planeten besucht. Im 21. Jahrhundert werden Menschen auf die Dauer auf dem Erdmond und dem Planeten Mars Forschungsstationen einrichten und die lokalen Ressourcen für sich und das Wohl der Menschheit nutzen. Vielleicht werden sich über Jahrhunderte sogar neue Kulturen entwickeln.«

Die Szenarien für die Besiedelung des Mondes sehen im Prinzip immer ähnlich aus, wie Koelle sie schildert. Es beginnt mit dem Aufbau einer Forschungsstation, die das Ziel hat, die Voraussetzungen zu schaffen für den Aufbau einer Mondsiedlung. Die bisher vom Mond zur Erde gebrachten Gesteinsproben haben bewiesen, dass es dort ähnliche Rohstoffe gibt wie bei uns. So müsste man nicht alle Rohstoffe von der Erde mitbringen, sondern könnte einen Teil davon auf dem Mond selbst erzeugen. Einige Metalle wie Eisen, Aluminium und Titan sind im Mondboden sogar besonders reichlich vorhanden. Das Eisen ließe sich zum Beispiel mit magnetischen Verfahren leicht gewinnen. Titan und Aluminium lassen sich in Schmelzöfen oder mit chemischen Verfahren erzeugen. Außerdem enthält der Mondboden große Mengen Glas und Silizium. Damit lassen sich nicht nur Baustoffe, sondern auch Solarzellen für die Umwandlung von Sonnenlicht in elektrische Energie herstellen.

Da die Sonne jeweils 14 Tage ohne Unterbrechung und ohne Abschwächung durch eine Lufthülle auf die Mondoberfläche knallt, ist Energie dort relativ billig zu haben. Über Solarkonzentratoren, also gebogene Spiegel, lassen sich die Strahlen fokussieren und damit hohe Temperaturen erzeugen. So kann man mit Solarenergie sogar Schmelzöfen betreiben. Sauerstoff lässt sich entweder aus Siliziumoxid herstellen oder - einfacher noch - aus dem vielleicht vorhandenen Wasser. Damit hätte man schon eine wichtige Komponente für den Raketentreibstoff. Im Lauf einiger Jahrzehnte könnte man auf dem Mond eine Fabrik aufbauen, die in der Lage ist, die wichtigsten Grundrohstoffe selbst zu erzeugen und zu verarbeiten.

In der dritten Stufe könnte man die Mondbasis dann so erweitern, dass eine Siedlung entsteht, mit einer Infrastruktur, Verkehrswegen, Forschungsstationen und Start- und Landeplätzen. Das wäre dann der Zeitpunkt, wo man dort auch eine unabhängige politische Einheit aufbauen könnte. Die Menschen leben auf dem Mond in einem sogenannten Habitat, das aus Wohn- und Arbeitsräumen besteht. Außerdem gibt es Werkstätten, Lager und Labors. Der Versorgung dienen ein Kraftwerk, ein Transportsystem auf der Oberfläche und eine Mondfarm. Dort werden Pflanzen angebaut, die organischen Abfall und gebrauchtes Wasser verwerten. Zentrale des Habitats ist eine Leit- und Kommandostelle, die alle lebenswichtigen Systeme regelt und überwacht.

Die Mondfabrik könnte aus mehreren Teilen bestehen: Eine Mineralgewinnungsanlage baut im Tagebau Mondgestein ab, zerkleinert es und bereitet es auf. In einer chemischen Fabrik lassen sich daraus Rohstoffe erzeugen. Ein Hüttenwerk könnte bereits Grundfabrikate herstellen, die dann in den Werkstätten weiterverarbeitet werden. Ob man auf dem Mond auch Produkte herstellen kann, die man auf die Erde liefert, lässt sich heute noch nicht absehen. Denkbar wären seltene Elemente wie Helium 3, das für die Kernfusion nützlich wäre, oder besondere elektronische Bauteile, die man nur im Hochvakuum fertigen kann. Die Mondstation sollte möglichst von einer Raumstation in der Mondumlaufbahn ergänzt werden. Dort könnten die Raumfahrzeuge aufgetankt und notfalls repariert werden. Sie wäre gleichzeitig Umladestation und Forschungslabor, wenn auch nur mit einer kleinen Besatzung.

Wie würde eine solche Mondstation aussehen? Arthur C. Clarke, ein englischer Science-Fiction-Schriftsteller, hat geschrieben: »Wir können sicher sein, dass die, die nach uns kommen, viel bessere Wege kennen, solche Dinge zu tun. Sie werden sich über unseren Konservatismus und unsere kuriosen, altmodischen Ideen wundern. Und sie ihrerseits werden verlacht werden von denen, die nach ihnen kommen, wenn der Mond nur noch eine Vorstadt der Erde ist und die wahre Grenze weit außerhalb zwischen den Planeten liegt.« Diesen Wandel von einer Generation zur nächsten können wir schon beim Design beobachten. Die Pläne, die man in den fünfziger und sechziger Jahren entwarf, als man noch hoffte, bis zur Jahrtausendwende eine Mondstation zu bauen, kommen uns heute oft schrecklich altmodisch vor. Es gab nichts, was es nicht gab: Iglus, Eisenbahnen, Busse, Ökosphären, Glasdome, unterirdische Häuser, aufblasbare Strukturen, ein Habitat am Südpol und Raumflugplätze. Ferner Hotels, Labors, Observatorien, Sportarenen und Fabriken.

Mit zu den ersten Entwürfen zählt eine Mondstation, die Arthur C. Clarke 1954 entworfen hatte: Igluförmige Habitate waren zur Wärmeisolation mit Mondstaub zugedeckt. Ein ausfahrbarer Radiomast sorgte für die Kommunikation mit den Personen, die gerade unterwegs waren. Die Energie kam aus einem Kernreaktor, die Leute fuhren mit elektrischen Einrädern herum, und Nahrungsmittel er-

Die geplante Orion-Kapsel soll auch an die Raumstation ISS andocken können

zeugte eine Hydrokultur. Schon ein Jahr zuvor hatte Hermann Oberth ein raupenförmiges Mondauto entworfen, das Spalten im Boden durch 25-Meter-Sprünge überwinden konnte.

1962 veröffentlichten John DeNike and Stanley Zahn eine Designstudie in der Zeitschrift ›Aerospace Engineering‹. Die Siedlung sollte in einem flachen Gebiet im *Mare Tranquillitatis* liegen, wo ja später Apollo 11 tatsächlich landete. Ihre 1300 Quadratmeter große Mondbasis war ausgelegt für 21 Personen und befand sich unter der Oberfläche, damit sie gegen die Strahlengefahr aus dem All geschützt war. Es gab dreißig Habitat-Module mit Wohnbereichen, acht Arbeitsbereichen und 15 Logistikpunkte, die mit Kernenergie versorgt wurden. Der Aufbau sollte ein Jahr dauern.

Weitere, ähnliche Entwürfe folgten in den darauffolgenden Jahren, als die Raumfahrtbegeisterung noch groß war. All diese Entwürfe weisen natürlich weit in die Zukunft. Zunächst aber geht es erst einmal darum, eine Crew auf den Mond zu bringen und ihr dort eine Wohnmöglichkeit zu bieten, in der sie einige Zeit überleben und Vorbereitungsarbeiten für eine feste Station durchführen kann. Für einen solchen ersten lunaren Außenposten gibt es seit 1992 einen Entwurf, der vom NASA-Forscher Kent Joosten entwickelt wurde.

Das Habitat soll automatisch auf dem Mond landen, die Mannschaft kommt separat mit ihrem Mondlandmodul. Sie zieht dann sofort um in das Habitat, das so gebaut ist, dass seine Treibstofftanks vor der Weltraumstrahlung geschützt sind. Die Energieversorgung ist solar. Hier könnten die Astronauten sechs Wochen lang leben, Forschungsarbeiten durchführen, mit dem Mond-Rover Ausflüge in die Umgebung unternehmen und erste Versuche machen, die mondeigenen Ressourcen zu nutzen. Wenn die Mannschaft zur Erde zurückgekehrt ist, können spätere Missionen die Station erneut benutzen.

Ebenfalls 1992 präsentierte Kriss Kennedy auf einer Fachkonferenz ein aufblasbares Habitat. Es soll aus mehrlagigem Verbundstoff bestehen und zusammengefaltet auf dem Mond landen. Dort erst wird es aufgeblasen. Ein Boden aus Metall bildet die Basis des 45 × 8 Meter großen Moduls. Es soll zwei Stockwerke haben, die durch Treppen miteinander verbunden sind. Die Station müsste entweder mit Regolith oder einem mitgebrachten Strahlenschutz bedeckt werden, um die Astronauten zu schützen. Kennedy hatte auch einen Rückzugsraum eingeplant, in den die Mannschaft flüchten kann, wenn besonders starke Sonnenstürme drohen.

Durch eine Luftschleuse betritt man das Habitat. Dort kann man sich auch vom Mondstaub reinigen. Im Inneren befinden sich Büro- und Computerräume, eine Krankenstation, ein Fitnessraum, Labors für Astronomie, Geochemie, Gesteinskunde und Biologie sowie ein Platz für die Raumanzüge. Kennedy schlug auch eine kleine Experimentalfarm zur Aufzucht von Pflanzen in einer Hydrokultur vor. Ansonsten hatte er auch einigen Komfort für die Astronauten eingeplant: So gab es einen Unterhaltungsraum, eine Bordküche, ein Esszimmer und genügend Stauraum. Jeder Astronaut sollte einen persönlichen Raum haben, der ein Bett, einen Schrank, Kommunikationsmittel und einen Erholungsbereich beinhaltet. Natürlich waren auch Duschen, Toiletten und Waschmaschine vorgesehen.

Derartige Pläne liegen bei der NASA und werden wieder aktiviert, sobald die nötigen Finanzmittel genehmigt sind. Gleichzeitig aber laufen schon erste reale Tests für eine Reise zum Mond und später zum Mars. »Eines unserer größten Probleme ist, aus den gängigen Vorstellungen auszubrechen, die durch die Science-Fiction-Literatur und die heutige Robotertechnologie vorgegeben sind«, sagt Bill Cancey, der an einem NASA-Projekt für »mobile Agenten« mitarbeitet. »Indem wir Prototypen bauen und testen, prüfen wir Designkonzepte.«

Mitten in der Wüste des US-Bundesstaates Utah, etwa vier Autostunden von Salt Lake City entfernt, befindet sich beispielsweise die Mars Desert Research Station. Seit Dezember 2003 betreiben hier die NASA, die Moon Society und die Mars Society dieses Habitat. Seitdem werden dort Missionen zu Mond und Mars simuliert. Die Gegend eignet sich für derartige Arbeiten sehr gut, weil sie in Aussehen und Landschaft ziemlich stark dem Mars ähnelt, auch wenn es in Utah wesentlich wärmer ist. Hier arbeiten nun also Freiwillige unter Mars-Bedingungen. NASA-Forscher betonen immer wieder, dass die Zusammenarbeit zwischen Menschen und Robotern am besten dadurch verbessert werden kann, dass man lebensnahe Situationen nachstellt, bei denen Menschen und Roboter gemeinsam Forschungsaufgaben lösen müssen. Hauptbestandteil der Mars-Forschungsstation ist ein Zylinder mit zehn Metern Durchmesser, einem Modul der Internationalen Raumstation nicht ganz unähnlich. Er steht aufrecht und besteht aus zwei Etagen: Unten sind eine Luftschleuse, daneben zwei Badezimmer, eine »Garderobe« für die Raumanzüge sowie die Labore der Wissenschaftler. Oben wohnen sie in sechs Zimmern mit Schlafkojen und einer Gemeinschaftsküche. Ergänzt wird die Station durch ein Gewächshaus, in dem Pflanzen für die Ernährung der Crew gezüchtet werden und dabei Brauchwasser verwerten.

Hier kann sich jeder bewerben, um jeweils zwischen Spätherbst und Anfang Mai für zwei Wochen mitzumachen. In ihrer Stellenausschreibung verlangt die Mars Society unter dem Motto: »Harte Arbeit, keine Bezahlung, ewiger Ruhm« von den Freiwilligen: »Engagement für die Sache der Erforschung des Mars durch den Menschen ist absolut nötig, da die Bedingungen hart sein können und der Job sehr anstrengend ist.« Ansonsten kann sich jeder zwischen 18 und 60 bewerben, egal, wo er herkommt, welcher Hautfarbe, welchen Glaubens oder welchen Geschlechts er ist. Wenn jemand wissenschaftliche, literarische oder Expeditionserfahrung hat, ist das von Vorteil. Bezahlung erhält man keine, die Mars Society erstattet lediglich die Fahrtkosten von Salt Lake City aus. Die ausgewählten Bewerber müssen an einem Mannschaftstraining teilnehmen und sich streng an die vorgeschriebenen Regeln und Protokolle halten.

Interessant könnte es trotzdem werden, das belegen jedenfalls die Protokolle der vergangenen Missionen. Da berichten Teilnehmer darüber, wie sie den Sprechfunk verbesserten, die Wasserversorgung reparierten, wie sie auf unzähligen Wanderungen in der Wüste an Berghängen die Raumanzüge und die Fahrzeuge erprobten; und bei alledem schien offenbar trotz vieler Überraschungen immer eine recht gute Stimmung geherrscht zu haben. Das war wichtig für die Forscher, die das Projekt überwachen, denn es geht dabei nicht nur um technische Fragen, sondern auch darum, wie das Zusammenleben unter Extrembedingungen sinnvoll organisiert werden kann. Manchmal waren die Wetterbedingungen so schlecht, dass die Mannschaft im Sumpf eingeschlossen war, ein anderes Mal musste sie Wintermäntel tragen wegen der großen Kälte. Meist aber lief man in Shorts und Sandalen herum.

Der Reporter Guido Meyer hat die Arbeit in der simulierten Marsstation im Südwesten der USA mitgemacht und nach seiner Rückkehr im Deutschlandfunk einen kleinen Einblick ins Alltagsleben der Station gegeben: »Die Biologin Leslie Wickman aus dem US-Bundesstaat Washington hat den grünen Daumen auf dem Roten Planeten. Sie hält den Wasserkreislauf der Mars-Station in Schwung. Ins Greenhab würde das gesamte Küchen- und Duschabwasser hineingeleitet werden, erklärt Leslie. Im Gewächshaus werde es dann aufbereitet, was größtenteils durch Wasserpflanzen geschieht. Außerdem werde das sogenannte graue Wasser einer UV-Schockbehandlung unterzogen. Diese Verfahren sorgen dafür, dass das einstige Abwasser noch einmal zur Toilettenspülung verwendet werden kann, bevor es endgültig entsorgt wird. Damit ist jedoch noch kein autarker Wasserkreislauf hergestellt, wie er an Bord eines Mond- oder Mars-Habitats zwingend erforderlich wäre. Es hakt derzeit an beiden Enden des offenen Wasserkreislaufs: Frisches Trinkwasser wird einmal pro Woche angeliefert, das Abwasser nicht vollständig wieder aufbereitet.«

Ein anderes Problem, von dem Meyer berichtet, sind die Raumanzüge: So erprobte Commander Peter Kokh einen »Spacesuit lite«, also einen besonders leichten Raumanzug. »Dieser Papieranzug simuliert eine leichtere Form von Raumanzug, der bequemer ist und in dem die Fortbewegung weniger schwerfällt. Man könnte ihn innerhalb der Tunnel tragen, die einen zwar vor kosmischer Strahlung, Mikrometeoriten und Sonneneruptionen schützen würden, nicht aber vor dem Vakuum des offenen Weltraums«, erzählt der Reporter. Die Marsstation in der Wüste von Utah ist schon die zweite For-

Forscher trainieren auf der Erde für künftige Aufenthalte auf dem Mars

schungsstation der Mars Society. Im Jahr 2000 hatte sie bereits zwei Monate lang in der Arktis ein Habitat unter Marsbedingungen betrieben, auf Devon Island. Zwei weitere Stationen sind geplant, eine in Island und eine in Australien.

Wer Menschen zum Mond bringt, um sie längere Zeit dort leben zu lassen, muss auch Gefahren abwehren, die bei den kurzen Raumfahrtmissionen von Apollo noch keine besondere Rolle spielten. Im Vordergrund steht dabei die radioaktive Strahlung aus verschiedenen Quellen. David A. Kring vom Lunar and Planetary Institute in Houston, Texas, zählt in einer Studie die wichtigsten auf. Dabei spielt der Sonnenwind eine große Rolle. Dieses Phänomen hat der Physiker Ludwig Biermann 1951 entdeckt. Aus der Beobachtung, dass Kometenschweife immer von der Sonne weggerichtet sind, zog er den Schluss, dass eine Art »Wind« dahinterstecken müsste. Messungen von Raumsonden zeigten, dass es sich beim Sonnenwind um einen kontinuierlichen, aber sehr variablen Strom von Teilchen handelt, die aus der Sonnenatmosphäre entweichen und nach außen strömen. Sie erfüllen den ganzen interplanetaren Raum. Nur die Erde erreichen sie nicht, da sie von deren Magnetfeld abgelenkt werden.

Trainingsgelände in der Wüste von Utah für künftige Marsmissionen

Der Sonnenwind besteht hauptsächlich aus geladenen Teilchen, also Protonen, Ionen, Alpha-Teilchen und Elektronen. Sie strömen sowohl aus den Löchern der Sonnenkorona als auch aus den aktiveren Regionen ihrer Oberfläche und transportieren das Magnetfeld der Sonne mit hinaus in den interplanetaren Raum. Die Partikel haben Geschwindigkeiten zwischen 300 und 700 Kilometern pro Sekunde; jeder Kubikzentimeter des sonnennahen Raums enthält zwischen einem und zwanzig davon.

Während die Sonne dort oben für die Energieversorgung lebenswichtig sein wird, bringt sie also auch eine ganze Reihe von Problemen: Sie sorgt dafür, dass die Mondoberfläche zwischen extremer Hitze (plus 140 Grad) und extremer Kälte (minus 170 Grad) schwankt, und wenn sie starke Ausbrüche von Sonnenwind hat, kann das für Menschen auf dem Mond lebensgefährlich werden.

In ihrem ständigen Teilchenschauer werden die Astronauten auf dem Mond leben müssen. Da die meisten Teilchen des Sonnenwinds aber keine sehr hohe Energie haben, sollten sie, so stellt der Wissenschaftler fest, »keine ernsthafte Bedrohung darstellen«. Anders sieht das bei Teilchen aus, die eine höhere Durchschlagskraft besitzen. Dazu zählt die kosmische Strahlung, die aus dem Weltall kommt. Ihre Intensität ist nicht allzu hoch, wohl aber ihre Energie. Noch gefährlicher sind sogenannte Sonnen-Flares. Es handelt sich dabei um plötzliche Eruptionen mit der Gewalt mehrerer Milliarden Atombombenexplosionen zusammen. Sie treten in der Nähe von Sonnenflecken auf und dauern meist nur wenige Minuten. Sie schleudern extrem energiereiche Strahlung in Form von Gammastrahlung, Röntgenstrahlung und Teilchen ins All hinaus und erreichen den Mond nach weniger als einem Tag Flugzeit. Die stärksten bisher beobachteten Sonnenstürme fanden am 23. Februar 1956 und am 4. August 1972 statt. Weil sie sehr gefährlich sind, rät David Kring dazu, Raumfahrtmissionen nach Möglichkeit so zu terminieren, dass sie nicht gerade während einer aktiven Phase des Sonnenzyklus stattfinden, oder zumindest gute Vorwarnsysteme zu installieren.

Wenn Astronauten aber dennoch einem Sonnensturm ausgesetzt sind, sollten sie dringend sofort eine strahlensichere Unterkunft aufsuchen, denn andernfalls würden sie nach etwa einer Stunde unter Übelkeit mit Erbrechen leiden. Wären sie dem Sturm sogar einige Tage lang ausgesetzt, würden sie an der Strahlenkrankheit sterben. Eine weitere Gefahrenquelle entsteht, wenn die Strahlung aus dem

Weltall oder von der Sonne auf den Mondboden trifft. Dort bleiben nämlich viele der Teilchen stecken und strahlen entweder selbst oder regen Atome des Regoliths zur Strahlung an. Sie können sogar ganze Moleküle zerschmettern und neue Teilchen freisetzen. Auch davor müssen sich die Astronauten schützen, wenn sie täglich mit dem Mondboden in Berührung kommen.

Eine besondere Bedrohung für den Menschen und seine lunare Behausung ist das, was die Oberfläche des Mondes eigentlich erst geformt hat: das ununterbrochene Bombardement durch Meteorite. Um die reale Gefahr abzuschätzen, haben verschiedene Initiativen und Projekte sich darangemacht, die Einschläge auf dem Mond zu zählen. Das ist natürlich von der Erde aus ein schwieriges Unterfangen, kann man doch so kleine Objekte von hier aus nicht sehen. Deshalb gibt es dafür unterschiedliche Ansätze, mit unterschiedlichen Zählweisen und Ergebnissen.

Ein Überwachungsprogramm, das die NASA etabliert hat und an dem viele Teleskope auf der Erde teilnehmen, beobachtet seit zwei Jahren den Mond, um herauszufinden, wie viele Meteorite mit einem Gewicht über 500 Gramm dort auf der jeweils dunklen Seite einschlagen. Das Ergebnis bisher: Manchmal ist es eine ganze Woche lang ruhig, manchmal wieder treffen gleich mehrere Brocken pro Tag auf.

In Wirklichkeit sind es wahrscheinlich wesentlich mehr als die beobachteten Meteorite. Das leiten andere Beobachter aus der Meteoritendichte rund um die Erde ab. Man schätzt, dass auf die Erde täglich rund 33 Tonnen Meteoritenmaterial herniederprasselt; die meisten Steine verglühen in den oberen Schichten der Lufthülle. Der Mond hat aber keine Atmosphäre, die ihn vor den Einschlägen schützen könnte. Die langsamsten Meteorite kommen dort mit zwanzig Kilometern pro Sekunde aus dem All angerast, die schnellsten sind fast vier Mal so schnell. Bei einem solchen Tempo haben auch kleinste Brocken eine unglaublich hohe Energie: Ein nur fünf Kilogramm schwerer Stein kann einen Krater von neun Metern Durchmesser erzeugen und dabei 75 Tonnen Mondmaterial herausschlagen.

Wenn man die Häufigkeit der Einschläge auf der Erde auf Mondverhältnisse umrechnet, ergeben sich mehr als 260 Einschläge pro Jahr von Meteoriten schwerer als ein Kilogramm. Das heißt, Mondstationen, in denen Menschen sich längere Zeit aufhalten, sollten so

Marstaugliches Habitat für Trainingszwecke in der Wüste von Utah

gebaut sein, dass sie Meteoriten und deren Zerstörung widerstehen können. Neben den großen Meteoriten gibt es aber auch auf dem Mond sogenannte Meteoritenschauer, wie wir sie schon auf der Erde kennen. Dort erzeugen sie zu bestimmten Zeiten ein spektakuläres Feuerwerk am Himmel, wenn sie als Sternschnuppen am Nachthimmel verglühen. Immer, wenn solche Schauer auf dem Mond niedergehen, sind dort die Menschen in akuter Gefahr. Dies wird aber nicht immer genau zur gleichen Zeit sein wie auf der Erde. Die NASA ist deshalb bestrebt, bessere Vorhersagemodelle für Meteoritenschauer zu entwickeln, damit man die Astronauten rechtzeitig anweisen kann, Schutzräume aufzusuchen.

Es kann also ganz schön gefährlich sein, ins All zu fliegen und sich dort für längere Zeit aufzuhalten. Das ist aber gar nicht nötig, um etwa Besitzer eines Mondgrundstücks zu werden. In Deutschland gibt es rund ein Dutzend Firmen, die mit Mondgrundstücken handeln, weltweit sollen es laut Schätzungen sogar mehrere Hundert sein. So haben bis zum Jahr 1995 bereits mehr als 4500 amerikanische Bürger Mondparzellen erworben, zum Preis von einem Dollar pro Acre, das entspricht einer Fläche von 4047 Quadratmeter. Marktführer auf dem Gebiet ist das amerikanische Unternehmen Lunar Embassy des US-Amerikaners Dennis Hope. Er besteht darauf, Eigentümer großer Flächen auf dem Mond zu sein, denn er hat sich 1980 in San Francisco seine Besitzrechte ins Grundbuch eintragen lassen. Zunächst habe der Beamte seinem Wunsch nicht entsprechen wollen, aber nach fünfstündiger Verhandlung habe der Geschäftsführer des Amtes seinen Antrag endlich akzeptiert. Die Firma verkauft die Grundstücke fröhlich weiter, allein im Jahr 1999 soll sie 3,4 Millionen Dollar Umsatz gemacht haben.

Wer auf solche Angebote eingeht, sollte sich darüber im Klaren sein, dass ein Mondgrundstück lediglich »ein Scherz, eine esoterische Bereicherung oder eine ausgefallene Geschenkidee« ist, so die Juristin Sabine von Schorlemer von der TU Dresden. »Ansprüche auf das jeweilige Mondgrundstück bestehen nicht.« Die Professorin für Völkerrecht hat sich die Verträge, die die Grundstücksrechte auf dem Mond und anderen Himmelskörpern betreffen, einmal genau angesehen und kommt zu dem Schluss: »Ein Erwerb von Grundstücken auf dem Mond ist völkerrechtlich unzulässig.«

Zum ersten Mal wurde ein Verbot für die nationale Aneignung von Himmelskörpern am 20. Dezember 1961 von der UN-Generalversammlung formuliert und zwei Jahre später in der Weltraum-Rechts-Deklaration wiederholt. Am 27. Januar 1967 wurde schließlich der sogenannte Weltraumvertrag unterzeichnet, der festlegt, dass staatliche Souveränität sich nicht automatisch auf die Himmelskörper erstreckt. Schließlich sollten diese zum Gemeinschaftsbesitz der Menschheit gehören, außerdem drohten Sicherheitsprobleme, wenn ein Staat nationale Ansprüche auf den Mond oder auf Planeten erhebe.

Die Gegner dieser Resolution vertreten hingegen die Ansicht, der Mond sei Niemandsland, das jeder erwerben könne. Vor allem die USA, die ja den Mond schon betreten und dort hoheitliche Symbole wie Flaggen zurückgelassen hätten, hätten das Recht dazu. Der Weltraumvertrag hat 1967 dem Theorienstreit ein Ende gemacht. Selbst der Eintrag ins Grundbuch sei keine Garantie für den Besitz eines Mondgrundstücks, so die Jura-Professorin von Schorlemer: »Kein Staat, gleich, ob er wie die USA auf dem Mond gelandet ist oder nicht, kann Erdenbürgern zum Erwerb von Grundstücken auf dem Mond verhelfen.« Denn worüber der Staat selbst nicht verfügen darf, das kann er auch nicht seinen Bürgern übertragen. Trotzdem fühlen sich viele Bürger, die Mondgrundstücke gekauft haben, durch die Raumfahrtpläne von Präsident Bush gestört: Sie wollen keine Raumfahrzeuge, Mondstationen oder Flaggen auf ihrem Grundstück haben.

Natürlich, so von Schorlemer, können Verträge auch wieder geändert werden. So könnte die UNO sehr wohl den Weltraumvertrag wieder ändern, wenn sie Interesse daran hat, dass der Mond kommerzialisiert wird. Wer Schürfrechte auf dem Mond besitzt, ist vielleicht eher bereit, dort Geld zu investieren. So wären auch Privatleute für eine Besiedelung des Mondes zu gewinnen. Derzeit steht aber keine Vertragsänderung auf der Tagesordnung, so dass die USA wohl keine Proteste fürchten müssen, wenn in einigen Jahren erneut ein Astronaut seinen Fuß auf den Mond setzt.

Kapitel 11
Gezeiten zu Wasser und zu Land Wellen des Lebens

»Nun sind wir wieder unter uns Göttern,
Sagte der Mond, als der Abend dunkelte,
Und winkte zum Reigen den Planeten,
seinen Vettern.«

Ricarda Huch, aus: ›Himmelsmärchen‹

Hundert Milliarden Tonnen Wasser machen zwei Mal jeden Tag eine Reise durch die kanadische Fundybucht. Hier, zwischen den östlichen kanadischen Provinzen Nova Scotia und New Brunswick am Golf von Maine, findet man die größten Unterschiede zwischen den Wasserständen bei Ebbe und Flut – Tidenhub genannt – auf der ganzen Welt. 15 bis 21 Meter hebt sich das Wasser an manchen Tagen und verwandelt die Küstenstreifen der 220 Kilometer langen und sechzig Kilometer breiten Bucht jedes Mal völlig. Viele Touristen kommen, um dieses regelmäßige Naturschauspiel und die zum Teil skurrilen Gesteinsformen, die es im Lauf der Jahrtausende erzeugt hat, zu bestaunen.

Der extreme Tidenhub entsteht in dieser Bucht aufgrund eines Resonanzphänomens: Alle zwölf Stunden und 25 Minuten kommt aus dem Atlantik eine Flutwelle am südlichen Ende der Bucht an und läuft in sie ein. Das Wasser braucht dann gut sechs Stunden, bis es das Nordende erreicht hat. Inzwischen hat aber bereits wieder Ebbe eingesetzt, das heißt, das Wasser fließt zurück nach Süden, wozu es ebenfalls gute sechs Stunden braucht. Dies bewirkt, dass die Woge genau dann, wenn sie wieder am Südende angekommen ist, dort auf die nächste Flutwelle aus dem Atlantik trifft. So schaukelt sich die

Welle immer mehr auf. Einen vergleichbaren Effekt kann man in einer gefüllten Badewanne erzeugen, indem man eine hin und her schwappende Welle im Takt aufschaukelt. So stark ist der Tidenhub, dass er sogar noch Auswirkungen auf die umliegenden Flüsse hat: Bei einigen Zuflüssen der Fundybucht dreht sich bei Hochwasser die Fließrichtung um. Die Menschen haben sich die Energie, die in der Wasserbewegung steckt, zunutze gemacht: Bei Annapolis Royal erzeugt ein Gezeitenkraftwerk 18 Megawatt Leistung.

Die eigentliche Ursache für das Phänomen in der Fundybucht findet sich am Himmel: Der ständige Umlauf des Mondes um die Erde, ebenso wie deren Kreisen um die Sonne, verursachen die Gezeiten. Dabei spielt der Mond, obwohl er viel kleiner als die Sonne ist, die größere Rolle, denn er ist nur 380 000 Kilometer von der Erde entfernt, und die Anziehungskraft hängt vom Quadrat des Abstands ab. Es sind die unterschiedlichen Gravitations- und Fliehkräfte im System Sonne-Erde-Mond, die in ihrem komplizierten Zusammenspiel die größte Welle der irdischen Meere erzeugen. Die Anziehungskraft des Trabanten hebt auf der ihm zugewandten Seite der Erde die Ozeane zu einem ausgedehnten Flutberg von freilich nur etwa siebzig Zentimetern Höhe – auf hoher See gemessen. Er bleibt stets dem

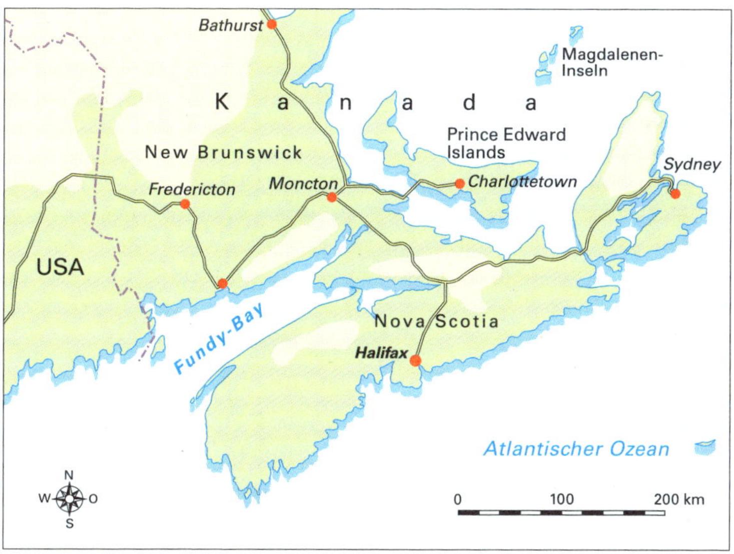

Beliebtes Touristenziel: die Fundybucht in Kanada

Mond zugewandt, während sich die Erde unter ihm weiterdreht. Ein zweiter Flutberg bildet sich auf der gegenüberliegenden, mondabgewandten Seite der Erde. Seine Ursache ist die Fliehkraft. Nicht der Erdmittelpunkt bildet nämlich den Drehpunkt des Mond-Erde-Systems, sondern dieser ist einige Kilometer zum Mond hin verschoben. Daraus resultiert eine vom Mond wegzeigende Fliehkraft; sie türmt den zweiten Flutberg auf.

Die Folge: Der Wasserspiegel des Ozeans hebt und senkt sich alle zwölf Stunden und 25 Minuten. Er tut dies aber nicht überall auf dem Globus gleichmäßig, denn hier spielen eine Menge Faktoren eine Rolle: Natürlich in erster Linie die Anziehungskraft von Mond und Sonne, ferner die Zentrifugalkraft, schließlich die Reibung mit dem oft zerklüfteten Meeresgrund und die Form der Küste, an die das Wasser prallt. Aus all diesen Einflüssen formt sich ein kompliziertes Wechselspiel, das die Ozeane der Erde in Schwingungen versetzt. An manchen Stellen hebt und senkt sich der Wasserspiegel um mehrere Meter, an anderen bleibt er gleich, an wieder anderen bilden sich Meeresströmungen heraus, die im Extremfall so reißend sein können, dass sie sogar für die Schifffahrt gefährlich werden können. So verwickelt ist das Geschehen, dass es bis heute nur ansatzweise möglich ist, es auf dem Computer zuverlässig zu simulieren. Deshalb ermitteln die Fachleute die Vorhersagen für die Wasserstände lieber aus Beobachtungen in der Vergangenheit. Nach 19 Jahren sind alle Konstellationen von Erde, Mond und Sonne einmal komplett durchlaufen. Dann kann man die aufgezeichneten Werte dazu benutzen, zumindest eine grobe Ansage der kommenden Wasserstände zu machen – grob deshalb, weil zusätzlich noch Wind und Wetter Auswirkungen haben, die natürlich immer anders sind.

Aber nicht nur die Wassermassen der Erde heben und senken sich bei Ebbe und Flut, auch die feste Erdkruste unterliegt diesen Einflüssen. »In den gemäßigten Breiten hebt und senkt sich der Erdboden zwei Mal pro Tag um je rund dreißig Zentimeter unter unseren Füßen«, erklärt Gerhard Jentzsch, Professor am Institut für Geowissenschaften der Universität Jena. »Die Erde deformiert sich bis in ihr Innerstes.« So wird sie täglich zwei Mal durch die Kraft des Mondes ein wenig durchgewalkt. Wir merken freilich nichts davon, denn »die

Gesteinsformationen in der Fundybucht

Bewegung ist dafür einfach zu langsam«, erklärt Helmut Wilhelm, Geologieprofessor an der Universität Karlsruhe. »Wenn ein Lastwagen auf der Straße vorbeifährt, fühlt man die Erschütterung, weil die Schwingungen schnell sind, aber eine Schwingung, die zwölf Stunden dauert, können wir mit unseren Sinnen nicht mehr wahrnehmen.«

Dass die Erdkugel keineswegs starr ist, sondern ein zumindest teilweise elastisches Gebilde, das durch die Gezeitenkräfte zum Schwingen angeregt wird, hatte schon der Astronom und Mathematiker George Howard Darwin, Sohn des berühmten Biologen Charles Darwin, Ende des 19. Jahrhunderts erkannt. Im Jahr 1898 veröffentlichte er das Buch ›Die Gezeiten‹. Darin erklärt er erst einmal, warum ein ganzes Buch nötig ist, um »ein so kleines Thema wie die Gezeiten« abzuhandeln. Das Phänomen verzweige sich in so viele Richtungen, dass es schwierig sei, es in komprimierter Form darzustellen. Es sei schmerzlich gewesen, die Entstehung der Gezeiten verständlich darzustellen, aber er habe sich größte Mühe gegeben. Er betont die Beziehung der Gezeiten zur Astronomie und entwickelt in dem Buch auch eine ganz eigene Hypothese über die Entstehung des Mondes, die Abspaltungstheorie.

Zunächst aber berichtet er von einigen alten mythologischen Vorstellungen, die er im Lauf seiner Reisen gesammelt hatte: »Von Professor Giles erfuhr ich, dass chinesische Schriftsteller zwei Gründe für die Gezeiten vorgeschlagen haben: Der erste sagt, dass Wasser das Blut der Erde sei und die Gezeiten das Schlagen ihres Pulses zeigten; der zweite, dass die Gezeiten durch die Atmung der Erde entstünden.« Aus arabischen Quellen geht hervor, dass dort bereits im 13. Jahrhundert die Gezeiten mit dem Stand des Mondes in Verbindung gebracht wurden. Und in Island erzählt laut Darwin die ›Rimbegla‹: »Bei Neumond steht der Mond vor der Sonne und hindert sie daran, das Meer auszutrocknen; auch tropft er seine Nässe herab. Aus diesen beiden Gründen schwillt das Meer bei Neumond an und macht die Springtiden. Aber wenn der Mond hinter die Sonne zieht, wirft diese ihre Hitze auf die Meere und vermindert damit die Flüssigkeit des Wassers. Auf diese Weise werden die Meeresgezeiten verringert.«

Darwin ließ sich von derlei Mythen nicht beeindrucken und unterschied sie sehr genau von den wissenschaftlichen Beobachtungen, die er selbst und einige Mitarbeiter machten. Auf geradezu hellsichtige Weise entwickelte er ein damals noch revolutionäres Erdmodell, das von einer elastischen Kugel ausging, die den unterschiedlichsten Kräften ausgesetzt ist. Rechnerische Abschätzungen, die sich aus den Beobachtungen von Ebbe und Flut ergaben, führten Darwin zu der Aussage, dass die Erde sich unter der Last der Wassermassen bei Flut etwas verforme, und zwar so, »dass es scheint, als ob die mittlere Steifigkeit der gesamten Erde so sein muss, dass sie etwas weniger nachgibt, als wenn sie aus Stahl gefertigt wäre.« Diese Aussage würde der Geologieprofessor Wilhelm auch heute noch unterschreiben, zumindest für die Erdschwingungen mit langer Periode. »Die Erde verformt sich unter dem Einfluss der Kräfte etwa so wie ein Rugbyball«, erklärt er.

Diese Verformung hat manchmal sogar sichtbare Auswirkungen auf den Wasserstand in bestimmten Brunnen: »Wenn die Erdgezeiten die Erdkruste zusammendrücken, kann es an bestimmten Stellen passieren, dass das Grundwasser durch einen Brunnenschacht nach oben gedrückt wird«, so Wilhelm. »Der Anstieg kann bis zu zehn Zentimetern betragen.« Er erfolgt aber wohlgemerkt nicht, weil der Mond das Wasser im Brunnen nach oben zieht, sondern weil die Erde von unten drückt.

Normalerweise sind die Höhenunterschiede, die durch die Erdgezeiten entstehen, nicht mit bloßem Auge erkennbar. Feststellen lassen sie sich jedoch indirekt mit Gravimetern – Instrumenten, die noch die allerkleinsten Schwankungen der Erdanziehungskraft entdecken können. Eines davon steht in Jena. Die meisten herkömmlichen Gravimeter beruhen auf dem Prinzip hochgenauer Federwaagen. Hängt eine Masse an einer solchen Federwaage, ist die Feder so gespannt, dass sie die durch die Schwerkraft verursachte Auslenkung der Probemasse gerade kompensiert. Nimmt nun die Schwerkraft zu, beispielsweise weil durch die Verformung der Erde mehr Masse an dem Punkt zieht, wird die Probemasse so weit ausgelenkt, bis sich erneut ein Gleichgewicht zwischen Federspannung und der geänderten Schwerebeschleunigung einstellt. Aus dieser Auslenkung kann man die Änderung der Schwerkraft berechnen und daraus wiederum die Änderung der Form.

So einfach ist es in Wirklichkeit aber nicht, wie Helmut Wilhelm erklärt: »Das Gravimeter misst ja nicht nur die Zunahme der Schwerkraft durch die Erdverformung, sondern es unterliegt gleichzeitig auch der Anziehungskraft des Mondes, die sich ebenfalls ständig ändert. Wenn man nun herausfinden will, wie stark sich die Erde verformt, muss man diesen Beitrag rechnerisch wieder von dem Gesamtwert abziehen.« Das klingt höchst kompliziert, zumal man keinen festen Bezugspunkt hat. Dieser ergibt sich erst, wenn man das halbtägliche Auf und Ab über längere Zeit beobachtet und daraus den Mittelwert errechnet. Trotzdem gelang es schon George Darwin, verlässliche Werte zu errechnen, ganz ohne Computer – eine bewundernswerte Leistung.

Das Gravimeter in Jena arbeitet nicht mit einer Federwaage, sondern es ist supraleitend. Hier ersetzt ein Magnetfeld, das von zwei supraleitenden Spulen erzeugt wird, die mechanische Feder und hält die Probemasse – hier eine Hohlkugel aus Niob mit 25,4 Millimeter Durchmesser – fest. Der Vorteil dieses Sensorsystems liegt darin, dass es über lange Zeiten sehr stabil ist.

Zusätzlich zur Auslenkung einer Masse kann man die Verformung der Erde von der Kugel zum Ei auch dadurch messen, dass man eine Veränderung in der Neigung ihrer Oberfläche misst. Dies geschieht in Jena mit Hilfe hochgenauer Pendel, die in Stollen tief in der Erde hängen. Sie zeigen durch eine Änderung ihrer Schwingungsebene an, wie stark sich die Neigung verändert. »Stellen Sie sich vor, man legt eine Platte von Kiel bis Mailand«, erklärt Gerhard Jentzsch. »Unser Messsystem ist so genau, dass es noch feststellen könnte, wenn man diese Platte an einem Ende um nur einen Zentimeter anhebt.«

In den siebziger Jahren gab es eine intensive Diskussion darüber, ob die Erdgezeiten zur Auslösung von Erdbeben beitragen können. »Es hat sich aber herausgestellt, dass das nicht der Fall ist«, sagt der Geologe Jentzsch, »um einen Einfluss zu haben, müssten die Gezeitenkräfte genau in der richtigen Richtung an Erdbebenzonen oder Rissen in der Erdkruste angreifen, und das tun sie im Allgemeinen nicht.« Außerdem sind die Dimensionen der Erdgezeiten gering im Vergleich zu dem Einfluss des Gewichts, das etwa die Wassermassen bei Flut auf die Erde ausüben. Das wurde beispielsweise auf den Philippinen nachgewiesen. »Auflastgezeiten« nennen die Geologen das.

Auch Vulkane können durch die Erdgezeiten nicht dazu gebracht werden, plötzlich auszubrechen. »Wenn der Vulkan gerade nicht aktiv ist, sind die Gezeitenkräfte zu gering, um ihn zum Ausbruch zu bringen, und wenn er gerade aktiv ist, stehen andere, weit gewaltigere

Kräfte im Vordergrund«, so Jentzsch. »Allenfalls zwischen den beiden Phasen könnte es wenige Stunden mit einem sehr labilen Gleichgewicht geben, in denen die Erdgezeiten möglicherweise eine Rolle spielen.« Sein Kollege Wilhelm unterstreicht dies: »Es könnten allenfalls vulkanische Erdbeben etwas früher auftreten, wenn sich die tektonischen Spannungen mit den Gezeitenspannungen gerade passend überlagern.«

Zum Auslösen von Erdbeben reichen die Kräfte des Mondes glücklicherweise wohl nicht aus, aber sie sind durchaus nützlich zur Energieerzeugung. Schon George Darwin schlug in seinem Buch ›Die Gezeiten‹ 1898 vor, in Flüssen, die durch die Gezeiten an der Mündung ihre Fließrichtung zwei Mal täglich wechseln, Mühlräder anzubringen, um die Kräfte zu nutzen. Er hatte diesen Effekt in China beobachtet, als dort sogar Schiffsunglücke passierten, weil Schiffe bei Ebbe auf Grund liefen oder bei Flut gegen Felsen geworfen wurden. Allerdings gab er zu, dass derartige Gezeitenkraftwerke zu teuer seien. Eine andere Idee, die er für wirtschaftlicher hielt, war, an offenen Küsten bei Flut Wasser in Becken zu sammeln und sie bei Ebbe über »Mühlräder oder Turbinen« wieder abzulassen und dabei Energie zu gewinnen. Das sei aber nur in bereits existierenden Meeresbuchten oder geeigneten Formationen möglich, der Bau großer Dämme sei dafür zu unwirtschaftlich – so Darwin.

Heute existieren Gezeitenkraftwerke an der Atlantikküste in der Mündung der Rance bei Saint Malo in Fankreich und wie bereits erwähnt im kanadischen Annapolis Royal. In der Fundybucht wird seit Längerem auch ein größeres Gezeitenkraftwerk geplant, es wurde aber wegen der hohen Investitionskosten und wegen ökologischer Bedenken bisher nicht realisiert. Weitere kleinere Gezeitenkraftwerke gibt es in Russland bei Murmansk und in China. Das größte chinesische Gezeitenkraftwerk befindet sich bei Jiangxia in der Provinz Zhejiang. Das weltweit größte Gezeitenkraftwerk wird zurzeit in Südkorea, in Sihwa südlich von Seoul, gebaut.

Der Effekt des Mondes auf Ozeane, Erde und Atmosphäre bedeutet freilich nicht automatisch, wie manche Mondgläubige meinen, dass auch Lebewesen seinem Einfluss unterliegen. Denn die Wirkung der Schwerkraft hängt nicht nur vom Abstand, sondern auch von der Größe der beteiligten Massen ab. Die Ozeane haben eine riesige Masse und werden dennoch nur gerade siebzig Zentimeter angehoben. Die Wassermengen von Ostsee, Mittelmeer und Bodensee sind bereits zu gering, weshalb dort die Gezeiten fast nicht spürbar sind. Wenn die Anziehungskraft des Mondes wirklich auf den einzelnen Menschen fühlbar einwirken würde, müsste man erst recht Ebbe und Flut in der Badewanne oder im Swimmingpool erwarten.

Tiere, die am Küstensaum oder im Wattenmeer leben, haben sich natürlich im Laufe der Evolution längst an die Gezeiten angepasst, für sie sind Ebbe und Flut lebensbestimmend. Die Biologen Klaus-Peter Endres und Wolfgang Schad von der Privatuniversität Witten-Herdecke, die zusammen das Buch ›Biologie des Mondes‹ verfasst haben, beschreiben etwa das Tierleben an der Nordseeküste so: »Das Gezeitengeschehen beherrscht alles Leben an der Küste. Liegt das Watt frei, gehen die Möwen, Austernfischer, Säger, Enten und Gänse auf Nahrungssuche. Ist Hochwasser, ruhen sie auf dem Wasser oder auf dem Land oder suchen das Weite. Die Seehunde der deutsch-holländischen Nordseeküste verhalten sich genau umgekehrt: Bei Ebbe ruhen sie sich auf den Sandbänken im Watt aus, bei Flut gehen sie auf Nahrungssuche.« Eine Vielzahl von Kleinlebewesen, Krebsen, Schnecken, Würmern und Muscheln richtet sich nach den Gezeiten und insofern auch nach dem Mond. Das ist nicht weiter verwunderlich, da ihr Lebensraum von dem wechselnden Wasserstand bestimmt wird. So zeigen viele von ihnen mondperiodische Abhängigkeiten bei Nahrungssuche und Fortpflanzung.

Manche Tiere jedoch gehen einen Schritt weiter: Im Lauf der Evolution scheinen sie die Mondrhythmen so verinnerlicht zu haben, dass sie mittlerweile eine Art innerer Monduhr besitzen, die ihnen den richtigen Zeitpunkt von Ebbe und Flut anzeigt.

Die Larven der Helgoländer Wattmücke *Clunio marinus* etwa leben unter Wasser mindestens zwei Monate lang in den Algenpolstern jener Felsbänke, die zur Zeit der Springflut, also nur etwa alle 15 Tage, zwei Mal täglich bei Niedrigwasser aus dem Wasser herausragen. Wenn sich die Larven verpuppen, schlüpfen nach drei bis fünf Tagen die fertigen Mücken. Sie leben nur wenige Stunden. In dieser kurzen Zeit fressen sie nichts, sondern paaren sich lediglich und legen ihre Eier ab. Damit diese Vorgänge möglich werden, sind sie darauf angewiesen, dass ihr Lebensraum, also die Algenbüschel, für kurze Zeit trocken wird, sonst könnten die Mückenmännchen nicht zu den flugunfähigen Weibchen fliegen, um sie zu begatten. Außerdem nutzen die Mücken nur das Nachmittags-Niedrigwasser, vermutlich wegen der dann bald hereinbrechenden Dunkelheit, und sie tun das nur im

Sommerhalbjahr. Offenbar »spüren« die Larven, wann es so weit ist, dass sie sich verpuppen müssen.

Das klingt nach einem geheimnisvollen Einfluss des Mondes auf diese Tiere. Rainer Köthe kommentiert das in der Zeitschrift ›Kosmos‹: »Die Mückenlarven müssen sich auf die Tide (und nur deshalb auf die Mondphase) sowie auf Tages- und Jahreszeit abstimmen, damit sie sich zur richtigen Zeit verpuppen. Dazu beobachten sie allerdings nicht die Sonnen- und Mondbewegungen. Vielmehr überleben stets nur die Mücken, die zum jeweils richtigen Zeitpunkt schlüpfen, deren innere Uhr also auf den richtigen Zeitabstand eingestellt ist. Diese Einstellung ist genetisch festgelegt und wird an die Nachkommen weitergegeben. Es sind also keine geheimnisvoll-magischen Mondeffekte, die hier eine Rolle spielen, sondern schlicht die Auswirkungen des Gezeitengeschehens. Die Tiere haben sich an den Tidenrhythmus angepasst, ebenso wie sich unsere Pflanzenwelt an den Wechsel der Jahreszeiten angepasst hat und ›weiß‹, wann das Frühjahr kommt.«

Ähnlich ist es auch bei vielen anderen Lebewesen der Gezeitenzone, etwa beim Grunion, der ebenfalls seinen Laichrhythmus auf den Mond abstimmt. Es handelt sich bei diesem Tier um einen etwa sardinengroßen Fisch, der im Nordosten des Stillen Ozeans vor Kalifornien lebt. Er ist bekannt für sein außergewöhnliches Paarungsverhalten, das an den Küsten Kaliforniens viele Zuschauer anzieht. Pünktlich zur Springflut erscheinen Tausende von Weibchen auf den Sandbänken und graben sich mit dem Schwanz in den Sand ein, um dort ihre Eier abzulegen. Danach schlingt sich das Männchen um sie herum und befruchtet mit seiner Samenmilch das Gelege. Danach lassen sich die Fische wieder von den Wellen ins Meer hinaustragen. Das Gelege bleibt für die nächsten 14 Tage unter dem Sand versteckt zurück. Erst bei der nächsten Springflut, wenn wieder Wasser den Sand bedeckt, schlüpfen die kleinen Fische und werden hinaus ins Meer gespült.

Das Besondere ist die genaue Wahl des Zeitpunkts, den der Grunion mit schlafwandlerischer Sicherheit trifft. Endres und Schad erklären, warum der so wichtig ist: »Im Frühling und Sommer fällt zur Zeit der Springtide die höhere der beiden Fluten in die Nachtzeit. Der Grunion laicht bei der höheren Flut, also nachts, und zwar nach dem Höchststand des Wassers, so dass die abgelegten Eier von den nachfolgenden Wellen nicht fortgeschwemmt, sondern zugedeckt werden. Im Unterschied zu den auflaufenden Wellen der Springflut lagern die Wellen des fallenden Hochwassers schichtenweise Sand über den Strandsaum ab. Dabei kommen die befruchteten Eier unter eine Sanddecke von zwanzig bis vierzig Zentimetern zu liegen. Die höchsten Wellen des nächsten höheren Hochwassers in der darauffolgenden Nacht erreichen diese Eier schon nicht mehr, da binnen weniger Tage Springtiden zu Nipptiden geworden sind.« Erst die nächste Springflut spült die Eier wieder frei, die Fische können schlüpfen.

Im Südpazifik gibt es den Palolowurm, der besonders gut erforscht ist, vor allem, weil dort sein jährlich wiederkehrendes massenhaftes Auftreten mit großen Festen der Eingeborenen gefeiert wird. Der Wurm – den es im Übrigen in allen Weltmeeren gibt – zog schon im 19. Jahrhundert das Interesse von Biologen und Anthropologen auf sich, nachdem der Missionar John Edward Gray 1847 erstmals von den Samoainseln über ihn berichtet hatte. Er stellte damals zwar schon fest, dass die Würmer keinen Kopf haben, aber es blieb rätselhaft, wo dieser geblieben sein könnte. Erst Ende des 19. Jahrhunderts entdeckten Immanuel Friedländer und Augustin Krämer unabhängig voneinander, dass die rund fünfzig Zentimeter langen Würmer ihr Leben in Hohlräumen harter Korallen verbringen. Nur einmal im Jahr, nämlich am zweiten und dritten Tag nach dem dritten Mondviertel im Oktober, brechen ihre etwa vierzig Zentimeter langen hinteren Teile ab und schwimmen spiralig zur Oberfläche, wo sie die in ihnen enthaltenen Eier und Spermien ausschütten. Dieses Ereignis dauert jeweils nur wenige Stunden. Im Laufe des Jahres regenerieren sich die Vorderteile wieder und erzeugen neue Hinterteile.

Besonders merkwürdig ist das plötzliche massenhafte Erscheinen der Tiere an der Oberfläche des Meeres, dessen Datum von den Eingeborenen nach astronomischen Kennzeichen berechnet wird. Joseph Churchward, von 1881 bis 1885 britischer Konsul in Samoa, hat in seinem Buch ›My Consulate in Samoa‹ den einem Volksfest gleichenden Hauptfang in der bevorzugten Nacht mit lebhaften Farben beschrieben: »Verteilt über den Kanal beobachteten wir ängstlich das Wasser auf allen Seiten, in dem bis zu einer bestimmten Tiefe überhaupt nichts feststellbar war; aber plötzlich, als ob man sie alle zur gleichen Zeit losgelassen hätte, sah man ein Winden und Wühlen aus den tiefsten Tiefen heraufkommen, Millionen über Millionen von fadenförmigen Würmern in vielen Farben, die alle den Eindruck machten, als ob sie mit der höchstmöglichen Geschwindigkeit aufstiegen, um an die Oberfläche zu kommen und das meiste aus der kurzen Zeit zu machen, die ihnen für ihr jährliches Auftauchen gegeben war. Sie kamen in Myriaden nach oben, bis die Oberfläche dick mit einer festen, wimmelnden Schicht von lebenden Tieren bedeckt war. Jubelnd und lachend zückte jeder eifrig seine Schöpfkelle und füllte seine Gefäße so schnell wie möglich mit der wimmelnden Delikatesse, um die kurze Zeit, die zur Verfügung stand, möglichst gut zu nutzen.

Kaum hatte die Sonne ihre ersten Strahlen aufs Wasser geworfen, verschwanden wie durch einen Zauber alle genauso schnell, wie sie gekommen waren, sie sanken tiefer und tiefer, bis nicht das kleinste Zeichen mehr zu beobachten war, das auf ihr Vorhandensein hindeutete, obwohl noch einen Moment vorher das Wasser wie ein lebendiger Sumpf ausgesehen hatte …

Unser Anteil an der zweifelhaften Delikatesse waren drei große Eimer voll fast fester Masse, die aus ekelhaft gefärbten Würmern bestand, die sich in schleimiger Umarmung wanden, nichts weniger als einladend und Appetit anregend. Dies hielt aber weder unsere junge Gastgeberin noch die Mannschaftsmitglieder, die nicht rudern mussten, davon ab, sich gierig darauf zu stürzen und kleine Stöcke hinein-

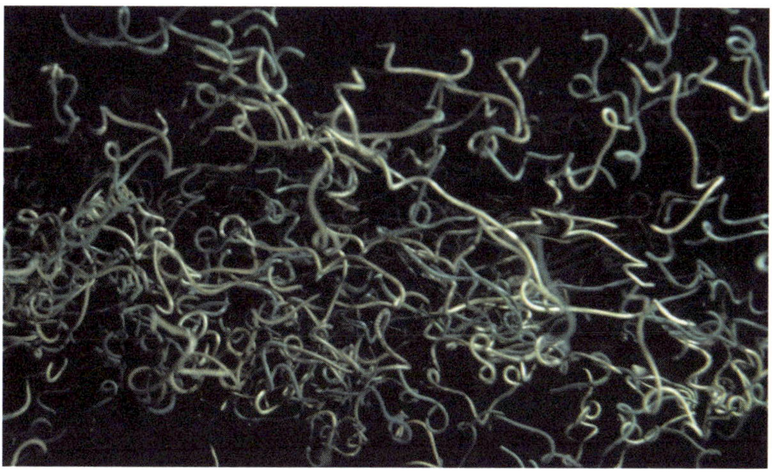

Palolowürmer

zutauchen. Sie schluckten mit großem Genuss alles, was daran hängen blieb. Als wir am Ufer waren, halfen alle zusammen, um die Palolowürmer in kleine Päckchen aus Bananenblättern zu verpacken, die sofort mit Schnellbooten an verschiedene Freunde auf der Insel verschickt wurden, sogar über größere Entfernungen, als hochgeschätzte Ehrengeschenke.

Obwohl ich versuchte, stark zu sein und dieses verboten aussehende Gemisch ebenfalls mit einem Stöckchen zu probieren, schaffte ich es nicht; und unsere Gastgeber, die mein Versagen beobachteten, kochten einige für mich. In diesem Zustand sahen sie aus wie dunkelgrüner Spinat und schmeckten keinesfalls unangenehm, etwa wie eine Mischung aus Austern und Seetang.«

Man hat die Daten der »Palolotage« seit Mitte des vorigen Jahrhunderts gesammelt und kann auf dieser Datenbasis das Schwärmen nun anhand des Mondlaufs fast auf die Stunde genau vorhersagen. Ein Verwandter des Palolowurms lebt in der südlichen Nordsee; auch er schwärmt beim letzten Mondviertel Ende Oktober. Derartige Abhängigkeiten von den Mondphasen beim Bewegungs-, Fortpflanzungs- und Mauserverhalten haben Forscher bei vielen Tieren im und am Meer entdeckt. Manche werden direkt von den Gezeiten bzw. vom Mondlicht gesteuert, andere bleiben auch erhalten, wenn man die Tiere ins Labor bringt. Das deutet dann auf eine innere Uhr hin, die durch den Selektionsdruck im Laufe der Evolution entstanden ist.

Auf das Mondlicht reagieren auch manche dämmerungs- und nachtaktiven Tiere. Hier ist das fehlende oder vorhandene Licht des Erdbegleiters der steuernde Faktor. In mondhellen Nächten sind zum Beispiel viele Nachttiere weniger aktiv, weil dann die Gefahr größer ist, von Räubern entdeckt zu werden. Andererseits kommen Kraniche nach Sonnenuntergang umso später zu ihren Rastplätzen, je heller der Mond scheint. Auch der in Südamerika lebende Nachtaffe ist bei hellem Mondschein noch nachts unterwegs, sonst nur in der Dämmerung.

Selbst die Farbempfindlichkeit der Augen scheint bei vielen Tieren – wie übrigens auch beim Menschen – vom Mond gesteuert zu werden. Guppys zum Beispiel, die beliebten Zierfische, reagieren bei Vollmond zehn Mal empfindlicher als sonst auf gelbe Farbtöne, an Neumondtagen dagegen umgekehrt zehn Mal stärker auf violette Farbtöne – und das selbst dann, wenn sie im Labor lebend nie Mondlicht gesehen haben. Offenbar »tickt« in ihnen eine Monduhr. Biologisch gesehen ist das sinnvoll, denn im Vollmondlicht überwiegen die gelben Anteile.

Für eine ganze Reihe von Lebewesen spielt der Mond also offensichtlich eine wichtige Rolle. Für uns alle aber ist er eigentlich der Grund, warum wir überhaupt auf der Erde leben können. Der französische Astronom Jacques Laskar hat sich vor einigen Jahren die Frage gestellt, was mit der Erde wäre, wenn kein Mond sie umkreiste. In ›Spektrum der Wissenschaft‹ schrieb er im Jahr 1993: »Nehmen wir an, der Mond hätte nie existiert. Dann hätte er die Rotation der Erde auch nicht über die Gezeiteneffekte gebremst. Durch Extrapolation der von Williams errechneten Werte kommt man zu dem Ergebnis, dass die Erde unter diesen Umständen 1,6 Mal so schnell rotieren würde wie in Wirklichkeit, was einer Tagesdauer von 15 Stunden entspräche.«

Unter diesen Umständen wäre die Erdachse aber nicht mehr stabil. Zusammen mit Kollegen hat Laskar untersucht, wie stark die Neigung der Erdachse dann schwanken würde. Das Ergebnis: Sie würde sehr stark, ja sogar chaotisch schwanken, und wir könnten den altgewohnten Jahreszeiten unter solchen Umständen Ade sagen. »Im nördlichen Hochsommer zum Beispiel«, so der Forscher, »stünde die Sonne über dem Nordpol monatelang fast im Zenit, und ein großer Teil der Südhemisphäre bliebe im Dunkel.« Insgesamt, so der Astronom, »kann man schließen, dass unter diesen Bedingungen das Klima der Erde nicht wiederzuerkennen wäre … Somit ist es berechtigt, den Mond als einen Klimaregulator für die Erde zu bezeichnen; er ist es, der den Lebewesen auf lange Sicht relativ stabile Existenzbedingungen garantiert.«

Kapitel 12
Leben mit dem Mond
Von Mondkalendern und Bauernregeln

»Alles ist erlaubt –
Wenn Liebe und Gefühl dabei sind.
Und der richtige Zeitpunkt.«

Thomas Poppe in seinem mit Johanna Paungger verfassten Buch ›Alles erlaubt‹

Zehn Millionen Menschen können nicht irren: So viele haben schätzungsweise seit Anfang der neunziger Jahre einen Mondkalender gekauft – und den jeweiligen Autoren, in erster Linie Johanna Paungger und Thomas Poppe glänzende Einkünfte verschafft. Wenn es auf einer Party langweilig ist, kann man ziemlich schnell Leben in die Unterhaltung bringen, wenn man seine Gesprächspartner fragt, was sie von solchen Mondkalendern halten. Ähnlich wie beim Thema Astrologie hat hier jeder eine andere Meinung, und manche vertreten sie mit großem Engagement. Meist entwickelt sich schnell eine interessante Kontroverse. Immerhin jede zweite Frau in Deutschland fühlt sich vom Mond beeinflusst; das ist das Ergebnis einer repräsentativen Umfrage des Offenbacher Marplan-Instituts aus dem Jahr 2006. Danach glauben 52 Prozent der Frauen, dass die Mondphasen Auswirkungen auf ihren Schlaf haben, und 45 Prozent sind davon überzeugt, dass der Mond ihre persönliche Stimmung hebt oder senkt. Männer reagieren bei weitem nicht so sensibel wie die Frauen auf den Mond. Nur 22 Prozent von ihnen fühlen Auswirkungen auf die Stimmung, 28 Prozent glauben an einen Einfluss auf ihren Schlaf. Kein Wunder, dass man unter diesen Umständen die Tage kennen und nutzen will, die mondmäßig besonders günstig sind.

Der Glaube an Einflüsse des Mondes ist für den Soziologen und Geografen Edgar Wunder ein überwiegend deutschsprachiges Phänomen, das vor allem in Süddeutschland, Österreich und der Schweiz Anhänger findet. »Die Bücher von Paungger/Poppe wurden auch in viele andere Sprachen übersetzt, aber im Ausland hatten sie kaum Erfolg«, weiß der Heidelberger Wissenschaftler. Dazu kommt noch eine zweite Besonderheit der Mondgläubigen: »Sie sind nicht organisiert. Es gibt keine Vereine, keine Tagungen, keine sozialen Aktivitäten.«

Das Interesse ist aber unverändert groß. Der Buchmarkt ist überschwemmt mit Mondkalendern und -ratgebern. Allein beim Versandhändler Amazon kann man aktuell knapp fünfzig verschiedene davon kaufen, und eine Anfrage bei Google ergibt fast 750 000 Treffer. In den Buchhandlungen sind meist eigene Regale für die Mondbücher reserviert, und sie scheinen sich gut zu verkaufen; nach Kochbüchern gehört derartige Literatur zur erfolgreichsten Sparte. Kein Wunder, dass eine ganze Reihe von Autoren versucht, die Mondrhythmen für ihren Geschäftserfolg einzuspannen. Da gibt es nichts, was es nicht gibt: von Klassikern, die Ratschläge zu den besten Pflanzzeitpunkten geben, über Alltagsratgeber, die etwa vorschlagen, wann man sich die Haare schneiden lassen oder Orangenhaut behandeln soll, bis hin zu Spezialführern, die sogar das Liebesleben an den Mondzyklen ausrichten. Und alle finden ein gläubiges Publikum, das bereit ist, für derartige zum Teil zweifelhafte Ratgeber gut zu zahlen.

Das Spektrum der Ratschläge ist breit, ebenso der Stil, in dem sie dargeboten werden: So beschränkt sich Maria Thun, eine Altmeisterin der Szene, in ihrem Buch ›Mein Jahr im Garten‹, auf Anbau und Verarbeitung von Pflanzen. Sie rät zum Beispiel: »Bei absteigendem Mond atmet die Erde ein, alle Kräfte gehen in die Wurzel. Daher wird in dieser Zeit umgepflanzt, werden Blütenzwiebeln gesteckt und Wurzelgemüse geerntet. Bei aufsteigendem Mond atmet die Erde aus, die Kräfte konzentrieren sich auf das oberirdische Wachstum. Jetzt werden zum Beispiel Edelreiser geschnitten und Lagerobst sollte geerntet werden.«

Sehr viel mehr am modernen Alltag orientiert und auch für den Städter geeignet sind hingegen die Ratschläge von Andrea Lutzenberger, zum Beispiel für den besten Zeitpunkt zur chemischen Reinigung: »Es wird immer Flecken geben, die Sie beim besten Willen nicht selbst rauskriegen. Dann sollten Sie zu einer chemischen Reinigung gehen. Auch dies nach Möglichkeit nur bei abnehmendem Mond.« Und Paungger/Poppe ergänzen beim gleichen Ratschlag noch: »Wenn möglich, sollten Sie an Steinbock auf eine chemische Reinigung generell verzichten – es sorgt für den gefürchteten ›Glanz‹ auf den Kleidungsstücken.« Grundsätzlich folgen die Ratschläge meist dem Schema, dass bei abnehmendem Mond Dinge getan werden sollen, bei denen etwas entfernt werden oder abnehmen soll, also etwa Zähne ziehen, Warzen entfernen oder Wäsche waschen, während der zunehmende Mond günstig sein soll für Tätigkeiten, bei denen etwas aufgebaut werden oder wachsen soll, also etwa Samen aussäen, Geld anlegen oder Pullover stricken. Diese Phase wird in Süditalien auch Frauen zur Vergrößerung ihrer Oberweite empfohlen: Sie sollen sich des Nachts mit nacktem Busen ins Mondlicht stellen, dabei neun Mal sprechen »Heiliger Mond, lass diese Brust wachsen!« und sie dabei neun Mal berühren – die Neun gilt bis heute als magische Mondzahl, denn die menschliche Schwangerschaft dauert im Normalfall genau neun Mondläufe von je 29 Tagen.

Interessant sind die Angaben, woher die Autoren ihre Weisheiten jeweils haben: Viele verweisen auf ihre Vorfahren, wie etwa Johanna Paungger, die ihr Wissen um die Mond- und Naturrhythmen »vom Großvater überliefert« bekam (was allerdings für die chemische Reinigung nicht gerade plausibel erscheint). Oder sie berufen sich auf »uralte Überlieferungen, Wahrnehmungen, Erfahrungen und Erkenntnisse« wie etwa die Autorin Claudia Graf-Khounani. Wieder andere betonen, dass sie selbst seit Jahrzehnten den Einfluss des Mondes studieren und ihre eigenen Erfahrungen niederschreiben, wie etwa der Partner von Johanna Paungger, Thomas Poppe, oder die Autorin Andrea Lutzenberger. Allen Autoren ist jedoch wichtig, dass in ihren Büchern jeweils vermerkt wird, dass sie natürlich für die Wirksamkeit ihrer Ratschläge keine Garantie geben und keine Haftung übernehmen. Keiner will das Risiko eingehen, am Erfolg seiner Regeln gemessen zu werden.

Da ist es dann auch nicht weiter schlimm, dass sich manche Regeln widersprechen, sofern die Autoren nicht ohnehin mehr oder weniger voneinander abgeschrieben haben, was viele Insider vermuten. Hinzu kommt, dass die Berechnung der Mondphasen und insbesondere der Stand des Mondes in den einzelnen Sternbildern eine komplizierte Angelegenheit ist, und manche Autoren vermischen die Zeitpunkte. So besteht zwischen dem astronomischen Kalender und

Helmut Groschwitz

dem astrologischen, auf dem beispielsweise der Kalender der Maria Thun basiert, mindestens ein Unterschied von einem Tag. Viele beachten das nicht, sie wissen es nicht einmal. Trotzdem glauben sie an die Wirksamkeit der Vorhersagen.

Das malerische Regensburg, in dem noch viele Gebäude der Altstadt aus dem Mittelalter stammen, aber heute liebevoll renoviert sind und täglich Tausende von Touristen aus aller Welt begeistern, ist schon allein vom Ambiente her ein sehr passender Ort, um ein derartiges Thema zu verfolgen. Der Volkskundler Helmut Groschwitz arbeitet hier an der Universität und setzt sich seit Jahren mit Mondkalendern auseinander. Sogar seine Doktorarbeit hat er darüber geschrieben. »Volkskunde ist der Versuch, unsere eigene Identität zu finden, auch aus den alten Wurzeln heraus«, erklärt er. »Die Mondratgeber, die seit zwanzig Jahren ziemlich beliebt sind, stellen eigentlich ein modernes Phänomen dar, aber sie verweisen auf alte Quellen.« Insofern hat sich dem vierzigjährigen Forscher das Thema fast ein wenig aufgedrängt, zumal es ihn auch schon lange persönlich interessiert hat: »Immer wieder taucht in den Mondkalendern der Gedanke auf, dass etwas vor dem Verschwinden gerettet werden soll, also zum Beispiel altes Volkswissen. Das ist eine häufig gebrauchte und beliebte Formulierung schon im 19. Jahrhundert, und auch die Gebrüder Grimm haben dies als Motivation angegeben, als sie alte

Märchen und Sagen sammelten. Es war damals dieser antimoderne Blick: Alte, urdeutsche Kultur geht verloren, dagegen muss man angehen.«

In der Tat schreibt auch Johanna Paungger, die sich gerne als Bauerntochter vorstellt, die altes Wissen vor dem Vergessen rettet, auf ihrer Homepage: »Für mich zählte nur eines: Wenn sich auch nur eine Person dieser naturgegebenen Sache annimmt, dann bleibt ein altes Wissen lebendig, das sich über Jahrhunderte durch Weitererzählen, Ausprobieren und Anwenden gehalten hat, und gerade das könnte heute von großem Wert sein.«

Helmut Groschwitz packte neben dem fachlichen Interesse auch noch seine »Lust am Dekonstruieren«: Ihn reizt es aufzudröseln, wo die Ursprünge liegen, und herauszufinden, was an Konstruktionen und an Bedürfnissen hinter den Dingen steckt. Er fragt dabei: »Was sagt ein Phänomen über uns aus, und zwar sowohl historisch als auch gegenwartsbezogen, denn alles Moderne hat alte Wurzeln?« Ihn hat weniger die physikalisch-empirische Seite der Mondstudien und Mondkalender interessiert, sondern zwei andere Fragestellungen: Erstens, wo tauchen Mondregeln in alten Quellen auf, und zweitens, wie sehen die Argumentationsstrategien aus und welche Bildhaftigkeit wird verwendet?

Um all dies zu erforschen, hat er sich durch Kalender und Literatur aus Jahrhunderten gearbeitet. Zusätzlich führte er Interviews mit Menschen, die ihr Leben nach Mondkalendern ausrichten, und stellte einen Fragebogen über persönliche Erfahrungen mit Mondkalendern ins Internet. Denn für ihn als Volkskundler war auch interessant, wie Menschen mit solchen Ratgebern umgehen. Auch er machte die Erfahrung, dass sich hauptsächlich Frauen mit dem Thema beschäftigen. »Populäre Esoterik ist traditionell eine weibliche Domäne, während die Trendgeber oft Männer sind«, weiß der Forscher. »Das ist in der Astrologie ähnlich: Dort werden die Horoskope meist von Frauen gelesen, aber von Männern verfasst.« Seit Paungger/Poppe hat sich allerdings das Geschlechterverhältnis der Autoren von Mondkalendern verschoben: »Vorher waren das meist Männer, inzwischen mehr Frauen.«

Im Grunde ist es eine Glaubenssache, ob man sich im täglichen Leben nach dem Mond richten will, ähnlich wie bei der Astrologie, wo auch jeder für sich selbst bestimmen muss, ob er sich bei seinen Entscheidungen vom Stand der Sterne leiten lassen will. Dass ein

Einfluss des Mondes irgendwie fühlbar ist, erkennt man allein schon daran, dass jeder schon einmal davon gehört oder es am eigenen Leib verspürt hat, dass man bei Vollmond schlechter schläft oder dass die Menschen aggressiver sind, mehr Familienstreit auftritt oder die Polizei mehr Unfälle registriert. Wissenschaftlich belegt sind nur ganz wenige dieser Phänomene, sie sind meist so flüchtig wie die Erscheinung von Geistern, die ja auch immer genau dann auftritt, wenn die Kamera gerade defekt oder ausgeschaltet ist.

Besonders beliebt sind Mondkalender bei Hobbygärtnern: Sie erklären genau, zu welchem Zeitpunkt man welche Pflanzen säen, pflanzen, düngen, ernten und verarbeiten soll. Viele davon berufen sich auf alte Bauernregeln, und in der Tat gibt es in der Landwirtschaft einen jahrtausendealten Erfahrungsschatz, wie Wetter, Sonne und eben auch die Mondzyklen auf Pflanzen wirken.

In den Zeiten, als der Mensch sich noch ausschließlich an den himmlischen Zyklen orientierte, konnte er die Parallelität zwischen Mond und Pflanzen ständig sehen: Wie der Mond kommen Pflanzenkeime aus dem Dunkel, nehmen an Größe zu, bilden Blätter, Blüten und Samen. Wenn sie verwelken, verschwinden sie wieder wie der Vollmond, der ebenfalls langsam abnimmt und in den dunkeln Tiefen des Himmels verschwindet. Kein Wunder, dass man annahm, dass hier ein Zusammenhang bestehen könnte. Der griechische Philosoph und Historiker Plutarch schreibt im ersten nachchristlichen Jahrhundert in seinem Werk ›Isis und Osiris‹, das einen Mythos über die Entstehung des Weltalls darstellt: »Der Mond hat ein Licht, das befeuchtend und befruchtend wirkt, er ist der Zeugung von Lebewesen und dem Keimen von Pflanzen gnädig.« Und Ptolemäus erklärt wenige Jahrzehnte später in seinem Grundwerk über Astrologie, die Sonne wärme und trockne, während der Mond befeuchte. Dass dies nichts mit naturwissenschaftlichen Erkenntnissen zu tun hat, sondern dem Weltbild der damaligen Zeit entsprang, zeigt allein schon die Tatsache, dass Ptolemäus damals auch noch die Erde als Mittelpunkt der Welt ansah.

Viele Religionen griffen die Vorstellung auf, dass Mond mit Fruchtbarkeit zu tun habe, und entwickelten Mondgötter oder noch häufiger Mondgöttinnen. Jules Cashford nennt in seinem Buch ›Im Bann des Mondes‹ viele Beispiele: So findet man in Mexiko »die Mutter des Korns und des Gemüses«, im zweiten Buch Mose wird der Mond der Träger »aller kostbaren Dinge« genannt, im alten Grie-

Historische Monduhren und -kalender

chenland trug man Statuen von Hekate um die Felder, um sie fruchtbar zu machen. Auf einigen Inseln Indonesiens glaubte man, der Mond enthalte den Reisgeist und müsse mit Opfern besänftigt werden. Und der mesopotamische Mondgott Nanna-Sin wurde als »Herr des Gemüses« gepriesen.

Hat der Mond einen Einfluss auf das Wetter? Das wäre nicht von der Hand zu weisen, unterliegen doch die Luftmassen der Atmosphäre ebenso seiner Gravitation wie das Wasser der Ozeane. So könnte es also sein, dass gewisse Verschiebungen oder Wirbel in den oberen Luftschichten auftreten, die zu besonderen Wetterkonstellationen Anlass geben. Schon Wilhelm Friedrich Herschel, königlicher Astronom am englischen Hof, der 1787 den Planeten Uranus entdeckte, hat Wetteraufzeichnungen angefertigt und versucht, sie in Beziehung zur Mondphase zu setzen. Um 1803 veröffentlichte er nach jahrelanger Beobachtung seine Erkenntnisse darüber, wie man mit großer Wahrscheinlichkeit das Wetter anhand der Tageszeit des Mondphasenwechsels für die jeweils darauffolgenden sieben Tage voraussagen kann. Diese Beobachtungen wurden bald als »Herscheltabelle« bekannt. Sie erfreut sich noch heute großer Beliebtheit. In der Tat stimmen immer wieder gewisse Vorhersagen mit dem tatsächlichen Wetter überein: Etwa wenn Herschel bei Mondphasenwechsel zwischen zwei und vier Uhr morgens im Winter Schnee und Stürme vorhersagt und im Sommer Kälte und häufige Schauer. Auf die Dauer mitteln sich die Wetterlagen aber aus, und bei einer längerfristigen Beobachtung halten Herschels Regeln einem wissenschaftlichen Beweis nicht stand – ähnlich wie der hundertjährige Kalender, der ja auf nur siebenjährige Wetterbeobachtungen des Abtes Mauritius Knauer in Langheim in Oberfranken Mitte des 17. Jahrhunderts zurückgeht.

Auch in vielen Bauernregeln finden sich ähnliche Beobachtungen. So soll sich um Neumond gern das Wetter ändern und an den Tagen um Neumond sowie Vollmond soll es häufiger regnen. Unmittelbar nach Neu- oder Vollmond soll es dabei die heftigsten Regenfälle geben. Ist der Himmel bei Neumond und auch noch vier Tage nach Mondaufgang gleichbleibend klar, soll das Wetter für längere Zeit schön werden. Im Internet lassen sich eine Vielzahl derartiger Bauernregeln finden, ihre Herkunft bleibt unklar. Hier eine kleine Auswahl:

- Bei Vollmond sind die Nächte kalt.
- Ein neuklares Mondlicht gibt von sehr trockener Zeit Bericht; wenn aber solches gleichsam schwimmt, alsdann das Nass die Herrschaft nimmt.
- Am jungen Licht ein schwarzes Horn – im alten wird's ein Regenborn.
- Gewitter in der Vollmondzeit verkünden Regen lang und breit.
- Neumond mit Wind ist zu Regen oder Schnee gesinnt.
- Weht's bei Neumond her vom Pol, bringt es kühlen Regen wohl.
- Im Winter Nordwind bei Vollmond sagt, dass uns der Frost drei Wochen plagt.
- Es stürmt selten, wenn der Mond fast voll ist.
- Bleibt das Wetter beim ersten Mondviertel schön, so kann man noch eine Zeit lang bei Sonnenschein spazieren gehen.
- Wenn kurz vor Vollmond der Sonnenaufgang nebelig war, wird das Wetter in den nächsten Tagen warm und klar.
- Zwei Vollmonde in einem Monat zeigen immer feuchtes Wetter an.
- Christnacht im wachsenden Mond gibt ein Jahr, das sich lohnt.
- Alles, was bei zunehmendem Mond gebaut oder gesät wird, wächst und gedeiht gut.
- Holz soll zwischen dem 20. und 30. Januar bei abnehmendem Mond gefällt werden.

Solche Regeln stimmen in einem Jahr, in einem anderen nicht. Verlässlicher sind Bauernregeln, die den Mond beziehungsweise die Sonne und sie umgebende Wolken in Zusammenhang bringen, wie etwa »Wenn der Mond hat einen Ring, folgt der Regen allerding«. Die physikalische Erklärung: Sonne und Mond sind manchmal von kreisförmigen Flächen umgeben, den sogenannten »Höfen«. Das Licht bricht sich dabei an den Wassertropfen mittelhoher Schichtwolken, die oft Schlechtwetterfronten ankündigen.

Ob nun solche oder andere Vorhersagen richtig sind oder nicht, hat Helmut Groschwitz bei seiner Studie aber kaum interessiert. »Für uns Volkskundler ist die spannendere Frage: Was bringen

Mondkalender den Menschen?« Und darauf hat er auch Antworten gefunden. »Mit am wichtigsten ist: Sie geben für viele Dinge einfache Erklärungen.« Oft ist es ein weiter Weg, bis wissenschaftliche Erkenntnisse zum Menschen durchdringen, und das, was dann ankommt, wird oft nicht wirklich verstanden. Angesichts der Vielfalt der Eindrücke konstruiert sich im Grunde jeder seine Welt selbst, vor allem im Zusammenhang mit Erfahrungen, die man nicht ohne weiteres erklären kann. Angenommen, man will jemanden anrufen, und derjenige ruft genau in diesem Augenblick seinerseits an. War das nun Zufall oder Fügung? Auf diesem Fundament beruhen auch viele religiöse Erfahrungen: Man betet, und etwas erfüllt sich. War die Ursache nun das Beten oder war es Zufall? Man kann nichts nachweisen, aber viele haben es selbst erlebt. »Derartige Erlebnisse haben Ähnlichkeit mit esoterischen Erfahrungen«, sagt Groschwitz, »es geht um Erklärungen, die man in der Alltagswelt sucht, etwa, dass vielleicht Pflanzen besonders gut wachsen, wenn Vollmond ist. Das Ganze ist keine wissenschaftliche Aussage, aber das ist angesichts der weit verbreiteten Wissenschaftsfeindlichkeit für viele eher ein Vorteil.«

Der Regensburger Volkskundler konnte in seiner Arbeit dokumentieren, dass viele Verfasser von Mondkalendern immer wieder von ihren Vorläufern abschreiben. »Oft ist das genau belegbar, vor allem dann, wenn sie Fehler mit abschreiben. So lassen sich Tradierungslinien genau nachweisen.« Diese Detektivarbeit hat ihm großen Spaß gemacht. So schreibt er etwa in der Zeitschrift ›Skeptiker‹ über das Buch ›Vom richtigen Zeitpunkt‹ von Paungger/Poppe, es sprächen »einige Indizien dafür, dass es sich bei dem Werk wie bei anderen auch um eine Zusammenstellung aus verschiedenen Quellen handelt. Unter anderem wird die Mondqualität des ›auf- und absteigenden Mondes‹ (Rhythmus der Monddeklination) eingeführt, die in Quellen des frühen 20. Jahrhunderts zwar im südalemannischen Raum als ›obsigend‹ und ›nidsigend‹ beschrieben wurde, nicht aber in Paunggers Heimat Tirol … Auch lässt sich die Zuordnung der vier klassischen astrologischen Elemente zu den Pflanzenteilen erstmals mit den ›Mondtrigonen‹ bei Maria Thun nachweisen. Dies sind zwei von mehreren Indizien, die darauf hinweisen, dass Paungger und Poppe synkretistisch gearbeitet haben. Insbesondere wurden zentrale Elemente von Maria Thun direkt oder indirekt entlehnt und dann als ›altes tirolerisches Bauernwissen‹ umetikettiert.«

Die modernen Mondkalender stehen mit diesem Vorgehen übrigens nicht allein da. »Schon die Gebrüder Grimm haben immer ein wenig an dem Bild mitgearbeitet, dass sie durch die Lande ziehen und ihre Informationen von alten Bauerngroßmüttern haben, den typischen Märchenerzählerinnen. Sie betonten, dass dies rein mündliche Überlieferungen seien. In Wirklichkeit hatten sie aber auch sehr viele literarische Quellen, das heißt, sie haben auch in Büchereien und Archiven gesucht, außerdem hatten sie ein paar Zuträgerinnen, junge, gebildete Damen hugenottischer Abstammung. So kam es, dass viele Märchen, die heute als deutsche Märchen gelten, eigentlich französische Vorlagen haben.«

Die Grimms haben das Ganze in eine eigene Form gegossen und dann wieder als alt verkauft. Die Mondkalender gehen nach einem ähnlichen Mechanismus vor, auch hier lassen sich immer schriftliche Zeugnisse nachweisen, es sind keineswegs nur mündliche Tradierungen – das konnte Groschwitz belegen. Durch die Überlieferung, sei es nun mündlich oder schriftlich, haben sich die Inhalte natürlich im Lauf der Zeit auch verändert. In den Mondkalendern wird jedoch häufig behauptet, es sei altes Wissen, das unverändert erhalten geblieben sei. So etwas ist jedoch unmöglich. Schon ein einzelner Mensch verändert Geschichten, die er sein ganzes Leben lang erzählt, mit der Zeit. Noch viel mehr geschieht das, wenn Informationen von einer Person zur nächsten weitererzählt werden.

Groschwitz fand bei seinen historischen Studien eine sehr frühe Form von Kalendern mit Mondratschlägen: die spätmittelalterlichen »Lassbriefe«, die geeignete Zeiten für medizinische Therapien – Aderlass, Schröpfen und Purgieren – angaben. »Vielfach findet sich hier der Gedanke an Analogien zwischen Mikrokosmos und Makrokosmos wieder«, erzählt der Forscher, »der sich bis in die Antike zurückverfolgen lässt, als im Neuplatonismus dieses Weltbild ganz stimmig formuliert wurde.«

Im Mittelalter waren Mondregeln wie überhaupt die Astrologie eine Sache der Gelehrten, einfache Leute bekamen sie allenfalls durch die Kalender mit. Diese Regeln ziehen sich dann aber mit erstaunlicher Konsequenz bis zur Mitte des 18. Jahrhunderts durch. Die Aufklärung versuchte schließlich das, was sie als Aberglaube betrachtete, herauszutrennen. Erst die Aufwertung des vermeintlichen »Aberglaubens« durch die romantische Wissenschaft im 19. Jahrhundert und seine Neubewertung als der vermeintliche Rest einer »urdeutschen Kultur« brachte den Mondregeln neues Ansehen. »Fragmente, die davon noch übrig geblieben sind, die wurden im 20. Jahrhundert aufgegriffen und werden jetzt in der Gegenwart wieder zusammengebastelt zu einem neuen System«, so Groschwitz.

Wie die Menschen die Mondregeln anwenden, ist ziemlich unterschiedlich. Es gibt aber nur wenige, die sich konsequent danach richten. Dennoch geben sie dem Alltag Struktur, was oft als hilfreich empfunden wird. So sprach Groschwitz mit einer Frau, die feststellte, dass ihre Zimmerpflanzen besser gedeihen, seit sie sie nach dem Mondkalender gießt. Der Wissenschaftler kommentiert das trocken: »Das ist ja klar, denn jetzt gießt sie sie zum ersten Mal regelmäßig.« Eine andere Interviewpartnerin behauptete, bei einem bestimmten Mondstand wüchsen mehr Pilze, sie habe das im Kalender aufgeschrieben. Als sie die Aufzeichnungen zeigte, stellte sich heraus, dass sie nur ein Mal aufgeschrieben hatte, dass es Pilze gab. Das war obendrein ein Samstag, an dem man Zeit hat, Pilze suchen zu gehen. Das hat mit dem Mond sicherlich nichts zu tun. »Am Samstag, wenn ich frei habe, finde ich für gewöhnlich mehr Pilze als am Werktag, wenn ich arbeiten muss«, kommentiert Helmut Groschwitz das lächelnd.

Kapitel 13
Mehr Möhren bei Mondschein? Der Mond und die Pflanzen

> »*Es ist ein großer Unterschied zwischen etwas* noch *glauben und es* wieder *glauben. Noch glauben, dass der Mond auf die Pflanzen wirke, verrät Dummheit und Aberglaube, aber es wieder glauben zeugt von Philosophie und Nachdenken.*«
>
> Georg Christoph Lichtenberg

Nur wenige Kilometer vor den Toren Frankfurts findet man eine ländliche Idylle: Eingebettet zwischen den Abhängen des Taunus im Westen und dem Flüsschen Nidda im Osten, am Rand der fruchtbaren Wetterau, liegt der Dottenfelderhof. Zurück bis zum Jahr 976 sind seine Ursprünge belegt; damals belehnte Kaiser Otto II. das Kloster Worms mit dem Hof. Bis zur Säkularisierung 1803 blieb das Anwesen in Klosterbesitz. Seit 1968 ist es eher ein Wallfahrtsort für wohlsituierte Bürger aus Homburg, Königstein und Frankfurt, die Wert auf gutes, naturbelassenes Essen legen: Auf dem Dottenfelderhof bei Bad Vilbel betreiben rund achtzig Menschen auf etwa 150 Hektar Boden biologisch-dynamischen Landbau. In den Läden hier bekommt man schmackhaftes Brot aus dem Holzbackofen, das aus Bio-Getreide und Natursauerteig gefertigt wird, täglich frischen Käse, bei dessen Herstellung man früh morgens sogar zuschauen kann, Milch von wahrhaft glücklichen Kühen und aromatisches Gemüse, das nicht nur auf lange Haltbarkeit hin gezüchtet wurde.

Im Vordergrund steht dabei immer die anthroposophische Ernährungslehre Rudolf Steiners. Nach seinen Grundsätzen erzeugt der Dottenfelderhof biologisch-dynamische Lebensmittel. Kombiniert ist die landwirtschaftliche Produktion mit Ausbildung, Lehre und Forschung. Hier, organisatorisch angebunden an das Institut für Biologisch-Dynamische Forschung in Darmstadt, untersuchen Fachleute, wie man am besten mit natürlichem Dünger umgeht, wie man ohne Gift Unkraut und Schädlinge fernhält, und hier züchten Forscher appetitliche Möhren, Kohl, Tomaten und andere Gemüse, aber auch schädlingsresistente Getreidesorten. Zu dem ganzheitlichen Bild des bio-dynamischen Landbaus gehören alle Einflüsse der Natur, und so verwundert es nicht, dass gerade auf dem Dottenfelderhof auch der Einfluss des Mondes auf die Entwicklung von Pflanzen ganz gezielt untersucht wurde.

Hartmut Spieß hat diese Forschungsarbeiten hier begründet und geleitet. Als der heute 62-jährige Diplom-Landwirt 1977 mit seinen Arbeiten begann, ahnte er freilich nicht, dass sie sich im Lauf der Zeit zu einem regelrechten Lebenswerk auswachsen würden. 13 Jahre lang ließ ihn das Thema nicht mehr los, das sich so ganz anders entwickelte, als er es eigentlich erwartet hatte.

Zunächst war er fast durch Zufall in das Fachgebiet hineingerutscht: »Ich habe in Leipzig studiert und dann in der LPG gearbeitet. Zusammen mit meinen zwei Brüdern bin ich 1972 in den Westen geflüchtet. Hier wollte ich gerne einen 200-Hektar-Betrieb übernehmen und als Landwirt arbeiten. Das klappte aber leider nicht, ich bekam nur eine Stelle in der Futtermittelbranche in Baden-Württemberg und habe Kälbermastfutter verkauft und Vertreter betreut. Als ich merkte, dass man den Bauern gegenüber einen schlechten Stand hat, wenn man nicht auch Antibiotika und Hormone mit verkauft, hörte ich damit auf. Ich hatte einen Onkel, der sich mit biologisch-dynamischen Anbaumethoden beschäftigte, und der sagte zu mir: ›Du musst unbedingt auf diesem Gebiet etwas machen.‹«

So kam Hartmut Spieß zu den Anthroposophen. Zunächst war er aber von der Szene nicht gerade begeistert: »Bei meinem ersten Kontakt hielt ich die alle für Spinner. Aber schließlich las ich davon, dass an der Universität Gießen ein Doktorand gesucht wird, der biologisch-dynamische Fragestellungen bearbeiten sollte. Das war mein Einstieg. Ich habe dann ganz unbedarft in Gießen angefangen. Zu der Zeit kannte ich ja weder Rudolf Steiner noch seine Philosophie. Erst ganz allmählich wuchs ich da rein. Meine Doktorarbeit habe ich unter anderem über biologisch-dynamische Präparate geschrieben.

Im Zuge meiner Forschungsarbeit kam ich schließlich in Kontakt mit Maria Thun.«

Sie gilt als Altmeisterin des bio-dynamischen Gartenbaus. Seit Jahrzehnten macht sie in ihrem großen Garten in Dexbach in der Nähe von Biedenkopf am Fuße des Rothaargebirges Versuche und gibt seit 1963 einen jährlichen Saatkalender heraus, in dem sie je nach Mondstand die richtigen Saat- und Pflanzzeitpunkte empfiehlt. Im Laufe der Zeit hat sich aus ihrem Familienbetrieb ein richtiges kleines Forschungsunternehmen mit einer eigenen Versuchsstation entwickelt. Den Kalender, den sie herausgibt, vermarktet sie international, und sie hat eine große Anhängergemeinde. Die inzwischen über Achtzigjährige genießt in der Szene hohes Ansehen und duldet keinen Widerspruch von Zweiflern oder Gegnern.

Maria Thun teilt die Pflanzen in vier Kategorien ein:

1. Blüte, dazu gehören Blumen und Kräuter,
2. Frucht, dazu zählt sie Getreide, Gurken, Tomaten, Paprika und Obst,
3. Blatt, was in ihrer Nomenklatur Salat und Kohl entspricht, und schließlich
4. Wurzel. Dazu zählen Karotten, Kartoffel, Rettich und Ähnliches.

Gemäß dieser Einteilung ordnet sie nun jeder Pflanze besondere »Aussaattage« zu: Da gibt es Fruchttage, Wurzeltage, Blatttage und Blütentage. Nach ihrer Theorie beeinflusst der Mond an Fruchttagen die Pflanze so, dass sie beispielsweise besonders viel Frucht bildet, an Wurzeltagen besonders viel Wurzeln usw.

Hartmut Spieß hielt diese Einteilung zunächst für sinnvoll, und Maria Thun wurde zu seiner Lehrmeisterin, was den bio-dynamischen Landbau betrifft. Während seiner Promotionszeit besuchte er bei ihr Kurse und führte viele Gespräche. Dass ihre Arbeitsweise wissenschaftlich nicht haltbar war, war ihm schnell klar. »Sie hat immer mit kleinen Parzellen ohne Wiederholungen gearbeitet, so dass man es statistisch nicht verrechnen konnte. Und ihre Vorhersagen haben wir so nie bestätigt gesehen.« Irgendwann wollte Spieß Maria Thuns Theorien aber auf ein sicheres Fundament stellen und sie wissenschaftlich belegen. Das war auch ein Anliegen des Forschungsrings für Biologisch-Dynamische Wirtschaftsweise, und so stellte der

Diplom-Landwirt einen Antrag bei der Deutschen Forschungsgemeinschaft. Der wurde jedoch abgelehnt.

Daraufhin besorgte sich Spieß Projektmittel von verschiedenen Stiftungen. »In zwei bis drei Jahren hoffte ich die Daten von Maria Thun bestätigen zu können«, erinnert er sich, »die Ergebnisse, die sie in ihrem Mondkalender veröffentlicht, sind ja so eindeutig, dass man sich nur wundern kann, warum nicht die ganze Landwirtschaft nach diesem Kalender arbeitet. Sie erzielt angeblich bei Beachtung der Mondtage bis zu achtzig Prozent Mehrertrag.« Im Rückblick erscheint ihm sein damaliger Optimismus als ziemlich naiv. Denn er kam immer wieder auf andere Resultate als seine Lehrmeisterin. Am Ende wurden aus den geplanten zwei bis drei Jahren Arbeit dreizehn. 1994 reichte er endlich die Studie als Habilitationsschrift ein. Im Vorwort dazu beschreibt er die Strapazen mit der erforderlichen wissenschaftlichen Zurückhaltung: »Die Arbeit setzte hohe Einsatzfreudigkeit und großen Einsatzwillen der Versuchsansteller voraus. In der Regel waren mehrmonatige tägliche termingebundene Arbeiten zu erledigen, und nicht selten mussten diese von ein und derselben Versuchsperson durchgeführt werden.« Aber Spieß und sein Team kämpften sich durch. Heute resümiert er: »So lange das gedauert hat, so lange haben meine Mitarbeiter und ich uns durchgebissen. Teilweise war es die reinste Schinderei, wenn zum Beispiel trotz nassen Bodens die Sämaschine über das Feld zu ziehen war. Und das Schlimme war, ich konnte die Ergebnisse Maria Thuns nicht bestätigen.«

Eine wissenschaftlich korrekte Basis für seine Versuche zu schaffen war nicht einfach. Immerhin wirken eine Vielzahl von Einflüssen auf die Pflanzen ein: die Jahreszeit, das Wetter, der Boden, die Bearbeitung, der Saatzeitpunkt und vielleicht auch der Mond. Daraus folgte die niederschmetternde Erkenntnis: »Hinsichtlich der Untersuchung eines Mondeinflusses ist damit eine der Grundregeln der Versuchsanstellung nicht einzuhalten: alle Faktoren konstant zu halten und nur den Faktor zu variieren, der untersucht werden soll.«

Um die einzelnen Einflüsse auseinanderzudividieren, musste Hartmut Spieß sehr genaue Versuchsanordnungen entwerfen und sich an exakte Zeitschemata halten. Dies wiederum warf neue Fragen auf: Ein voller Mondumlauf ist elf Tage kürzer als das Sonnenjahr. Das heißt, eine bestimmte Konstellation des Mondes rutscht jedes Jahr um elf Tage rückwärts. Wenn man sich also nur am Mond orientiert, sät man in jedem Jahr unter anderen jahreszeitlichen Be-

Hartmut Spieß

dingungen. Spieß glich die Variationen dadurch aus, dass er beispielsweise Roggen fünf Jahre lang anbaute und die Ergebnisse dann miteinander verrechnete. Es wurde immer von Mitte September bis Mitte Oktober Roggen ausgesät. »Wir variierten die Saat um den optimalen Zeitpunkt herum, 14 Tage davor und 14 Tage danach.« Gesät wurde in Parzellen von vier bis acht Quadratmetern, mit mindestens vier Wiederholungen, damit man eine zuverlässige Statistik erstellen kann.

Auf Empfehlung von Maria Thun wählten die Forscher die Pflanzen Roggen, Radieschen, Kartoffeln, Möhren und Buschbohnen, ferner Gelbsenf, nicht zu verwechseln mit dem Unkraut Ackersenf. »Außerdem haben wir Thuns Empfehlungen auch über fünf Jahre hinweg immer zur gleichen Konstellation nachgebaut, also die Samen jeweils wieder als Saatgut verwendet. Eine Vollmondaussaat ist beispielsweise fünf Jahre nacheinander nachgebaut worden, immer wieder zu Vollmond. Maria Thun behauptet, dabei verstärke sich der Effekt, das Ergebnis werde also wesentlich deutlicher«, erinnert sich Spieß. »Aber all das, was sie behauptet hat in ihren Untersuchungen, konnten wir nicht bestätigen. Auch die Finsternisstellung, bei der die Keimfähigkeit des Saatgutes ganz schnell gegen null gehen soll, oder die Bedeckung von Planeten, bei der alles verfaulen und verpilzen soll, all das haben wir nicht gefunden.«

Als die Lehrmeisterin zu Besuch kam und von den negativen Befunden erfuhr, reagierte sie sehr ärgerlich. Sie fand viele vermeintliche Fehler in der Versuchsanordnung: »Ihr habt beregnet, da kommt nur Vollmond raus, und ihr habt mit Schweineborsten gedüngt, da kommen diese Wirkungen nicht mehr zustande.« Manche glaubten auch, »es liegt am Spieß«, erzählt dieser. »Der Spieß kann's eben nicht, der kommt aus der DDR, der ist materialistisch schlecht bestrahlt«, so hieß es dann. »Also zunächst habe ich dann schon auch gedacht: Na, vielleicht liegt es ja doch an mir. Was ist denn mit den Leuten mit dem grünen Daumen? Aber schließlich kam ich drauf: Den eigentlich grünen Daumen habe ich, bei mir wuchsen die Pflanzen immer gleich gut, unabhängig von der Konstellation.«

Um ganz sicherzugehen und auch noch den Einfluss der Versuchsperson auszuschalten, machten Spieß und ein Kollege dann auch Versuche so, wie sie bei Maria Thun ablaufen: »In einem kleinen Garten, ganz individuell von mir und meinem damaligen Mitarbeiter ausgesät. Im ersten Jahr säte er die Möhren, ich pflanzte die Kartoffeln, im nächsten Jahr haben wir gewechselt, um zu sehen, ob es an der Versuchsperson liegt. Aber es gab keinen persönlichen Einfluss.«

Hartmut Spieß bemühte sich in den Folgejahren noch mehr, alles richtig zu machen. Er erhöhte die Anzahl der Versuche bis zu täglichen Aussaaten, achtete sorgfältig darauf, die Konstellations-Aussaat auch ganz genau zu erwischen, und scheute nicht davor zurück, sogar nachts um drei Uhr noch auszusäen. Oder während einer Sonnenfinsternis. »Wir haben sogar innerhalb einer Finsternis drei Aussaaten gemacht. Zu Beginn, zur Mitte und zum Ende. Da gab es signifikante Unterschiede. Um das wissenschaftlich abzusichern, müsste man das wiederholen, aber wie oft kommt schon eine totale Sonnenfinsternis vor?«

Allmählich wurden die Zweifel des Forschers an der Belastbarkeit der Thun'schen Daten immer größer, und die Erfahrung vieler Gärtner bestätigte ihn: »Wieso sollte ein Radieschen nicht keimen, nur weil eine bestimmte Mond-Konstellation besteht? Das aber behauptet Maria Thun. Das wäre doch eine Erfahrung, die man längst in irgendwelchen Bauernregeln finden müsste, denn die hat Plinius der Ältere schon gesammelt, vor 2000 Jahren. Wieso steht das nicht in den alten Bauernregeln drin?« Es machte ihn auch stutzig, dass einige Professoren, die nach einem astrologisch orientierten Kalender gearbeitet hatten, gegenteilige Erfahrungen machten.

13 Jahre Mühe und Plackerei, aber die Aussaattage der Maria Thun ließen sich bis zum Ende nicht verifizieren. Beleidigt zog sich die alte Dame zurück. Sie nahm es ihrem Schüler übel, dass er ihre Arbeit in Misskredit gebracht hatte. Für Hartmut Spieß brachten seine Forschungsreihen jedoch Ergebnisse, die er vorher nicht zu erhoffen gewagt hatte: Es stellte sich nämlich heraus, dass die Pflanzen sehr wohl auf den Einfluss des Mondes reagiert hatten, wenn auch völlig anders, als Maria Thun vorhergesagt hatte. Die Kurven, die der Forscher aus den Daten ableiten konnte, sprachen ihre eigene, zum Teil ziemlich eindeutige Sprache. Statistisch gut abgesicherte Trends kamen da zutage und signifikante Unterschiede bei den einzelnen Saatzeitpunkten, die ganz offensichtlich mit dem Stand des Mondes zusammenhingen.

»Wir erhielten wirklich interessante Kurven, wie die Pflanze reagiert«, erzählt Hartmut Spieß, »interessant deshalb, weil normalerweise eine Pflanze als rhythmisches Wesen die Unterschiede in den äußeren Bedingungen selbst ausgleicht.« Geht beispielsweise die Getreidesaat schlecht auf, entwickeln sich dafür umso stärkere Pflanzen. Es kann sein, dass man zu tief ausgesät hat, dann keimen weniger Samen aus, weil es nicht alle schaffen; oder die Bedingungen sind schlecht, etwa ein starker Regen, der die Oberfläche verdichtet und kaum Sauerstoff durchlässt. Dafür entwickeln sich dann an den Keimen mehr Triebe. Oder es befinden sich auf einer Fläche nur wenige Pflanzen, dann tragen sie mehr Körner als vergleichbare Halme, die sehr eng stehen und dort um Licht und Nährstoffe konkurrieren müssen. Die Pflanze hilft sich selbst. So gleichen sich auch anfängliche Unterschiede, die durchaus mit Mondeinfluss oder lunarer Rhythmik zusammenhängen können, aus, so dass im Ertrag keine Abweichung mehr zu finden ist.

Trotzdem fanden sich Unterschiede. So keimte Roggensaat besonders gut auf, wenn sie kurz vor Vollmond erfolgte. Am wenigsten keimfreudig zeigte sich Roggen, wenn die Saat kurz vor Neumond geschah. Auch die Keimfähigkeit der Körner war unterschiedlich: Die im zweiten zunehmenden Mondviertel gesäten Körner waren den im abnehmenden Mond gesäten signifikant überlegen. Bei Möhren fand Hartmut Spieß Ähnliches: Die höchsten Erträge gab es bei der

Aussaat ein bis drei Tage vor der Vollmondstellung. Die Haltbarkeit dieser Möhren war ebenfalls am höchsten.

Kartoffeln hingegen zeigten ein genau entgegengesetztes Verhalten. Sie lieferten Mindererträge von elf Prozent bei Pflanzung vor Vollmond. Pflanzte man die Kartoffeln an Tagen, wo der Mond der Erde am nächsten steht, stiegen die Erträge um 16 Prozent. Leider funktionierte dies nicht in allen Jahren gleich gut und ließ sich deshalb nicht generell statistisch absichern. Radieschen wuchsen am besten, wenn man sie in der ersten aufsteigenden Mondperiode aussäte und wenn der Mond der Erde am nächsten war. Demgegenüber waren die Erträge bei Aussaat zu Vollmond am niedrigsten. Allerdings wiesen diese Knöllchen dann die beste Haltbarkeit auf. Auch bei Buschbohnen fanden die Forscher auffällige Unterschiede je nach Mondstand.

Jede Pflanzenart reagiert anders, gemäß ihrem Lebenslauf. Hartmut Spieß hat deshalb die Hypothese aufgestellt, dass es neben fotoperiodischen Reaktionstypen auch lunarperiodische Reaktionstypen gibt, »also Pflanzen, die besonders auf Vollmond reagieren oder Neumond oder Erdnähe und Erdferne des Mondes«. Auch hier zeigte sich ein wichtiger Unterschied zu den Beobachtungen der Maria Thun: »Nach ihr darf man an Erdnähe-Tagen gar nicht aussäen«, betont Spieß. »Und wir haben da eigentlich immer maximale Wachstumseffekte beobachtet. Der Mond steht bei Erdnähe der Erde immerhin um zehn Prozent näher als im Durchschnitt. Das zeigt sich ja auch bei den Gezeiten: Wenn Neumond oder Vollmond mit Erdnähe zusammenfällt, dann gibt es besonders große Springfluten.«

Heute gilt Hartmut Spieß als der »Papst« in Sachen Mondeinfluss auf Pflanzen; keiner kann auf solch große Erfahrung mit wissenschaftlichen Untersuchungen dazu verweisen. Und er berät nun andere, die ähnliche Experimente machen wollen. Bei den Anhängern der Maria Thun ist er allerdings verpönt.

Ähnlich widersprüchliche Ergebnisse gab es schon bei den alten Bauernregeln. So zitiert Jules Cashford aus ›Tusser's Husbandry‹ von 1580:

»Säe Erbsen und Bohne bei abnehmendem Mond,
Wer sie früher sät, sät sie zu früh,
Damit sie wie der Planet ruhen und steigen,
Blühen und reichlich Früchte tragen.«

Ganz entgegengesetzt sagt eine andere Bauernregel:

»Säst du junge Bohnen, wenn der Mond ist rund,
hängen ihre Schoten bis zum Grund.«

Fragt man Hartmut Spieß, wie er sich die Wirkung des Mondes auf die Pflanzen erklärt, muss er passen: »Ich weiß es nicht. Ist es die Gravitationskraft? Ist es das Licht oder das veränderte elektromagnetische Feld der Erde? Fest steht auf jeden Fall, dass es eine Wirkung gibt. 15 Prozent mehr Ertrag bei einer Saatzeit vor Vollmond, über drei Jahre hinweg statistisch abgesichert. Also da muss irgendwas dran sein.« Auch wenn er keine eindeutige Erklärung bieten kann, hält er sich an die Maxime, die Matthias Claudius im berühmten Lied ›Der Mond ist aufgegangen‹ ausdrückt:

»Seht ihr den Mond dort stehen?
Er ist nur halb zu sehen
und ist doch rund und schön!
So sind wohl manche Sachen,
die wir getrost belachen,
weil unsre Augen sie nicht sehn.«

Immerhin gibt es Hinweise, wo man weiterforschen könnte. Hartmut Spieß verweist etwa auf die Tatsache, dass das Mondlicht die Keimung von Unkrautsamen auslösen kann: »Die Keimung lichtkeimender Unkräuter, etwa der Kamille, wird durch Enzyme gesteuert. Sie brauchen einen schwachen Lichtreiz. Dieser feine Samen liegt vielleicht zehn Zentimeter tief im Boden. Feuchtigkeit ist da, aber warum keimt er nicht? Die Natur hat hier einen wunderbaren Vorgang eingebaut: Erst, wenn der Samen Licht bekommt, also in den oberen Schichten des Bodens, beginnt er zu keimen. Wenn Licht eindringen kann, dann schafft er es mit seinem schwachen Keim bis an die Oberfläche. Und für dieses bisschen Licht reicht eben auch schon das Mondlicht aus. Das haben Erlanger Wissenschaftler 1991 erstmalig publiziert. Das Mondlicht hat also sehr wohl einen Einfluss.«

Außerdem ist das Mondlicht zu großen Teilen polarisiert, schwingt also nur in eine Richtung. Spieß glaubt, dass sich auch hier noch einiges erforschen ließe: »Das wäre doch interessant, was ein

Caspar David Friedrich: Bäume im Mondschein, um 1824, Öl auf Leinwand

Mediziner, Zoologe oder Botaniker dazu sagt: Wie wirkt denn polarisiertes Licht auf lebende Organismen? Auch wenn es vom Vollmond kommt.« Vielleicht, so glaubt er, könnte dies auch Erklärungen liefern für die Mondsüchtigkeit mancher Menschen. Auch elektromagnetische Felder lassen sich nicht ausschließen. Dass es insgesamt so wenig Forschung zu dem Thema Mondeinfluss gibt, bedauert der Wissenschaftler: »Ich finde es ganz unsinnig, Milliarden in die Weltraumforschung zu stecken, wo wir doch hier auf der Erde erst mal unsere Hausaufgaben im Kleinsten erledigen müssten.«

Ähnlich denkt der Schweizer Holzwissenschaftler Ernst Zürcher. Er hat bei seinen Literaturrecherchen festgestellt, dass es in vielen Ländern schon von alters her Empfehlungen für besonders günstige Fällzeitpunkte für Bäume gibt. Das Holz, das beispielsweise beim Fällen drei Tage vor Vollmond gewonnen wird, gilt vielfach als besonders fest, haltbar und feuerresistent. Neugierig geworden, hat er sich mit dem Thema näher beschäftigt und kam zu folgendem Befund: »Bei der Lektüre von aktuellen oder auch klassischen Berichten über volkstümliche Bräuche in der Landwirtschaft sowie beim Gespräch mit Gärtnern, Bauern oder Förstern mit empirischer Erfahrung auf traditioneller Basis stößt man auf zwei Feststellungen:

- Lunare Rhythmen, zusätzlich zu den jahreszeitlichen Rhythmen, werden systematisch erwähnt als Einflussfaktoren auf das Wachstum, auf die Strukturen sowie auf bestimmte Charakteristiken oder Eigenschaften der Pflanzen.
- Auffällig sind – unabhängig von der geografischen, kulturellen oder zeitlichen Distanz der Quellen – bestimmte Gemeinsamkeiten. Diese Gemeinsamkeiten in den ›Bauernregeln‹ scheinen auf die Möglichkeit von eventuell objektiven Phänomenen hinzudeuten. Zum Beispiel sind die Fällregeln für Bäume über Kontinente hinweg oft übereinstimmend. Die Zeit des Neumondes (oder des abnehmenden Mondes) gilt allgemein als die günstigste für die Fällung von Bäumen, weil zu dieser Zeit das Holz am haltbarsten sei.«

Bekannt wurde derartiges Holz unter dem Namen »Mondholz« oder »Mondphasenholz«. Experten der TU Dresden schreiben dazu: Darunter »ist solches Holz zu verstehen, das bei einer bestimmten, als ›günstig‹ angesehenen Mondphase geerntet wird und dadurch eine Reihe außergewöhnlicher Holzeigenschaften besitzen soll. Die durch Beachtung des richtigen Zeitpunktes für den Holzeinschlag angeblich zu erreichenden Effekte auf die Holzeigenschaften sind äußerst vielfältig. Alle Regelwerke, die sich mit Fällzeitregelungen beschäftigen, sprechen eine klare und eindeutige Sprache, wenn Qualitätsaussagen für das ›Mondholz‹ gemacht werden: Es brennt nicht, es fault bzw. wurmt nicht, es arbeitet nicht! Neben diesen drei Grundaussagen findet man gelegentlich noch weitergehende angebliche Qualitätsmerkmale für Mondholz, so zum Beispiel die Aussagen, dass Mondholz besonders trocken und hart ist.«

Ernst Zürcher, der häufig als Kronzeuge von Firmen zitiert wird, die solches Mondphasenholz anbieten, hat viele Hinweise gesammelt, die seine Ansicht unterstützen: So nennt er beispielsweise eine »Fällregel aus dem französischen Sprachraum« oder einen »international erfolgreichen Familienbetrieb« in Österreich, der Bauholz nach den Mondphasen fällt, ferner einschlägige Erzählungen von Schindellegern, Kaminbauern, Geigenbauern und Herstellern von

Käseschachteln ebenso wie von Fässern oder Flößen – alle richten sich auf die eine oder andere Weise nach dem Mond.

Zürcher unterrichtet an der »Berner Fachhochschule Architektur, Holz und Bau« im schweizerischen Biel und hat auch selbst Versuche unternommen. So berichtet er im angesehenen Wissenschaftsmagazin ›Nature‹ 1998 von Stammdurchmessern bei »zwei jungen, in separaten Containern gehaltenen Fichten unter konstanter Finsternis im Gewächshaus, welche sich synchron zu den berechneten Gezeitenkräften verhalten«. Stattgefunden haben diese Versuche vom 17. bis 20. Juli 1988 in Florenz. Eine andere »aufschlussreiche Untersuchung an der Universität Florenz bestand auch darin«, so schreibt Zürcher, »einen adulten Douglasienstamm, der von seinem Wurzelwerk und seiner Krone getrennt und wasser- bzw. luftdicht isoliert wurde, mit einer normal wachsenden Douglasie bezüglich Durchmesservariationen zu vergleichen.« Das Resultat war, »dass im isolierten Stamm Schwankungen stattfanden, synchron mit denjenigen des normal wachsenden Baumes«.

Im Februar 2003 kündigte Zürcher an, nach diesen punktuellen Experimenten nun einen Großversuch zu starten, bei dem die wissenschaftliche Haltbarkeit der Aussagen auch statistisch überprüfbar wird. Bisher ist von diesem Großversuch aber nichts bekannt geworden. Auf Rückfragen erzählt der Forscher, er habe den Versuch bereits ausgewertet und sei dabei, die Veröffentlichung der Ergebnisse vorzubereiten, die »sehr interessant« seien.

Claus-Thomas Bues, Professor am Institut für Forstnutzung und Forsttechnik der TU Dresden, beurteilt den Einfluss des Mondes auf Bäume weit skeptischer als sein Schweizer Kollege: »Man könnte sagen, Ernst Zürcher sieht das Glas als halb voll an, ich dagegen als halb leer«, formuliert er den kollegialen Disput. Auch er hat umfangreiche Literaturstudien betrieben, dabei aber gefunden, dass sich die Angaben über den besten Fällzeitpunkt oft diametral widersprechen. Eine Zusammenstellung wichtiger Fäll-Empfehlungen seit dem 18. Jahrhundert zeigt, dass jede Art von Konstellation als günstig genannt wird – man kann sich also den passenden Fällzeitpunkt im Grunde nach dem eigenen Geschmack heraussuchen. Auch Ute Seeling hat bei Untersuchungen an der Universität Freiburg im Jahr 1998 herausgefunden, dass ein »Vergleich zwischen Mondholz und dem üblichen Hiebsanfall hinsichtlich Trocknungs- und Brandverhalten keine Unterschiede« zeigte.

Bues glaubt zusammen mit seinem Koautor Jens Triebel, dass eher die Lebensbedingungen der Menschen den günstigsten Fällzeitpunkt nahelegten. So ist normalerweise der Holzeinschlag im Winter vorteilhafter, da die Bäume da nicht im Saft stehen. Manchmal aber war der Winter zu streng oder der Schnee lag zu hoch, so dass man dies nicht einhalten konnte. Die beiden Forstwissenschaftler fanden auch: »Vielfach ist die Regelung des Holzeinschlages zurückzuführen auf das reine Streben der Landesherren nach Schaffung willkürlicher Vorschriften, die zum Beispiel den Wintereinschlag untersagten.« Wieder in anderen Gebieten »bekamen beschäftigungslose Bauern und Handwerker von ihren Landesherren die Möglichkeit, durch Wintereinschlag ein Zubrot zu verdienen«. Auch Ute Seeling unterstreicht, dass die Bauernregeln heute oft falsch gelesen werden, nämlich umgekehrt zu der Aussage, wie sie gemeint waren. »So gab es beispielsweise eine Bauernregel, dass du am Tag des heiligen Sebastian nicht in den Wald gehen sollst. Die Empfehlung ist andersherum: Am Tag des heiligen Sebastian gehst du gefälligst in die Kirche, da ziemt es sich nicht, dass du im Wald Holz schlägst«, erzählt sie in einer Sendung des Bayerischen Rundfunks. »Wir haben in den Bauernkalendern eine Mischung aus Empfehlungen, die kirchlich oder gesellschaftlich dominiert waren, aber auch aus betrieblichen Empfehlungen resultieren – zum Beispiel, dass man in bestimmten Monaten nicht das Holz erntet, da man in diesen Zeiten den Acker bestellen soll.«

Duhamal du Monceau begann in der zweiten Hälfte des 18. Jahrhunderts, den Einfluss verschiedener Fällzeitpunkte auf das Holz systematisch zu untersuchen. »Er kam dabei zu dem Schluss«, so Claus-Thomas Bues, »dass die bestehenden Regelungen der Einschlagzeit nicht zu bestätigen sind. Er schrieb, dass die herausgefundenen Unterschiede nicht wirklich dem Mond zuzuschreiben sind, sondern der Uneinheitlichkeit der verschiedenen Bäume und den Unzulänglichkeiten der durchgeführten Versuche.« Wissenschaftliche Untersuchungen in den letzten 250 Jahren zeigten zwar, so Bues und Triebel, dass es besser ist, Bäume im Winter zu fällen, aber »unterschiedliche Eigenschaften des Holzes in Abhängigkeit von der Mondphase wurden nicht nachgewiesen«.

»Es mag ja sein, dass sich auf der molekularen Ebene im Holz etwas ändert, aber ich glaube nicht, dass das für die Praxis relevant ist«, so Claus-Thomas Bues. Dem Häuslebauer nützt es nach seiner Meinung nichts, wenn er Mondholz kauft, »denn ein Qualitätsunterschied zu normalem Holz ist nicht nachweisbar«. Er rät dem Holzkäufer eher, auf ganz andere Dinge zu achten: etwa auf die Ausprägung der Jahresringe, die Dicke des Baumes oder die Art, wie er geschnitten wird.

Allerdings gibt auch der Dresdener Forstwissenschaftler zu, dass das Mondphasenholz, das einige Firmen anbieten, wahrscheinlich höherwertig ist als Durchschnittsholz: »Da geht man zu einem bestimmten Zeitpunkt zusammen mit dem Käufer in den Wald und sucht einen besonders schönen Stamm aus. Dann schneidet, lagert und trocknet man ihn sorgfältig und legt besonderes Augenmerk auf eine gute, traditionelle Verarbeitung. So führt die gesamte Produktionskette zu einer besseren Qualität. Mit Mondphasen hat das aber nichts zu tun.«

Sein Mitarbeiter Jens Triebel hat sogar erlebt, wie das unbedingte Vertrauen auf die Qualitäten des Mondholzes kontraproduktiv wirken kann. Er schreibt: »Ein Bauherr liest von den angeblichen Vorzügen des Mondholzes und ist verständlicherweise begeistert. Aus solchem Holz muss das Haus für die Familie gebaut werden, Holz, das nicht brennt, nicht fault, nicht arbeitet, besonders trocken und hart ist. Ein Forstamt ist schnell gefunden, denn auf Anfrage wird das Sortiment Mondholz – gegen Aufpreis versteht sich – gerne bereitgestellt. Der Einschlag des Holzes erfolgt termingerecht ›im richtigen Schein‹. Das Rundholz liegt im Wald zur Abfuhr in das Sägewerk bereit. Doch es wird nicht zügig aus dem Wald zum Sägewerk gebracht. ›Keine Eile, ist doch Mondholz, dem kann doch nichts passieren‹, entgegnet der Förster dem besorgten Bauherrn. Als das

Reklamiertes »Mondphasenholz« für einen Dachstuhl

Rundholz endlich das Sägewerk erreicht, ist die Ernüchterung groß: Das Mondholz weist die typischen Lagerschäden auf. Der Bauherr wird nachdenklich. Wenn Mondholz schon solche Probleme bereitet, wie ist denn das erst mit Holz aus herkömmlichem Einschlag? Holz scheint doch ein problematischer Baustoff zu sein. Und so entschließt sich der Bauherr sehr wahrscheinlich, sein Haus sicherheitshalber lieber in Ziegelbauweise zu errichten!«

Die Veröffentlichungen von Bues und Triebel riefen auch Esoteriker auf den Plan, die lautstark ihre gegenteilige Meinung vortrugen. So verwahrte sich Gottfried Briemle, Verfasser des alljährlichen ›Landbaulichen Mondkalenders‹, in der Zeitschrift ›Wald und Holz‹ gegen die Sichtweise der Naturwissenschaftler: »Der größte Fehler, den die Naturwissenschaften immer noch machen, ist, dass sie nur jene Untersuchungsergebnisse für ›wahr‹ erklären, die – ohne Rücksicht auf Individualität – an jedem beliebigen Platz der Erde und zu jedem beliebigen Zeitpunkt die gleichen Resultate liefern. Durch ein solches Vorgehen gelangt die Wissenschaft allerdings nie zur Wahrheit, denn diese ist nicht nur materieller, sondern vor allem geistiger Natur!« Hier prallen in der Tat Weltanschauungen aufeinander, die unvereinbar sind. Briemle beschreibt das Vorgehen der Naturwissenschaften richtig, ist aber selbst anderen Glaubens, wie er zusammenfassend schildert: »Die Gestirne zeigen nur etwas an, nämlich die Qualität der Zeit. … So zeigt beispielsweise der Mond in seiner jeweiligen Position am Himmel … zu jeder Stunde eine bestimmte Zeitqualität an. Ich spreche daher zum besseren Verständnis gerne vom ›Zeigestab Gottes‹.« Und für ihn zeigt Gott damit eben an, wann ein Baum am besten gefällt werden sollte.

Zurück zur Naturwissenschaft: Ähnliche Untersuchungen wie Ernst Zürcher hat der österreichische Holzforscher Kurt Holzknecht unternommen. Er hat im Jahr 2002 untersucht, wie sich die elektrische Spannung im Splintholz von Fichte und Zirbe in Zusammenhang mit Klima und Mondphasen verändert. Dazu hat er über mehrere Monate hinweg die elektrischen Potenziale an zwei Bäumen gemessen: an einer achtzigjährigen Fichte und an einer zwölfjährigen Zirbe (*pinus cembra*). Er kam zu dem Ergebnis: »Die gemessenen elektrischen Potenziale im Splintholz der Fichte korrelieren mit den berechneten gravimetrischen Gezeiten im letzten Viertel vor Neumond im November und Dezember 2000«, und »die gemessenen Potenziale im Splintholz der Zirbe zeigen eine auffallend deutliche

Korrelation mit den gravimetrischen Gezeiten während der Tage um Neumond im Dezember 2001.« Betrachtet er aber nicht nur diese kurzen Zeiträume, sondern die gesamte Untersuchung, so muss auch Kurt Holzknecht einräumen: »Die Ergebnisse dieser Arbeit lassen aber keinen direkten Rückschluss auf die mögliche Holzqualität von Mondholz und die Aussagekraft von Mondregeln zu«, auch wenn er glaubt: »Sehr wohl aber kann man von den Ergebnissen ableiten, dass der Einfluss des Mondes im Splintholz von Nadelbäumen nachweisbar ist.«

Angesichts der Kontroverse wollte Claus-Thomas Bues in Zusammenarbeit mit Erwin Thoma, einem österreichischen Hersteller von Holzhäusern und Buchautor, der von Anhängern gelegentlich als »Mondholzpapst« bezeichnet wird, eine wissenschaftlich fundierte Untersuchung machen lassen. Er beauftragte eine Diplomandin, den Borkenkäferbefall bei Mondholz im Vergleich zu »normalem« Holz zu untersuchen. Zuerst wollte Thoma noch einen Teil der Kosten für die Untersuchung übernehmen, aber im Lauf der Zeit zog er diese Zusage wieder zurück. »Irgendwann hat er wahrscheinlich kalte Füße bekommen, weil das Ergebnis vielleicht nicht in seinem Sinne ausgefallen wäre«, meint Bues heute. »So kam auch diesmal wieder keine Zusammenarbeit zwischen Mondholz-Befürwortern und Skeptikern zustande. Ich hätte mir das sehr gewünscht.« Das Ergebnis der Diplomarbeit zeigte übrigens, dass sich bei der Feuchtigkeit der Hölzer kein Unterschied ergab, ebenso wenig wie beim Befall durch Borkenkäfer.

Sowohl Hartmut Spieß als auch Ernst Zürcher beziehen sich auf den Münchner Physiker Gerhard Dorda, der eine mögliche Erklärung für die Mondphänomene gefunden zu haben glaubt: Er meint, dass es sich bei den Beobachtungen um Quanteneffekte der Gravitation handelt.

Mit derartigen Theorien kann man bei den etablierten Physikern keine Lorbeeren ernten. Sie gehen von anderen Modellen aus und geben sich nicht mit solch einfachen Analogien zufrieden. Deshalb wurden Dordas Vorschläge bisher in der physikalischen Fachwelt nicht ernsthaft erörtert. Außerhalb der Physik stoßen sie jedoch auf interessierte Zustimmung, böten sie doch eine anschauliche Erklärung für einige Phänomene, die bisher völlig rätselhaft erschienen.

»Der Mond sendet gewissermaßen in kurzen Intervallen, je nach Zyklus, variable Energieportionen, die auf der Erde als rhythmische

Zeitgeber in Erscheinung treten.« Sie sollen, so der Physiker, in allen organischen Zellen eine mit dem Mondrhythmus synchron ablaufende pulsartige Bewegung und die Aufnahme und Abgabe von Wasser bewirken. Auf diese Weise könnten beispielsweise im Holz die winzigen Schwingungen entstehen, wie sie Zürcher und Holzknecht gemessen haben. Dorda hält den Effekt für unabdingbar, damit organisches Leben entstehen kann: »Ohne die Existenz des Mondes und seinen Gravitationseffekt wäre die Entfaltung organischen Lebens auf unserer Erde gar nicht möglich gewesen.«

Diese These würden nun auch wieder Forscher unterschreiben, die an Dordas Theorie nicht glauben. Denn eines ist unbestreitbar: Die Gravitationswirkung des Mondes bringt – wie im vorangegangenen Kapitel gesehen – die Gezeiten hervor. Und ohne sie gäbe es eine ganze Menge von Lebewesen nicht, die ihren ganzen Lebensrhythmus an Ebbe und Flut angepasst haben.

Mit einem sehr viel handfesteren Problem haben sich die Forstwissenschaftler der TU Dresden auseinandergesetzt: Stimmt es, so fragten sie, dass zu bestimmten Mondphasen geschlagene Weihnachtsbäume weniger oder später nadeln als andere? In einem Versuch mit 16 Fichten haben sie die alte Bauernregel widerlegt, nach der Weihnachtsbäume ihre Nadeln bis in das neue Jahr behalten, wenn sie drei Tage vor dem elften Vollmond geschnitten werden. Die am betreffenden Tag geschlagenen Fichten zeigten jedoch, dass es vielmehr einen Zusammenhang zwischen der Art der Aufbewahrung und der Nadelfülle gibt. »Unser Versuch hat ergeben, dass klares Wasser und ein eingeritzter Stamm oder Zuckerwasser den Baum am ehesten frisch halten«, erklärt Professor Claus-Thomas Bues. »Auf jeden Fall konnten wir zeigen: Ob die Nadeln am Weihnachtsbaum lange halten, hängt nicht davon ab, wann die Bäume geschlagen werden.«

Kapitel 14
Der Einfluss des Mondes auf den Menschen Alles nur Einbildung?

»Wie viele Bücher habe ich in diesen drei Tagen,
konzentriert, geschrieben oder gezeichnet,
in einem Schwung, in einem Rausch,
in einem Feuerwerk von Kreativität …
Der Vollmond, eine Folterzeit, die drei Tage dauert.«

Aus ›Vollmond‹ von Tomi Ungerer

Im Grunde ist der Mond doch ein ganz harmloser, stiller Begleiter, er sendet sein kühles, bläuliches Licht zu uns, und viele Dichter haben ihn so besungen, als »guten Mond« wie Matthias Claudius oder wie Johann Wolfgang von Goethe in seinem Gedicht ›An den Mond‹:

»Füllest wieder Busch und Tal
Still mit Nebelglanz,
Lösest endlich auch einmal
Meine Seele ganz.«

Das sanft fließende Mondlicht beruhigt die Seele und weckt romantische Gefühle. Wer kennt sie nicht, die schwärmerischen Spaziergänge als frisch Verliebte beim fahlen Schein, der mehr verbirgt als offenbart, oder den träumerischen Blick in die Landschaft, über der gerade der Mond blutrot aufgeht? Rot ist er allerdings nur in den ersten Minuten, nachdem er sich über dem Horizont zeigt, danach wird er immer heller. Lange Zeit wurde die Farbe des Mondes als »sil-

Adriaen Brouwer: Mondlandschaft, um 1635–1637, Öl auf Holz

bern« bezeichnet, und in der Tat erscheint er meist weiß bis silbrig. So ist Silber auch das Metall, das mit dem Mond verknüpft wird und vielfach bei seiner Verehrung in rituellen Gegenständen eingesetzt wurde. Angeblich waren zum Beispiel die Altäre und Schreine des Diana-Tempels in Ephesus aus Silber gefertigt.

Gleichzeitig – und ganz im Widerspruch dazu – zeugen unzählige Berichte davon, dass der Mond sehr gefährlich werden kann, dass er Menschen aggressiv macht, süchtig oder verrückt werden lässt oder gar Ungeheuer hervorbringt. So wirft schon Georg Christoph Lichtenberg in seinem ›Gnädigsten Sendschreiben der Erde an den Mond‹ dem »Nachbarn und Vasallen« vor, Dichter und Philosophen zu betören: »Da Wir Euch einen Einfluss auf die Lunigten, die sogenannten Mondsüchtigen, allerdings verstattet haben, dürft Ihr deswegen gleich Dichter und Philosophen aus ihnen machen? In unserem Kontrakte steht kein Wort von einer gelehrten Bank im Tollhause.« Selbst in der Sprache hat sich der vermeintliche Einfluss des Mondes niedergeschlagen: So nennt man unstete Menschen »launisch«, im Französischen »lunatique«, beides von Luna, dem Mond, abgeleitet.

Ein zwiespältiger Trabant scheint er also zu sein, hin- und hergerissen zwischen sanftem Glanz und bedrohlicher Glut. »Für jeden von uns bedeutet der Mond etwas anderes«, wusste auch der Astronaut Frank Borman.

Auf jeden Fall war der Mond für die Menschen von Anfang an geheimnisvoll. Anders als die Sonne, die unweigerlich jeden Morgen kommt und regelmäßig am Abend wieder geht, ist der Mond schwer fassbar und unstet. Unsere Vorfahren haben nicht immer die Sonne als Quelle unseres Tageslichts angesehen: So erzählt uns die biblische Schöpfungsgeschichte, dass Gott das Licht bzw. den Tag am ersten Tag erschuf, lange bevor er am dritten Tag Sonne und Mond schuf. Und manche Urvölker verehren den Mond wegen seiner Fähigkeit, Licht zu spenden. Sie halten das Mondlicht für wichtiger, weil es die Nacht erleuchtet, wo es ja mehr gebraucht wird als bei Tag, wenn es ohnehin hell ist. Und den Mond kann man im Gegensatz zur Sonne auch anschauen; wer will, sogar stundenlang.

Die Mondmythen sind Legion, vieles erscheint uns heute unverständlich oder überholt, aber dennoch bleibt der Zauber des Mondes. Auch die Verhaltensforscher unserer modernen, aufgeklärten Zeit haben sich mit seinem Einfluss auseinandergesetzt. Dabei untersuchten sie beispielsweise, ob unsere »innere Uhr« mit seinem Rhythmus etwas zu tun hat. Das Phänomen eines internen Taktgebers in uns selbst gehört auch heute noch zu den großen Geheimnissen; selbst intensive Forschung konnte die Hintergründe noch nicht restlos aufklären. Fest steht bisher nur: Wir existieren nicht im zeitlosen Raum, sondern jeder Mensch hat seinen eigenen Rhythmus. Dies wurde in vielen Experimenten bewiesen. Und noch etwas hat sich immer wieder gezeigt: Wer seiner inneren Uhr gehorcht, wer seinen eigenen Rhythmus lebt, ist gesünder, ausgeglichener und zufriedener. Aber dies ist nur die halbe Wahrheit, denn Wissenschaftler haben außerdem ein ganz erstaunliches Phänomen gefunden: Unser innerer Tag hat nicht etwa 24, sondern 25 Stunden.

Entdeckt wurde das Ganze bei inzwischen weltberühmten Pionierarbeiten, die der Verhaltensforscher Jürgen Aschoff 1961 im Max-Planck-Institut für Verhaltensphysiologie in Andechs bei München begann. Er fand Hunderte von Freiwilligen, die sich bereit erklärten, vier Wochen und länger in einem unterirdischen Bunker völlig abgeschnitten von der Außenwelt zu leben: eine Art Big Brother für die Wissenschaft. Während der ganzen Zeitspanne erhielten die Versuchspersonen keinerlei Informationen, aus denen sie Rückschlüsse über Datum oder Uhrzeit ziehen konnten: Sie hatten keine Uhren, sahen kein Tageslicht, durften nicht telefonieren und erhielten Filme oder Zeitungen unregelmäßig und so spät, dass sie daraus keine Schlüsse ziehen konnten.

So lebten sie meist vier Wochen lang ganz nach ihrer eigenen Zeit. Alles, was sie taten, wurde registriert, vor allem ihr Tagesablauf: Wann erwachten sie, wann aßen, arbeiteten oder ruhten sie, wann gingen sie schlafen? Regelmäßig mussten die Probanden Fragebögen ausfüllen und Tagebuch führen – so erhielten die Forscher Auskunft darüber, wie sich die Versuchspersonen jeweils fühlten.

Bis 1989 unterzogen sich 447 Freiwillige dieser Prozedur – Männer, Frauen, Junge und Alte – und nahmen an den unterschiedlichsten Versuchen teil. Manchen war es erlaubt zu schlafen, wann sie wollten, andere mussten ihren vermeintlichen »Tag« über immer wach bleiben. Manchen wurde ein künstlicher Hell-Dunkel-Rhythmus vorgegeben, andere durften das Licht an- und ausschalten, wann es ihnen beliebte. Meist waren sie allein, aber eine Reihe von Versuchen umfasste auch zwei oder vier Personen. Einige erhielten in regelmäßigen Abständen Gongsignale, andere lebten ohne jede Vorgabe.

Die Auswertung all dieser Versuche brachte eine Fülle hochinteressanter und völlig neuer Erkenntnisse über den biologischen Rhythmus des Menschen. Das herausstechendste Ergebnis ist folgendes: Jeder Mensch hat offenbar eine innere Uhr, die seine Körperfunktionen steuert. Lässt man Personen ausschließlich nach dieser inneren Uhr leben, so stellt sich nach wenigen Tagen Anlaufzeit erstaunlicherweise bei den meisten etwa ein 25-Stunden-Tag ein.

Der Durchschnittsmensch hat also einen natürlichen Rhythmus von rund 25 Stunden. Dieser ist recht stabil. So zeigt sich bei den Experimenten beispielsweise, dass Personen, die besonders lang wach geblieben waren, danach besonders kurz schliefen. Sie korrigierten damit die Abweichung der Wachzeit und hielten unwillkürlich den 25-Stunden-Rhythmus wieder ein. Das erscheint seltsam: Da der Sonnentag nur 24 Stunden hat, hätte sich der Mensch nicht im Lauf der Evolution längst auf diese etwas kürzere Zeitspanne einstellen müssen?

Die Wissenschaft hat jedoch eine plausible Erklärung für das Phänomen: Wäre unsere innere Uhr hundertprozentig abgestimmt auf den astronomischen Tag, dann wäre unser Körper nur sehr schwer in der Lage, zeitliche Störungen auszugleichen. Wir würden stark darunter leiden, wenn wir abends einmal länger aufbleiben oder eine Reise in eine andere Zeitzone machen. Dadurch, dass die innere Uhr von Haus aus nicht genau mit den äußeren Rhythmen übereinstimmt, wird sie täglich neu justiert. Und nur diese Fähigkeit zum Synchronisieren der Uhr mit den äußeren Verhältnissen ermöglicht es, dass wir nicht starr an einen vorgegebenen Rhythmus gebunden sind, sondern relativ flexibel auf alle Unregelmäßigkeiten reagieren können. Ein 25-Stunden-Rhythmus legt aber auch die Idee nahe, dass sich der Mensch mit seiner inneren Uhr nach dem Mondzyklus richtet. Beträgt doch dieser, also der Abstand zwischen Mondaufgang und nächstem Mondaufgang, 24,8 Stunden. Könnte es nicht sein, dass sich der Mensch im Laufe der Evolution an diesen Mondzyklus angepasst hat?

Wer kann eine solche Frage besser beantworten als einer, der schon in den achtziger Jahren an den Experimenten in Andechs mitgearbeitet hat und heute als einer der profiliertesten Chronobiologen und Schlafforscher gilt? Jürgen Zulley, Professor an der Regensburger Universitätsklinik und dort Leiter des Schlafmedizinischen Zentrums, hat sich die 25-Stunden-Frage natürlich auch schon oft gestellt: »Bei unseren Versuchen in Andechs war es ja naheliegend, dass die sogenannte freilaufende zirkadiane Periodik – die nicht 24 Stunden beträgt, sondern etwas länger – mit dem Mond zusammenhängt. Mein Chef, Professor Rütger Wever, war damals sicher: Nein, das hat nichts damit zu tun. Zum einen, weil es auch beim inneren Rhythmus Variationen gab: Manche Menschen hatten eine Periode von 24,5 Stunden, andere hatten 25,5 Stunden. Das heißt, auch wenn diese Zahl von der Mondphase mit 24,8 Stunden nicht sehr stark abweicht, führt es doch dazu, dass sich nach vier Wochen die Phasen schon völlig zur Mondperiode verschoben haben.«

Trotzdem hat er später die Daten noch einmal überprüft. »Man hat diese Experimente von 1961 bis 1989 gemacht«, sagt er, »und wir haben die Daten später daraufhin ausgewertet, ob es unterschiedliche Werte gab je nach Mondphasen. Das heißt, wir haben uns gefragt: Haben die Menschen bei Vollmond einen anderen Rhythmus? Auch dabei ergab sich: Nein, es gibt keinen Einfluss des Mondes.«

Für Jürgen Zulley war das der erste Berührungspunkt mit der Mondfrage – zunächst als Chronobiologe. Später, als Schlafforscher,

Caspar David Friedrich: Mondaufgang am Meer, 1819, Öl auf Leinwand

hatte er mit dem Mond noch weit häufiger zu tun. So erzählt er aus seiner Praxis: »Es passiert oft, dass Patienten zu mir sagen: ›Bei Vollmond schlafe ich schlecht.‹ Aber ich habe bisher noch keinen einzigen Beleg dafür gefunden, dass das stimmt. Es ist witzig, was da zum Teil für Antworten kommen, wenn man genauer nachfragt: Einer sagte zum Beispiel, er habe nur Schlafstörungen bei Vollmond, wenn er vorher weiß, dass Vollmond ist. Das sagte er so ganz naiv.«

In der Naivität steckt aber wahrscheinlich ein Lösungsansatz: Eine solche Aussage bestärkt den Verhaltensforscher darin, dass es sich hier um einen typischen Fall von sich selbst erfüllender Prophezeiung handelt. »Man sagt sich: Heute werde ich schlecht schlafen«, so Zulley, »und das erfüllt sich dann auch, denn jede Form der inneren Anspannung bringt Schlafstörungen mit sich. Wenn ich zum Beispiel weiß, ich muss morgen früh raus, bin ich angespannter und schlafe schlechter.«

Das zweite Erklärungsmodell, das Jürgen Zulley heranzieht, ist die selektive Wahrnehmung: »Das ist kein psychologisches Gerede, sondern das ist in Wirklichkeit etwas, was in unserem Alltag ungemein verbreitet ist. Ich zitiere immer das schöne Beispiel: Wir alle wissen, dass Mercedes- oder BMW-Fahrer auf der Autobahn immer nur die linke Spur nehmen. Wenn man auf der Autobahn fährt, sieht man in der Tat auf der linken Spur Mercedes- oder BMW-Fahrer. ›Siehst du‹, sagt man dann, ›ich habe recht gehabt‹. Aber alle Mercedes- oder BMW-Fahrer, die rechts fahren, sieht man gar nicht. Das heißt, man sieht sie schon, aber man registriert sie nicht. Das ist selektive Wahrnehmung. Genauso ist das bei Schlafstörungen. Man sagt: ›Ich habe schlecht geschlafen‹, und erkennt dann: Es war Vollmond. Und das merkt man sich, es war ja etwas Besonderes. Aber all die anderen Male, wo man schlecht geschlafen hat, merkt man sich nicht.«

Diese beiden Erklärungsmodelle reichen Zulley allerdings noch nicht aus. Er fügt hinzu: »Außerdem gibt es immer den Wunsch, etwas erklären zu können. Das kennen wir aus vielen Bereichen. Etwa in der Medizin: Wenn mein Herz rast, und ich habe eine Erklärung dafür, ist es nicht so schlimm. Wenn aber mein Herz rast, und ich weiß nicht warum, dann macht mir das Angst. Das Gleiche gilt auch für Schlafstörungen. Man kann Schlaflosigkeit und Vollmond gut zusammenbringen: Man liegt wach und sieht den Vollmond. Dann erst konstruiert man sich den Zusammenhang. Und wenn ich weiß, warum ich schlecht schlafe, kann ich beruhigter schlecht schlafen, als wenn ich es nicht weiß.«

Auch ein physikalisches Erklärungsmodell kann Jürgen Zulley nicht erkennen: »Wie sollte der Mond auf den Schlaf wirken? Da wird oft das Licht zitiert. Das Mondlicht hat jedoch nur eine Stärke von 0,2 Lux, das ist biologisch absolut unwirksam. Wir wissen, dass Licht eine Wirkung auf den Menschen hat, aber erst bei einer ziemlich hohen Helligkeit. Man streitet noch, ob es 2500 Lux sind oder weniger, aber es bewegt sich niemals in der kleinen Dimension des Mondes. Das helle Licht wirkt über die Augen und unterdrückt die Melatoninproduktion. Das Hormon Melatonin wird normalerweise nachts ausgeschüttet. Es macht uns müde, drückt die Stimmung, drückt auch die Körpertemperatur. Also von der Helligkeit her bringt uns der Vollmond auch nicht um den Schlaf.«

Inzwischen wurden etliche wissenschaftliche Studien gemacht, die das Phänomen untersuchen. So analysierten Gerhard Klösch und Josef Zeitlhofer von der Universitätsklinik für Neurologie der Medizinischen Universität Wien das Schlafverhalten von fast 400

Personen in den Jahren von 1997 bis 2002. Die Probanden führten ein Schlaftagebuch, anhand dessen die Forscher das subjektive Schlafempfinden dokumentierten und zu den jeweiligen Mondphasen in Beziehung setzten. Das Ergebnis: Es zeigen sich keine signifikanten Unterschiede zwischen Vollmond und Neumond bzw. zwischen ab- und zunehmenden Mondphasen.

Auch im schlafmedizinischen Labor des Krankenhauses Bauzen entstand eine Mond-Studie. Hier untersuchten Ärzte zwischen den Jahren 2000 und 2004, ob es einen Zusammenhang zwischen dem Auftreten von Schlafstörungen und den Mondphasen gebe. Und auch hier kamen die Forscher zu dem Ergebnis, dass nicht der Mond der Verursacher der Störungen sein konnte. Jürgen Zulley fasst zusammen: »Mir ist keine Studie bekannt, die belegt, dass die Mondphasen Einfluss auf den Schlaf hätten. Unabhängig davon sagen aber viele Menschen, dass sie bei Vollmond schlecht schlafen. Deshalb muss man vorsichtig sein: Solche Studien werden immer mit Gruppen gemacht. Da können die Werte statistisch so streuen, dass ein möglicher Effekt im Rauschen untergeht.«

Und der Schlafforscher gibt zu bedenken, dass hier vielleicht ähnliche Mechanismen eine Rolle spielen wie bei der Diskussion um den Elektrosmog. »Da hat sich die Gruppe der ›Elektrosensiblen‹ herausgeschält, also von Menschen, die stärker auf Elektrosmog reagieren als der Durchschnitt. Das ist nicht unwahrscheinlich, denn nicht alle Lebewesen sind nach der gleichen Seriennummer gebaut, das heißt, es gibt Unterschiede. Es gibt Menschen, die mehr oder weniger empfindlich auf etwas reagieren. Es könnte also Menschen geben, die in Bezug auf elektromagnetische Strahlung empfindlicher sind. Und genauso könnte das beim Mond sein.« In der Tat kennt man ähnliche Phänomene auch bei Wünschelrutengängern.

Vielleicht ist das Ganze nur eine Kopfsache: »Diese Erkenntnis ist relativ neu«, so Zulley, »und ein Thema, das ich auch in meiner Schlafschule bearbeite. Was ist denn eine Durchschlafstörung überhaupt? Da geht es um die Tatsache, dass wir wenig objektive Daten finden, mehr subjektive. Wenn man nachmisst, ist der Schlaf von jemand, der sagt, er hat eine Durchschlafstörung, gar nicht so gravierend anders als von jemand, der sagt: Ich habe keine Schlafstörungen. Wir behandeln den Patienten, und er schläft dann wieder besser, vor allen Dingen subjektiv. Oft finden wir aber gar keinen messbaren Unterschied. Die Schlafstörung wird im Wesentlichen im

Kopf erzeugt, und da können natürlich äußere Einflüsse eine wesentliche Rolle spielen: Ich bin angespannter, die Erwartungshaltung ist verändert, und wenn ich glaube, es ist der Mond, dann wird es sehr wahrscheinlich, dass mich das stört.«

Auch das Phänomen des Schlafwandelns wird häufig mit dem Mond in Verbindung gebracht, nicht umsonst hieß es früher auch »Mondsüchtigkeit« (Fachausdruck: Lunatismus). Vor allem Kinder und Jugendliche sind davon betroffen, und der Schlafwandler scheint sich an Lichtquellen zu orientieren. Früher, als der Mond noch die hellste Lichtquelle bei Nacht war, strebten die »Mondsüchtigen« ihm zu; das zum Teil waghalsige Klettern auf Dächer, Balkone, Mauern oder Berge war der Versuch, dem Mondschein näherzukommen. Heute, wo die Nacht von vielen Lichtern erhellt wird, spielt der Mond bei den Schlafwandlern keine herausragende Rolle mehr. Sie streben jetzt eher Leuchtreklamen zu oder anderen Lichtquellen, die auffällig sind.

Der Mensch sucht nach Erklärungen. So entstehen Aberglaube und Glaube. Und das ist auch gut so, denn wer eine Erklärung hat,

Genre-Darstellung einer »Mondsüchtigen«

Adolf Friedrich Erdmann von Menzel: Berlin, Friedrichsgracht bei Mondschein, um 1850/60, Öl auf Leinwand

für den ist alles einfacher. Das gilt etwa für die Vorstellung, dass an bestimmten Mondtagen Operationen besser gelingen, ihre Nachwirkungen wie Blutungen geringer ausfallen und die Heilung verbessert ist. In der Tat gibt es zum Beispiel Zahnärzte, die ihren Patienten nur bei abnehmendem Mond Zähne ziehen – zum Beispiel der Zahnarzt Siegfried Bücherl: Er operiert seine Patienten nur in dieser Mondphase, weil es dann, wie er meint, seltener zu Nachblutungen komme. Dann genäsen seine Patienten rascher, sagte Bücherl dem Magazin ›Geo‹. Derartige Vorstellungen sind schon sehr alt. So schuf der Leibarzt des römischen Kaisers Marc Aurel, Galen, im zweiten nachchristlichen Jahrhundert ein ausgefeiltes System der »kritischen Tage«, das regelte, wann die Behandlung bestimmter Krankheiten angezeigt oder zu unterlassen sei. Wie der Heidelberger Soziologe Edgar Wunder herausgefunden hat, dichtete er seine Vorstellungen nachträglich der Autorität des Hippokrates an, offenbar um damit glaubwürdiger zu wirken. Der sollte angeblich schon im fünften vorchristlichen Jahrhundert geschrieben haben: »Berühre nie mit Eisen jenen Teil des Körpers, der von dem Zeichen regiert wird, das der Mond gerade durchquert.« Dieses Zitat jedoch, so Wunder, »stammt in Wirklichkeit gar nicht aus den Hippokrates zugeschriebenen Texten, sondern vielmehr aus dem Buch ›Liber centum verborum‹, im Mittelalter ›Centiloquium‹ genannt, das angeblich Claudius Ptolemäus (100 bis 178) geschrieben haben soll.«

Aber nicht nur Verbote gibt es, auch positive Wirkungen werden vorhergesagt: So schrieb der Basler Mediziner Theodor Zwinger im 18. Jahrhundert in seinem Büchlein ›Sicherer und geschwinder Arzt‹, dass Gewächse und Geschwüre, vor allem Kröpfe, bei abnehmendem Mond geheilt werden müssten, während Stein lösende Arzneien bei Voll- und Neumond am wirkungsvollsten seien.

Praktisch alle modernen Mondkalender legen bestimmte Termine für Operationen nah. Auch Johanna Paungger und Thomas Poppe gehen in ihrem Buch ›Vom richtigen Zeitpunkt – Die Anwendung des Mondkalenders im täglichen Leben‹ darauf ein und schreiben: »Für chirurgische Eingriffe jeder Art außer für Notoperationen gilt: Je näher am Vollmond, desto ungünstiger. Der Vollmondtag hat die negativsten Auswirkungen. Wenn man die Wahl hat, sollte man bei abnehmendem Mond operieren. Alles, was die Körperregion, die von dem Zeichen regiert wird, das der Mond gerade durchschreitet, besonders belastet oder strapaziert, wirkt schädlicher als an anderen Tagen. Chirurgische Eingriffe an diesen Tagen sollte man daher, wenn irgend möglich, vermeiden.«

Eine von der GfK Marktforschung 1999 durchgeführte repräsentative Umfrage ergab, dass nicht weniger als 10,5 Prozent aller Deutschen an einen Einfluss des Mondes auf Ausbruch und Verlauf von Erkrankungen glauben. Edgar Wunder schreibt dazu: »Dabei zeigte sich auch, dass dieser Glaube nicht von der Schulbildung abhängig ist. Vor allem aber zeigen sich erhebliche regionale Unterschiede: Im Gebiet der ehemaligen DDR glauben nur 6,3 Prozent an Einflüsse des Mondes auf den Verlauf von Erkrankungen, im Gebiet der alten Bundesrepublik 11,5 Prozent, wobei der Süden der Republik (Baden-Württemberg: 17,9 Prozent) besonders stark von solchen Überzeugungen erfasst zu sein scheint.«

Aber dieser Glaube ist nicht auf Deutschland beschränkt: Eine Umfrage, die 1995 in New Orleans gemacht wurde, ergab, dass von

325 befragten Personen 140 – also erstaunliche 43 Prozent – daran glaubten, dass die Mondphasen das menschliche Verhalten verändern. Interessant dabei war, dass Menschen, die im Gesundheitswesen arbeiteten, stärker daran glaubten als andere Berufsgruppen.

Wissenschaftlich nachgewiesen ist eine solche Wirkung nicht, obwohl immer wieder der Versuch unternommen wurde, entsprechende Belege insbesondere für Komplikationen nach chirurgischen Eingriffen zu finden. Im Jahr 1843 veröffentlichte in Karlsruhe der Arzt Georg Schweig zum ersten Mal eine umfassende empirische Studie zur Überprüfung behaupteter Mondeinflüsse auf den Menschen, er beschäftigte sich jedoch noch nicht mit Operationen. 1960 schließlich publizierte Edson J. Andrews, ein Chirurg aus Tallahassee in Florida, seine Beobachtungen an 44 eigenen und 92 fremden Fällen. Dabei will er jeweils eine erhöhte Komplikationsneigung und Blutungsrate um die Vollmondzeit gefunden haben. Seine Studie dient bis heute allen Mondgläubigen als Beweis dieser These. Edgar Wunder hat sich deshalb die Mühe gemacht, die Studie mit modernen statistischen Mitteln zu überprüfen. Dabei fand er gravierende methodische Mängel. Folgt man seiner Re-Analyse der Arbeit, so findet sich bei den Blutungen kein statistisch signifikanter Unterschied zwischen den einzelnen Mondphasen.

Viele weitere Studien wurden in den letzten Jahrzehnten gemacht, die untersuchen sollten, ob für chirurgische Eingriffe Termine zu bestimmten Mondphasen ein höheres Risiko bergen. So wurde bereits 1996 in Graz in einer Studie festgestellt, dass der Erfolg von Transplantationen künstlicher Gelenke unabhängig vom Stand des Mondes ist. 1998 wies eine zweite Untersuchung nach, dass auch bei anderen chirurgischen Eingriffen kein Zusammenhang zwischen Mondphasen und Problemen während oder nach der Operation besteht. Weder Vollmond noch zu- oder abnehmender Mond führten zu signifikanten Änderungen der postoperativen Entwicklung, ergab die Studie, die die Daten von rund 15 000 Patienten rückwirkend bis ins Jahr 1990 erhoben hat. »Es zeigte sich, dass sich nicht einmal eine Tendenz in die behauptete Richtung abzeichnete«, so die Autoren unter der Leitung von Josef Smolle von der Grazer Uniklinik für Dermatologie und Venerologie. Sie verwahrten sich sogar ausdrücklich gegen den Mondglauben im medizinischen Bereich: Gerade weil die Einstellung des Patienten für den Krankheitsverlauf mitentscheidend sein kann, stelle jede Verunsicherung von Patienten in Hinblick auf die Relevanz von Mondphasen »einen Akt bedenklicher Verantwortungslosigkeit dar«.

Zum gleichen Ergebnis kamen Wiener Wissenschaftler im November 2004. Christian Peters-Engl und seine Kollegen untersuchten nachträglich die Überlebensrate von allen 3757 Patientinnen, die im Klinikum Lainz wegen Brustkrebs operiert worden waren. 1904 Patientinnen (50,7 Prozent) waren bei zunehmendem, 1853 (49,3 Prozent) bei abnehmendem Mond operiert worden. Sowohl das Alter der Patientinnen als auch das Stadium der Erkrankung waren in beiden Gruppen etwa gleichmäßig verteilt. Die Auswertung der Überlebenszeit ergab keine Besonderheit für eine der Mondphasen. Die Überlebenszeit der Patientinnen hing zwar von deren Alter und dem Stadium der Krankheit ab, in dem operiert wurde, aber in keiner Weise davon, zu welcher Mondphase der Eingriff ausgeführt wurde. Die Autoren der Studie schließen daraus, dass man »keinerlei Empfehlungen für einen Operationstermin zu einer bestimmten Mondphase geben« sollte.

Auch eine Studie, die 2003 in München durchgeführt wurde, kam zu diesem Ergebnis. Die drei Ärzte René G. Holzheimer, Ursula Gresser und Carlo Nitz hatten 782 Patienten beobachtet, die sie ambulant operiert hatten, und deren Beschwerden aufgezeichnet. Holzheimer erzählt dazu: »Im Einzugsbereich unserer chirurgischen Praxisklinik – von Schliersee bis in die Hallertau – beziehen viele Patienten Situationen wie zum Beispiel die Mondphase in ihre Lebensplanung mit ein. Wir wollten nun wissen, ob die am Operationstag stattfindende Mondphase auf die Operation und deren Ergebnis einen Einfluss hat. Zu diesem Zweck haben wir über einen Zeitraum von zwei Jahren alle bei uns durchgeführten Leistenbruch-, Hämorrhoiden- und Varizenoperationen bezüglich der Mondphase analysiert. Ausgewertet wurden alle OP-Daten sowie ein detaillierter Fragebogen, in dem unsere Patienten Angaben zum körperlichen und psychischen Befinden im Rahmen der Operation gemacht haben. Das Ergebnis war eindeutig: 96 Prozent der Patienten waren mit dem Operationsergebnis zufrieden bis sehr zufrieden, und dies war vollkommen unabhängig von der jeweiligen Mondphase.«

Besonders intensiv hat sich Edgar Wunder mit dem Thema beschäftigt. Er hat sowohl die verfügbaren Studien analysiert als auch eine eigene Untersuchung durchgeführt. Dazu beobachteten er und

Michael Schardtmüller 228 Patienten, die am Landeskrankenhaus Kirchdorf / Krems in Oberösterreich Knie- oder Hüftprothesen-Erstimplantate erhielten. Die beiden Forscher analysierten Komplikationen verschiedener Art, die rund um die Operation auftraten, die Zahl der benötigten Blutkonserven als Reaktion auf überstarke Blutungen sowie die Aufenthaltsdauer der Patienten in der Klinik nach der Operation. Es stellte sich heraus, dass Alter und Geschlecht der Patienten ebenso wie der Typ der Operation Auswirkungen hatten, aber – so die beiden Wissenschaftler – es »scheint die Mondphase oder die Stellung des Mondes in den Tierkreiszeichen kein Einflussfaktor zu sein«. Auch die Analyse der älteren Studien ergab: »Es gibt gegenwärtig keine empirischen Belege, die die Auffassung stützten, die Mondphase oder die Stellung des Mondes in den Tierkreiszeichen korreliere mit wie auch immer gearteten Komplikationen bei Operationen.«

Wie aber verhält es sich mit psychischen Erkrankungen? Immer wieder wurde berichtet, dass sie bei Vollmond zunehmen. Schon Paracelsus verknüpfte Verhaltensstörungen mit dem Mondstand und glaubte, dass Tollheit bei Vollmond schlimmer würde. Auch Hippokrates soll gesagt haben, dass Mondlicht die Albträume verstärke und deshalb gemieden werden solle. Und im Englischen bedeutet noch heute das Wort »lunacy« Wahnsinn oder Tobsucht. Joseph Daquin, Arzt am Hospiz de Chambery und Pionier der Psychiatrie, beobachtete von 1790 bis 1801 »seine Irren«, wie er schrieb, und stellte fest, dass ihre Verrücktheit während Vollmondnächten besonders stark war.

In Vollmondnächten sollten sogar Menschen als Werwölfe ihr Unwesen getrieben haben. Darunter versteht man Menschen, die sich gemäß dem Volksglauben in einen Wolf und wieder zurück verwandeln können und von denen man annahm, dass sie menschliches Blut und Fleisch fressen. Obwohl es keine Hinweise auf wirkliche Werwölfe gibt, existieren aber Dokumentationen über Personen, die selbst daran glaubten, einer zu sein. Vor allem im Mittelalter soll das vorgekommen sein; die Verwandlung sollte mit Magie oder Hexenkraft zu tun haben. Moderne Theorien gehen eher davon aus, dass früher das Roggenbrot – das Brot der Armen – mit Mutterkorn kontaminiert war, das Halluzinationen und Krämpfe verursacht.

Die beiden Mediziner Thomas Reuster und Werner Felber von der TU Dresden haben dieses Phänomen näher untersucht. Grundsätzlich, so die beiden, stehe dem permanenten Glauben an derartige Mondeinflüsse eine »nicht abreißen wollende Flut von psychologischer und psychiatrischer Forschungsliteratur« gegenüber, die summa summarum allesamt derartige Hypothesen widerlegt. »Sofern Variablen gefunden wurden, die Abweichungen von zufälligen Erwartungswerten beeinflussen«, so die Autoren, »sind es andere, wie zum Beispiel Monatsanfang, Wochenende, Urlaubszeiten oder auch niederer atmosphärischer Druck.«

Reuster und Felber gehen die Problematik deshalb historisch an, und sie finden einen interessanten Tatbestand: »Wenn der Mondglaube heute ein Irrtum ist, war er es möglicherweise in früheren Zeiten nicht oder nicht vollständig.« Was könnte dazu geführt haben? Was hat sich im Verhältnis zwischen Mond und Erde verändert? Physikalisch nicht viel, so die Autoren, aber etwas anderes stellen sie fest: »In jedem Fall verändert hat sich die Bedeutung des Mondes als Lichtquelle, woraus sich erhebliche und weitreichende Konsequenzen ergeben.« Denn eines scheint klar: Künstliche Beleuchtung gibt es etwa erst seit dem Jahr 1500. Damals begannen reichere Bürger in Europa mit der Nutzung von Kerzenlicht. Die große, nicht wohlhabende Mehrheit jedoch lebte weiterhin im nächtlichen Dunkel, etwa bis zum Anfang des 19. Jahrhunderts. Unterbrochen wurde diese Dunkelheit nur durch das Mondlicht. Besonders der Vollmond spielte da eine Rolle, dessen Licht etwa zwölf Mal heller ist als das des Halbmonds. Es versetzte die Menschen in die Lage, »anstatt wie gewohnt zu schlafen, aushäusigen Aktivitäten nachzugehen«, so die beiden Dresdener Forscher. »So darf man gewiss annehmen, dass die Menschen länger wach geblieben sind und weniger geschlafen haben.«

Und dies wiederum, so schließen die beiden Ärzte, könnte bei dazu veranlagten Personen einen medizinischen Effekt gehabt haben, denn »die Verkürzung oder Unterbrechung der individuellen nächtlichen Schlafdauer – ab einer Dauer von etwa drei Tagen und relativ unabhängig von der Verursachung – gilt als Trigger für die Auslösung besonders von Manien, aber auch von Depressionen ... Betroffen sind insbesondere Menschen mit einer sogenannten bipolaren Störung ... Es wurde in Einzelfällen aber auch über die Auslösung psychotischer Manien bei gesunden Individuen berichtet.« Die Erklärung klingt einleuchtend: Man wollte die schönen hellen Vollmondnächte nicht mit Schlaf vergeuden, sondern aktiv sein, deshalb schliefen die Menschen damals in dieser Phase wahrscheinlich kaum oder wenig. Wer aber ohnehin schon zu psychischen Erkrankungen neigte, dem bekam das schlecht: Er litt unter einer Verschlimmerung seiner Krankheit, unter depressiven oder manischen Schüben. Auch epileptische Anfälle können durch Schlafmangel ausgelöst werden.

Schon im 18. Jahrhundert schrieb Lord Blackstone, ein englischer Jurist: »Ein Verrückter (lunatic) ist in der Tat jemand, der klare Intervalle hat, der manchmal seiner Sinne mächtig ist und manchmal nicht, und das beruht häufig auf dem Wechsel des Mondes.« Unter dem Gesichtspunkt des Schlafmangels bei Vollmond wird diese Ansicht plausibel. »Bedenkt man«, so schreiben die Dresdener Ärzte, »dass mit dem englischen ›lunacy‹ vorwiegend Störungen beschrieben werden, die Elemente motorischer Erregung, gehobener Stimmung, kurzschlüssiger Impulsumsetzung, leichtfertigen Handelns sowie Realitätsverkennung enthält, so erscheint es höchst wahrscheinlich, dass damit ursprünglich Zustände gemeint waren, die wir heute als manisch bezeichnen und deren Auslösung durch Schlafentzug möglich ist.«

Heutzutage ist die Lage natürlich anders. Der Mond ist nicht mehr die einzige nächtliche Lichtquelle, ganz im Gegenteil: Er hat Konkurrenz bekommen von einer Vielzahl von Lichtern: Straßenlaternen, Autoscheinwerfer und Lichtreklamen erleuchten die Nacht oft taghell. Deshalb dürfte es – vorausgesetzt, obige These stimmt – heutzutage auch keine Zunahmen an psychischen Störungen bei Vollmond mehr geben. Auch dies wurde untersucht, beispielsweise von den australischen Forschern Cathy Owen, Concetta Tarantello, Michael Jones und Christopher Tennant. Sie sammelten Daten in fünf psychiatrischen Kliniken nördlich von Sydney darüber, ob gewalttätiges und aggressives Verhalten der dortigen Insassen bei Vollmond zunahmen. Sie konnten belegen, dass keinerlei Zusammenhang zwischen Gewalttätigkeit und Mondphase zu erkennen war.

Zur gleichen Erkenntnis kamen drei spanische Forscher, die die Häufigkeit von Notrufen wegen Gewalttaten auf der Insel Teneriffa untersuchten. Und auch eine Häufung epileptischer Anfälle zu bestimmten Mondphasen lässt sich heutzutage nicht mehr nachweisen. Professor Selim Benbadis, Neurologe und Neurochirurg an der University of South Florida in Tampa, USA, hat mit Kollegen über einen Zeitraum von drei Jahren 770 epileptische Anfälle analysiert, konnte aber keinen entsprechenden Zusammenhang finden.

Dass psychische Störungen früher mit der Mondphase zusammenhingen, ist also nicht von vorneherein von der Hand zu weisen. Wie aber sieht es aus mit der Behauptung, dass sich Geburten zu bestimmten Mondständen häufen? Auch dieser Glaube ist alt, wurde doch schon vor Jahrtausenden der Mond mit der Fruchtbarkeit der Frau in Verbindung gebracht.

Schon allein die Tatsache, dass der Zyklus der Frau mit seinen 28 Tagen mit dem Mondzyklus gut übereinstimmt, legte früher eine Verbindung nahe. Vielfach glaubte man, der Mond sei die Ursache der Menstruation, manche Religionen sahen in der empfangenden, schwangeren und gebärenden Frau das Symbol des Werdens und Vergehens, wie es auch der Mond verdeutlicht. In vielen Sprachen sind die Wörter für Mond, Monat und Menstruation gleich oder sehr ähnlich. Im Griechischen heißt »mene« Mond und »katamenia« Menstruation, im Lateinischen »mensis« der Monat und »menses« die Regel. Das Wort »menstruum« bedeutete eine monatliche Zahlung oder eine Amtszeit, sein Plural, »menstrua«, auch das Blut der menses.

Im alten Indien galt Soma, der Gott des Mondes, auch als der »erste Ehemann der Frauen«. »Dies lässt vermuten«, schreibt Jules Cashford in seinem Buch ›Im Bann des Mondes‹, »dass Soma die wundersame Kraft des Wachstums in der Natur ist.« Und er erzählt, dass in Vollmondnächten in Australien, Grönland und in der Bretagne die Vorhänge zugezogen wurden, »damit die Mondstrahlen nicht durch das offene Fenster fallen und keusche Mädchen im Schlaf schwängern konnten ... Ein Ehemann, der mit seiner Frau ein Kind zeugen wollte, musste in Uganda bis zum Neumond warten, in Texas bis zum ersten Viertel des Mondes und in Vancouver bis zum Vollmond ... In Mitteleuropa tranken die Frauen aus einer Quelle, in der sich das Mondlicht spiegelte, um ›den Mond zu schlucken‹ und schwanger zu werden.« Und in vielen Mythen stellt Vollmond den Zeitpunkt dar, der eine leichte Geburt für Mutter und Kind verspricht. Noch heute behaupten viele, darunter auch Ärzte und Hebammen, dass es bei Vollmond mehr Geburten gebe. Thomas Waldhör, Gerald Haidinger und Christian Vutuc veröffentlichten 2002 eine Studie, für die sie sämtliche 2,76 Millionen Geburten in Österreich zwischen 1970 und 1999 in Bezug auf die Mondphase ausgewertet hatten. Einen Effekt fanden sie allerdings nicht. Damit – das betonen die Autoren – stehen sie aber im Widerspruch zu einer französischen Studie, die eine ähnlich große Datenbasis analysiert hatte.

Zwischen dem Sommer 2003 und 2004 untersuchten Ärzte an einem Dresdener Krankenhaus Geburten auf einen Zusammenhang mit dem Mondstand. Dort wurden an Voll- und Neumondtagen durchschnittlich ebenso viele Kinder geboren wie an anderen Tagen: In Vollmondnächten 27, in Neumondnächten 30. Ohne Berücksichtigung dieser Geburten kamen in zunehmenden Mondphasen 388 und in abnehmenden Mondphasen 355 Kinder zur Welt. Die Forscher resümieren deshalb, ein signifikanter Zusammenhang zwischen Vollmond und einer besonderen Geburtenhäufigkeit sei nicht beobachtet worden.

Nun könnte man ja behaupten, dass heute, wo viele Geburten künstlich eingeleitet werden oder durch Kaiserschnitt erfolgen, die Ergebnisse dadurch verfälscht werden. Unter diesem Aspekt ist eine Studie besonders interessant, die von drei italienischen Forschern der Triester Kinderklinik durchgeführt wurde. Sie untersuchten in einem Zeitraum von 37 Mondzyklen 5226 Hausgeburten in Maputo, der Hauptstadt von Mosambik, die ohne medizinische Unterstützung stattgefunden haben. Auch hier konnte kein Zusammenhang zwischen Vollmond oder anderen Mondphasen und der Häufigkeit von Geburten gefunden werden. Nicht einmal der scheinbar so sinnfällige Zusammenhang von Menstruationsperiode und Mondlauf ist erwiesen. Der Monatszyklus setzt keineswegs bei allen Frauen weltweit gleichzeitig ein (obwohl die Mondphase überall gleich ist). Zudem kann er Werte zwischen 24 und 35 Tagen annehmen. Und schließlich kennt die Natur bei Säugetieren Menstruationszyklen zwischen elf Tagen (beim Meerschweinchen) und 37 Tagen (beim Schimpansen). Es ist im Lichte der modernen astronomischen Erkenntnisse auch schwer einzusehen, warum die wechselnde Beleuchtung eines weit entfernten Gestirns – und nichts anderes sind die Mondphasen – so massive Auswirkungen auf körperinnere Vorgänge haben sollte.

Aber der Glaube an die Mondwirkung ist trotz aller Studien nicht auszurotten, viele Menschen wollen daran festhalten. So schildert die »Gesellschaft zur wissenschaftlichen Untersuchung von Parawissenschaften e.V.« auf ihrer Homepage folgendes Beispiel: »Ganz deutlich zeigte sich diese selektive Wahrnehmung bei Hebammen an der Nordseeküste: Obwohl die meisten fest davon überzeugt waren, dass Geburten fast nur bei Flut stattfinden, ergab eine Untersuchung ihrer eigenen Aufzeichnungen, dass tatsächlich von 1360 Spontangeburten 699 – mehr als die Hälfte – bei Ebbe stattfanden.«

Im Jahr 1979 erregte der angesehene amerikanische Psychiater Arnold L. Lieber, der noch heute in Miami, Florida, praktiziert, großes Aufsehen mit seinem Buch ›Der Mondeffekt‹. Darin berichtete er über eine Studie, die er selbst durchgeführt hatte und die ergeben hatte, dass es einen Zusammenhang zwischen Mondphasen und der Anzahl der Tötungsdelikte in Miami und Cleveland gebe. Angeregt durch »persönliche Beobachtungen der gleichen Art, die die Aufmerksamkeit vieler Menschen erregt haben«, begann Lieber Daten zu sammeln: »Ich musste eine Größe finden, um Gefühlsaufwallungen abzuschätzen … Wenn ein Beobachter nach bestimmten Verhaltensweisen sucht, dann wird er sie wahrscheinlich bald auch finden. Nichts ist einleuchtender als das. Ich war von Anfang an fest entschlossen, Beobachtungsirrtümer möglichst zu vermeiden.«

Der Psychiater entschloss sich deshalb, eine Größe zu zählen, die ziemlich unumstritten war, eben die Anzahl der Tötungsdelikte. »Mord ist eine Gewalttat und kann in den meisten Fällen ohne Schwierigkeit einer bestimmten Zeit zugeordnet werden.« Dabei kümmerte er sich jeweils um die Tatzeit, nicht um den Zeitpunkt, wann das Opfer verstarb. In Joseph H. Davis, dem Bezirksarzt von Dade, Miami, fand er einen guten Lieferanten für derartige Daten: »Für sein umfassendes Archiv sammelt er, wann immer möglich, sowohl Tat- als auch Sterbezeit für alle gewaltsam herbeigeführten Todesfälle. Sein Material ist außerdem auf einer Datenverarbeitungsanlage gespeichert und für unmittelbare Nutzung abrufbereit«, so schreibt Lieber in seinem Buch. Zufällig arbeitete Davis unmittelbar neben der Klinik, in der Lieber tätig war. Andere Daten waren nicht so leicht zu beschaffen, wie der Autor berichtet. Insbesondere New York fiel aus, weil dort, wie zumindest Lieber behauptet, die Tatzeiten angeblich nicht registriert wurden. Also benutzte Lieber neben den Daten aus Dade auch noch Informationen aus dem Bezirk Coyahoga in Cleveland, Ohio.

Um Einflüsse wie Wochenenden, blaue Montage oder Lohntage auszuschließen, wandelte Lieber seine Daten nun »in Mondzeit« um: »Die Meteorologen kamen uns zu Hilfe. Sie benutzten eine Zeiteinteilung, die sogenannte synodisch-lunare Dezimalskala. Dieser lunare Kalender hat natürlich nichts mit Sonnenauf- und Sonnenuntergang zu tun. Mit der Benutzung eines Mondkalenders schlossen wir Irrtümer aus.« Als er nun die Mordzeiten in dieses Schema eintrug, erlebte er eine Überraschung: »Die Mordrate im Bezirk Dade stand in auffallender Abhängigkeit vom Mondphasenmonat. Die Morde häufen sich bei Vollmond! Der Kurvenzug zeigt einen Tiefstwert bei Neumond, auf den ein Zweitgipfel unmittelbar nach dieser Phase folgt.« Auch bei den Daten aus Cleveland ergab sich ein ähnliches Bild.

Beim Versuch, seine auffälligen Ergebnisse zu erklären, entwickelte Arnold Lieber nun die »Theorie biologischer Gezeiten«. Darin betrachtet er sowohl Schwerkrafteinflüsse auf die achtzig Prozent Wasser im Menschen als auch elektromagnetische Wirkungen: »Ich glaube, die Anziehungskraft des Mondes nimmt in ›konzertierter Aktion‹ mit den anderen Hauptkräften des Weltalls Einfluss auf das Wasser im menschlichen Körper ... wie auf die Meere unseres Planeten.« Dies könne einen Stau von Körperwasser zur Folge haben, »der das System überlädt. Dies kann die Persönlichkeit verändern«, so Lieber. Wenn dem Körper also die Balance entzogen wird, reagiere er gereizter, affektiver und aggressiver als sonst. Außerdem entwickelt der Forscher ein kompliziertes kosmobiologisches Erklärungssystem, das vom Weltall bis zum Mikrokosmos alles umschließt: »Wir können die Auswirkungen der biologischen Gezeiten nachempfinden, indem wir die Vorstellung der Allgemeinen Systemtheorie und der Einheitlichen Feldtheorie zugrunde legen. An dem einen Ende unseres gedanklichen Entwurfs finden wir in der mikroskopischen Sicht die innere Welt des menschlichen Körpers in Beziehung zu seiner äußeren Umwelt.« Es blieb beim »gedanklichen Entwurf«, belegen konnte er seine Theorie nicht.

Liebers Ergebnisse erscheinen nicht überraschend, berichten doch immer wieder Polizisten von einer Häufung der Delikte bei Vollmond. So erzählte zum Beispiel Roland Wenger, Dienstchef der Einsatzzentrale der Zürcher Kantonspolizei, der Zeitschrift ›NZZ-FOLIO‹: »Ja, auch bei der Polizei herrscht die Meinung vor, dass in Vollmondnächten mehr merkwürdige Anrufe kommen. Wir können zwar statistisch nicht belegen, dass wir häufiger ausrücken müssten; aber unsere Leute bekommen jeweils Geschichten zu hören, bei denen man gleich merkt, dass nichts dahintersteckt. Einmal erhielten wir die Meldung, ein ganzer Wald brenne lichterloh. Bei näherer Prüfung stellte sich jedoch heraus, dass der vermeintliche Feuerschein vom eben aufgehenden Vollmond stammte.«

Eine weitere Studie, die von 1978 bis 1982 durchgeführt wurde, bestätigte Liebers Ergebnisse. Die beiden indischen Wissenschaftler

Chandreshwar Prasad Thakur und Dilip Sharma zählten kriminelle Delikte, die Polizeistationen aus völlig unterschiedlichen Gegenden meldeten. Sie benutzten Daten aus den indischen Orten Gaya Sadar, Kirtya Nand Nagar and Sonari, alle weit voneinander entfernt, aber im Bundesstaat Bihar gelegen. Ihr Ergebnis: Straftaten ereignen sich bei Vollmond weit häufiger als an allen anderen Tagen. Einen kleinen Anstieg beobachteten sie auch an Neumondtagen, aber der war statistisch nicht signifikant. Die beiden Ärzte führen das Ergebnis ebenso wie Arnold Lieber auf »menschliche Gezeitenwellen« zurück, die »von der Schwerkraft des Mondes verursacht werden«.

Einer, der sich intensiv mit Liebers Studie und seinen Thesen auseinandergesetzt hat, ist James Rotton, Professor für Psychologie an der Florida International University. Zusammen mit I. W. Kelly und Roger Culver hat er in den achtziger und neunziger Jahren viele Studien zum Thema »Mondeinfluss auf den Menschen« gesammelt, durchgesehen und bewertet. Ihr Fazit: Die Verknüpfung eines Effekts mit dem Mond ist auf diesem Gebiet so gering, dass man sie am besten dem Zufall zuschreibt. In nur einem Dreihundertstel eines Prozents könnten Mondphasen für lunatische Aktivitäten verantwortlich gemacht werden. »Ein so geringer Prozentsatz liegt zu nahe bei null, um von irgendeinem theoretischen, praktischen oder statistischen Interesse oder Rang zu sein«, fassen die Autoren zusammen.

Im Jahr 1987 rezensierte Rotton in der Zeitschrift ›Skeptical Inquirer‹ die »bearbeitete und aktualisierte« Neuauflage von Liebers Buch, die im Jahr zuvor erschienen war. Darin untersuchte er, inwieweit Lieber auf die mittlerweile mehrfach vorgetragene Kritik von Wissenschaftlern eingegangen war – nämlich unsachlich mit persönlichen Angriffen –, und kommentiert die Ergänzungen der Neuauflage ebenso wie einige Passagen der Urfassung mit großem Engagement. Man kann fast seine Wut spüren, wenn er beispielsweise Liebers Konzept der »biologischen Gezeiten« angreift: »Diese Theorie behauptet, da der Mond die Gezeiten des Meeres hervorruft und der menschliche Körper aus achtzig Prozent Wasser besteht, dass die Schwerkraft des Mondes auch im menschlichen Körper Gezeiten auslöst. Wenn man diese Voraussetzung erst einmal akzeptiert hat, ist es nur noch ein kleiner Schritt, daran zu glauben, dass manche Leute sich irrational benehmen, wenn ihre Wasserbalance in Unordnung ist. Astronomen jedoch weisen dieses Argument zurück und sagen, es beruhe auf einer plumpen und irreführenden Analogie … Der Astronom George O. Abell zeigte 1979, dass die Anziehungskraft des Mondes auf eine Person geringer ist als das Gewicht einer Mücke. Und zwei meiner Kollegen, Roger Culver und Roger Ianna, zeigten später, dass die ›Anziehungskraft‹ des Mondes geringer ist als die einer zwölf Zentimeter entfernten Hauswand.«

Außerdem bekräftigt Rotton hier noch einmal, was er schon in früheren Veröffentlichungen aufgedeckt hatte: Lieber hat die Statistik manipuliert. Ein Beispiel: Er hatte 48 Tests, die keine signifikanten Ergebnisse erbracht hatten, nennt aber im Buch nur die drei, die signifikant waren. Das ist in etwa so, als wenn ein Spieler nicht zugibt, wie viele Würfe er benötigt, bis bei einem Münzwurf drei Mal hintereinander Kopf erscheint. Rottons Urteil ist vernichtend: »Statistiklehrer könnten die Kurven in diesem Kapitel gut dazu benutzen, ihren Studenten zu zeigen, wie man mit Zahlen lügen kann.«

Als weiteres Beispiel für die in dem Buch angewandten Taschenspielertricks führt er an, dass die überarbeitete Ausgabe berichtet, wie seit der Originalausgabe mindestens 43 neue Studien zum Thema durchgeführt worden seien. Lieber behauptet, dass »eine kritische Sichtung dokumentierter Ergebnisse das Folgende zeigt: Positive und negative Ergebnisse sind ziemlich gleich verteilt.« In Wirklichkeit, bemerkt Rotton, haben die meisten Studien nichts zutage fördern können, was einer Stützung der Mondhypothese ähnelt.

Ähnliche Kontroversen wie die eben geschilderte ließen sich für etliche weitere Themen finden, etwa für den Einfluss des Mondes auf die Anzahl der Autounfälle, Selbstmorde, Hundebisse, Arbeitsunfälle oder Gehirnblutungen. Immer läuft dies nach dem gleichen Muster ab: Die einen glauben, Hinweise oder gar Belege dafür gefunden zu haben, dass der Mond einen Einfluss ausübt, die anderen bestreiten dies mit Hinweis auf Studien mit streng wissenschaftlicher Methodik, die im Allgemeinen keine statistisch signifikanten Hinweise auf einen nachweisbaren Mondeffekt ergeben.

Wütende Wissenschaftler auf der einen, beleidigte Forscher auf der anderen Seite: Dies scheint typisch zu sein für den Disput um lunare Einflüsse – nicht nur bei Lieber und Rotton. Immer geht es darum, wie man die Wirklichkeit sieht und bewertet. Hier prallen zwei Welten aufeinander, die unvereinbar sind. Typisch für die Mondeinfluss-Befürworter ist es, dass sie individuelle und subjektive Beobachtungen über statistisch auswertbare Samples stellen. So schreibt beispielsweise der Ökologe Gottfried Briemle in der Zeitschrift ›Wald und Holz‹: »Der größte Fehler, den die Naturwissenschaften immer noch machen, ist, dass sie nur jene Untersuchungsergebnisse für ›wahr‹ erklären, die – ohne Rücksicht auf Individualität – an jedem beliebigen Platz auf der Erde und zu jedem beliebigen Zeitpunkt die gleichen Ergebnisse liefern. Durch ein solches Vorgehen gelangt die Wissenschaft allerdings nie zur Wahrheit, denn diese ist nicht nur materieller, sondern vor allem geistiger Natur!«

Diese weitverbreitete Wissenschaftsfeindlichkeit hat auch der Regensburger Forscher Helmut Groschwitz häufig angetroffen. »Dass etwas nicht wissenschaftlich ist, das ist für manche ein Nachteil, für andere wird es dadurch geadelt. Hier kommt eine starke Skepsis gegenüber der Wissenschaft zum Tragen: Sie hat uns ja so viel eingebrockt, sie hat uns die Welt entzaubert, durch die Wissenschaft haben wir viele Gifte und die Handy-Strahlen in der Umwelt, so denken viele Menschen.« Sie berücksichtigen dabei nicht, was Wissenschaft wirklich bedeutet: Die Naturwissenschaften gehen nie von einer gesicherten »Wahrheit« aus, sondern akzeptieren Thesen immer nur vorläufig. So lange eine Hypothese nicht widerlegt wurde, gilt sie als akzeptiert. Erst wenn jemand irgendwo auf der Welt diese Hypothese widerlegen kann, wird sie verworfen. Aber dieses Vorgehen verlangt eben auch, dass experimentelle Ergebnisse überall auf der Welt und zu jeder Zeit nachvollziehbar sein müssen.

Der Soziologe Edgar Wunder nimmt diese ganzen Ängste und Befürchtungen der Wissenschaft gegenüber ernst und unterscheidet ganz bewusst nicht mehr zwischen »Wissen« und »Glauben«. »Ich finde diese Unterscheidung heute aus wissenschaftstheoretischer Sicht unpassend. Auch Religionen sind in bestimmter Hinsicht ›Wissenssysteme‹.«

Die beiden Dresdener Ärzte Thomas Reuster und Werner Felber schreiben dazu: »Glaube an und Wissen um einen Einfluss des Mondes auf unser Leben und unser Verhalten sind strikt zu unterscheidende, genau genommen sich gegenseitig ausschließende Tatbestände … Der magisch denkende Mensch versucht gar nicht, mutmaßliche Kausalzusammenhänge der realen Welt zu erfassen und für seine Ziele nutzbar zu machen. Er versucht vielmehr, die vermuteten Kräfte unmittelbar (durch Beschwörung oder einfach durch Glauben) für sich zu nutzen, wobei unbewusste Mechanismen, zum Beispiel in Form selbsterfüllender Prophezeiungen, einspringen oder auf anderen Wegen Evidenzerlebnisse zustande kommen.« Diese beiden

Haltungen stehen sich zwar unversöhnlich gegenüber, müssen sich aber dennoch nicht gegenseitig bekämpfen, sondern haben beide ihre Berechtigung. Dies betonen auch die beiden Autoren: »Szientistische Mythenkritik wäre darum am Ende verfehlt, weil auch gut begründete fachwissenschaftliche Erklärungen das Sinndefizit, worauf Mythen antworten, gar nicht treffen und betreffen.« Versöhnlich weisen sie darauf hin, dass keine wissenschaftlich noch so korrekte Untersuchung die ersten vier Verse von Franz Schuberts ›Mondschein-Lied‹ erklären könnte – der Text stammt von F. von Schober:

»Des Mondes Zauberblume lacht
Und ruft mit seelenvollem Blick
In uns're düstre Erdennacht
Der Liebe Paradies zurück.«

Danksagung

Bei den Recherchen zu diesem Buch haben mir viele Wissenschaftler geholfen. Allen möchte ich herzlichen Dank sagen. Besonders bedanken möchte ich mich bei Dr. Hartmut Spieß, der mit großer Offenheit auch über seine Misserfolge sprach, bei Professor Claus-Thomas Bues, bei Professor Jürgen Zulley, Dr. Edgar Wunder und Professor Harald Hiesinger, die sich viel Zeit für meine Fragen nahmen und mir wichtige Einblicke in ihre Fachgebiete und in die neuesten Forschungsergebnisse gaben, ferner bei Professor Addi Bischoff, der es mir ermöglichte, auch einmal ein Stück vom Mond in den eigenen Händen zu halten, und Dr. Helmut Groschwitz, der mir wichtige geschichtliche Zusammenhänge verdeutlichte und mir eine neue Einstellung gegenüber den Mondkalendern gab.

Literatur

Barbieri, Cesare and Rmpazzi (Editors), Francesca: *Earth-Moon Relationships*, Kluwer Academic Publishers, Dordrecht, Boston, London 2001.

Barth, Ariane: »*Hautnah wie ein Liebhaber*«, in ›Der Spiegel‹ 17/1987, S. 106–125.

Bischoff, Addi et al.: *Nature and Origins of Meteoritic Breccias, in ›Meteorites and the Early Solar System‹*, Tagungsbericht, Hawaii 2006.

Bizony, Piers: *The Man Who Ran the Moon*, Icon Books Ltd., Cambridge 2006.

Borchers, Elisabeth (von ihr ausgewählt): *An den Mond, Gedichte und Prosa*, insel taschenbuch, Frankfurt a. M. 1986.

Bradley, L. et al. (Editors): *New Views of the Moon*, Mineral Society of America and Geochemical Society, Vol. 60, Chantilly, Virginia, 2006.

Cashford, Jules: *Im Bann des Mondes, Mythen, Sagen und Legenden*, Egmont vgs Verlagsgesellschaft mbH, Köln 2003.

Chaikin, Andrew: *A Man on the Moon*, Penguin Books, New York 1994.

Darwin, George Howard: *The Tides, and Kindred Phenomena in the Solar System*, Houghton, Mifflin and Company, Boston, New York 1898.

Der große JRO-Atlas der Astronomie: Deutsche Ausgabe, JRO Kartographische Verlagsanstalt mbH, München 1987.

Endres, Klaus-Peter und Schad, Wolfgang: *Biologie des Mondes*, S. Hirzel Verlag, Stuttgart, Leipzig 1997.

Galilei, Galileo: *Sidereus Nuncius, Nachrichten von neuen Sternen*, Suhrkamp Taschenbuch Wissenschaft, Frankfurt a. M. 2002.

Graf-Khounani, Claudia: *Das große Mondbuch*, Bassermann-Verlag, München 2004.

Groschwitz, Helmut: *Moderne Mondkalender aus Sicht der Volkskunde*, in ›Skeptiker‹ 2/07, S. 48–54.

Groschwitz, Helmut: »*...der verkümmerte Überrest alten Wissens.*«, in ›Jahrbuch für Europäische Ethnologie‹, Schöningh, Paderborn 2007.

Gugliotta, Guy: *Raumfahrt: Vom Mond zum Mars*, in ›National Geographic Deutschland‹ Oktober 2007, Gruner und Jahr, Hamburg 2007.

Hansen, James R.:, *First Man, The Life of Neil Armstrong*, Simon & Schuster UK Ltd., London 2006.

Harder, Bernd: *Die Sterne lügen nicht, sie schweigen*, Brunnen Verlag, Gießen 2004.

Held, Wolfgang: *Die Sonnenfinsternis am 11. August 1999*, Verlag Freies Geistesleben, Stuttgart 1999.

Henes, Donna: *Moon Watcher's Companion*, Donna Henes, New York 2002.

Holzknecht, Kurt: *Elektrische Potentiale im Splintholz von Fichte und Zirbe im Zusammenhang mit Klima und Mondphasen*, Dissertation an der Universität Wien, 2002.

Kohlrusch, Eva: *Im Bann des Mondes*, in ›Focus‹ 21/1995, S. 191–195.

Kokenge, Hermann (Hg.): *Der Mond – Sein und Schein*, in ›Wissenschaftliche Zeitschrift der Technischen Universität Dresden‹, Band 54 (2005) Heft 1–2.

Landesmuseum für Technik und Arbeit: *Aufbruch ins Weltall*, Begleitheft zur Großen Landesausstellung, Mannheim 2007.

Lichtenberg, Georg Christoph: *Sendschreiben der Erde an den Mond*, Büchergilde Gutenberg, Frankfurt am Main, Wien und Zürich 2006.

Lieber, Arnold L.: *Der Mondeffekt, Einflüsse auf den Menschen*, Ullstein, Berlin 1978.

Lovell, Jim and Kluger, Jeffrey: *Apollo 13*, Pocket Books, New York 1994.

Lutzenberger, Andrea: *Leben nach dem Mondrhythmus*, Heinrich Hugendubel Verlag, Kreuzlingen/München 2006.

Marvin, Ursula B.: *Ernst Florens Friedrich Chladni (1756–1827) And The Origins Of Modern Meteorite Research*, in ›Meteoritics & Planetary Science‹ Vol. 31, Nr. 5 1996, S. 545–588.

Paungger, Johanna und Poppe, Thomas: *Das Mondlexikon vom richtigen Zeitpunkt*, Wilhelm Goldmann Verlag, München 2002.

Paungger, Johanna und Poppe, Thomas: *Alles erlaubt! Zum richtigen Zeitpunkt*, Wilhelm Goldmann Verlag, München 2004.

Rotton, J. and Kelly, I.W.: *Much Ado About the Full Moon: A Meta-Analysis of Lunar-Lunacy Research*, ›Psychological Bulletin‹ 97, 1985, S. 286–306.

Ruppe, Harry O.: *Die grenzenlose Dimension Raumfahrt*, Band 2, privater Nachdruck.

Scheiner, Julius: *Populäre Astrophysik*, B.G. Teubner, Leipzig, Berlin 1912.

Smith, Andrew: *Moon Dust: In Search of the Men Who Fell to Earth*, Bloomsbury Publishing, London 2005.

Spieß, Hartmut: *Chronobiologische Untersuchungen mit besonderer Berücksichtigung lunarer Rhythmen im biologisch-dynamischen Pflanzenbau*, Institut für Biologisch-Dynamische Forschung, Darmstadt, 1994.

Spieß, Hartmut: *Pflanzenbau nach Mondrhythmen?* In ›Ökologie und Landbau‹ 3/1999, S. 17 ff.

Taylor, Bernie: *Biological Time*, The Ea Press, Oregon 2004.

Thun, Maria: *Mein Jahr im Garten, 100 wertvolle Tipps*, Franckh-Kosmos Verlags-GmbH, Stuttgart 2004.

Vorpahl, Annette: *Die Kraft des vollen Mondes*, in ›Bild der Wissenschaft‹ 2/1999, S. 30–34.

Widmer, Kurt: *Rätsel und Mythos Mond*, NZZ Format, Zürich 2006.

Wolfe, Tom: *The Right Stuff*, Bantam Books, New York 2001.

Worm, Thomas: *Der Mond*, in ›Natur und Kosmos‹, Mai 2004, S. 24–32.

Wunder, Edgar und Schardtmüller, Michael: *Moduliert der Mond die perioperative Blutungsgefahr und andere Komplikationsrisiken im Umfeld von chirurgischen Eingriffen?*, in ›Zeitschrift für Anomalistik‹ Band 2 (2002), S. 91–108.

Zürcher, Ernst: *Mondbezogene Traditionen in der Forstwirtschaft und Phänomene in der Baumbiologie*, in ›Schweizer Zeitschrift für Forstwesen‹ 151 (2000) 11, S. 417–424.

Zulley, Jürgen und Knab, Barbara: *Unsere Innere Uhr*, Herder spektrum, Freiburg im Breisgau 2000.

Bildnachweis

Astrofoto: 39, 40, 47, 68
Alan Bean: 145
Bildarchiv Preußischer Kulturbesitz: 214 oben und unten
Bridgeman Art Library, Berlin: 245
IPN: 197 (Carol Barrington, Images digital Photo GmbH, Berlin)
Mauritius Images/NASA/Science Source/Photo Researches: 153 links, 154 rechts
NASA: 10, 23, 29, 71, 89, 91, 92, 97, 102, 105 oben und unten, 108, 111 oben und unten, 113, 117, 118, 122, 124 oben und unten, 128, 134, 138, 143, 147 links und rechts, 150, 153 rechts, 154 links, 163 oben und unten, 165, 166, 168, 171, 172, 183, 187, 188, 191 oben und unten, 260
Achim Norweg: 77, 195
picture alliance: 12 (maxppp), 49 (akg-images/RIA Nowosti), 60 (dpa), 140 (Photoshot), 157 (united archives), 205 (NHPA/photoshot)
Bildagenur Schapowalow GmbH, Hamburg: 196 (David Pinto)
Jochen Schlüter: 58
Hartmut Spieß: 224
Jens Triebel: 233
ullsteinbild: 135
The Yorck Project: 229, 238, 242, 246

Alle anderen Bilder aus dem Archiv der Autorin

Register